高等职业教育系列教材

建筑识图与CAD

吴春梅　韩祖丽　主　编

中国建筑工业出版社

图书在版编目（CIP）数据

建筑识图与 CAD / 吴春梅，韩祖丽主编. — 北京 ：
中国建筑工业出版社，2023.8（2023.12 重印）
高等职业教育系列教材
ISBN 978-7-112-28802-1

Ⅰ. ①建… Ⅱ. ①吴… ②韩… Ⅲ. ①建筑制图—识图—高等职业教育—教材②建筑设计—计算机辅助设计—AutoCAD 软件—高等职业教育—教材 Ⅳ. ①TU2

中国国家版本馆 CIP 数据核字(2023)第 100892 号

本教材包括三个模块 18 个任务，附录为一个实际工程建筑施工图。模块一：识读与绘制建筑施工图，包括投影图的绘制、识读与绘制建筑设计说明 、识读与绘制总平面图、识读与绘制建筑平面图、识读与绘制建筑立面图、识读与绘制建筑剖面图、识读与绘制楼梯平面详图；模块二：天正建筑绘制建筑施工图，包括绘制建筑平面图、补全建筑立面图、补全建筑剖面图、出图打印；模块三：学生工作页，包括投影图、建筑设计说明、建筑总平面图、建筑平面图、建筑立面图、建筑剖面图、建筑详图。

本书适合作为高等职业教育土建施工大类相关专业的教材使用，也可作为相关企业技术人员自学和培训的指定教材。

为方便教学，作者自制课件资源，索取方式为：

1. 邮箱：jckj@cabp. com. cn；2. 电话：(010)58337285；3. 建工书院：http：//edu. cabplink. com。

责任编辑：王予芊
责任校对：芦欣甜
校对整理：张惠雯

高等职业教育系列教材
建筑识图与 CAD
吴春梅　韩祖丽　主　编
*
中国建筑工业出版社出版、发行(北京海淀三里河路 9 号)
各地新华书店、建筑书店经销
北京红光制版公司制版
北京中科印刷有限公司印刷
*
开本：787 毫米×1092 毫米　1/16　印张：12½　插页：7　字数：349 千字
2023 年 7 月第一版　　2023 年 12 月第二次印刷
定价：**45.00** 元（赠教师课件）
ISBN 978-7-112-28802-1
(41129)

版权所有　翻印必究
如有内容及印装质量问题，请联系本社读者服务中心退换
电话：(010) 58337283　QQ：2885381756
（地址：北京海淀三里河路 9 号中国建筑工业出版社 604 室　邮政编码：100037）

前　言

工程图样是准确表达建筑物的形状、大小及其技术要求的图形总称，同文字、数字一样，是人类借以表达、构思、分析和交流工程技术思想的基本工具。“建筑识图与 CAD”是土建类专业的一门重要的专业（技能）基础课。学好本课程的内容将为土建类专业学生打下坚实的专业基础，也是做好本专业工作的坚实保障。因此我院将其作为土建专业学生入学后开设的第一门专业基础课，为土建类专业学生打开工程领域知识的大门，培养学生严谨的思维以及社会责任感，从而打下良好的职业道德基础。

本课程的基本理念是“技术＋人文”。除了要具备所需要的专业知识和技能以外，更需要具有较高的人文素质、健全的人格、较强的社会适应能力和创新能力以及一定的人文关怀精神。因此，课程理念从“能力本位”转向“素质本位”。

本教材主要包括三大模块 18 个任务，依据真实项目建筑施工图识图顺序完成绘制过程。模块一主要讲解识读以及运用 CAD 绘制投影图，建筑设计说明，总平面图，建筑平、立、剖及详图的具体操作步骤方法和制图规范；模块二主要讲解运用天正建筑软件绘制建筑平、立、剖及打印出图的操作步骤；模块三为学生工作页，主要是针对制图规范和实操进行强化训练，强化知识点的记忆和应用，让学生在学习中学会自己发现、思考和解决问题。任务难度循序渐进，使学生学会如何将 CAD 命令灵活的使用。教材中采用了大量的软件操作截图，细致讲解绘图过程，便于自学。通过本课程的学习，学生将熟练掌握 CAD、天正建筑软件的使用，熟悉建筑制图相关规范、识读图纸和绘制图纸的能力。

本教材由广西理工职业技术学院吴春梅、韩祖丽担任主编；广西理工职业技术学院徐莹莹、隆青翠、黄慧担任副主编；广西交科集团有限公司张红日担任本书主审。模块一中的任务 1.1、任务 1.2 由徐莹莹编写；任务 1.3 由韩祖丽编写；任务 1.4 和任务 1.5 由吴春梅编写；任务 1.6 和任务 1.7 由隆青翠编写。模块二由黄慧编写；模块三中的任务 3.1、任务 3.2 由徐莹莹编写；任务 3.3 由韩祖丽编写；任务 3.4 由袁平编写；任务 3.5 由刘洋编写；任务 3.6 由殷琪编写；任务 3.7 由王凤明编写；吴春梅负责全书的统稿工作。

由于水平有限和时间仓促，书中难免有不足之处，恳请广大读者批评指正。

目 录

模块一　识读与绘制建筑施工图 …… 001

任务 1.1　投影图的绘制 …… 001

1.1.1　绘制三视图 …… 002

1.1.2　绘制轴测图 …… 019

1.1.3　绘制剖面图与断面图 …… 023

任务 1.2　识读与绘制建筑设计说明 …… 029

1.2.1　绘制建筑设计说明 …… 030

1.2.2　绘制门窗表 …… 036

任务 1.3　识读与绘制总平面图 …… 040

1.3.1　识读总平面图 …… 041

1.3.2　绘制总平面图 …… 044

任务 1.4　识读与绘制建筑平面图 …… 053

1.4.1　识读建筑平面图 …… 054

1.4.2　绘制建筑平面图 …… 059

任务 1.5　识读与绘制建筑立面图 …… 084

1.5.1　识读建筑立面图 …… 085

1.5.2　绘制建筑立面图 …… 088

任务 1.6　识读与绘制建筑剖面图 …… 112

1.6.1　识读建筑剖面图 …… 113

1.6.2　绘制建筑剖面图 …… 115

任务 1.7　识读与绘制楼梯平面详图 …… 130

1.7.1　识读楼梯平面大样图 …… 130

1.7.2　绘制 1 号楼梯平面大样图 …… 132

模块二　天正建筑绘制建筑施工图 …… 139

任务 2.1　绘制建筑平面图 …… 139

任务 2.2　补全建筑立面图 …… 164

任务 2.3 补全建筑剖面图 …… 171
任务 2.4 出图打印 …… 176

模块三 **学生工作页** …… 179
任务 3.1 投影图 …… 179
任务 3.2 建筑设计说明 …… 181
任务 3.3 建筑总平面图 …… 182
任务 3.4 建筑平面图 …… 184
任务 3.5 建筑立面图 …… 186
任务 3.6 建筑剖面图 …… 187
任务 3.7 建筑详图 …… 188

附录 **8 号教职工宿舍楼建筑施工图** …… 插页

参考文献 …… 191

模块一 Chapter 01

识读与绘制建筑施工图

任务 1.1 投影图的绘制

知识目标

1. 认识 CAD 界面。
2. 了解形体三视图的形成过程。
3. 掌握软件基本命令。
4. 掌握形体三视图的绘制技巧。

能力目标

1. 能识读形体三视图。
2. 能绘制形体三视图。

素质目标

1. 培养学生空间想象能力。
2. 培养学生认真、仔细、耐心的工作态度。

任务介绍

用 CAD 命令绘制形体三视图：

1. 图层设置。
2. 分析形体三视图。
3. 绘制形体三视图。

初步了解 CAD 界面，掌握软件的常规设置。

1. 新建工程，然后完成图层的创建，并进行工程的保存。
2. 绘制正视图、左视图、俯视图。
3. 利用极轴追踪绘制轴测图，并合理利用“修剪”命令。
4. 绘制剖面图并填充阴影部分。
5. 绘制断面图并填充阴影部分等。

1.1.1 绘制三视图

视频1
绘制三视图

1. 了解 AutoCAD 2021 界面

双击桌面上的“AutoCAD 2021”图标（图 1.1-1），进入 CAD 初始界面。初始界面有快速入门的提示、最近打开文件的展示、更新通知等（图 1.1-2）。

图 1.1-1

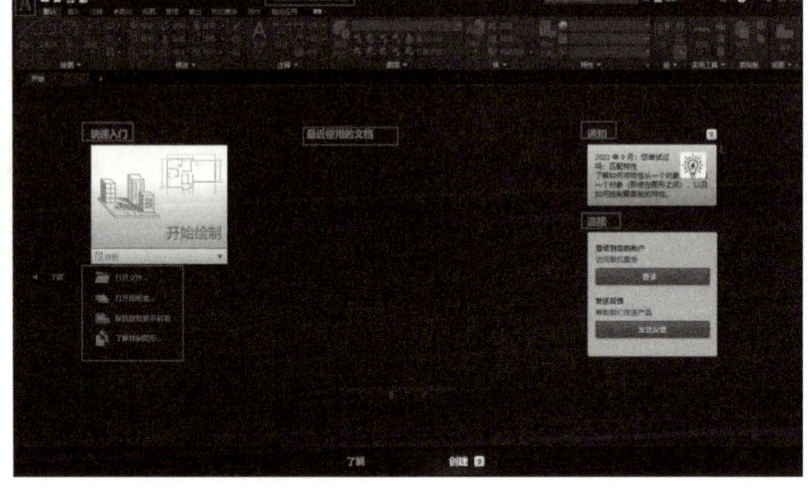

图 1.1-2

点击主菜单下的“新建”命令（图 1.1-3），在弹出的对话框中选择“acad”图形样板，进入默认界面（图 1.1-4）。软件默认界面是“草图与注释”界面（图 1.1-5）。

（1）主菜单（“应用程序”菜单）：访问“应用程序”菜单中的常用工具以启动或发布文件。单击“应用程序”按钮![A]，以执行以下操作：创建、打开或保存文件；核查、修复和清除文件；打印或发布文件；访问“选项”对话框；关闭应用程序。

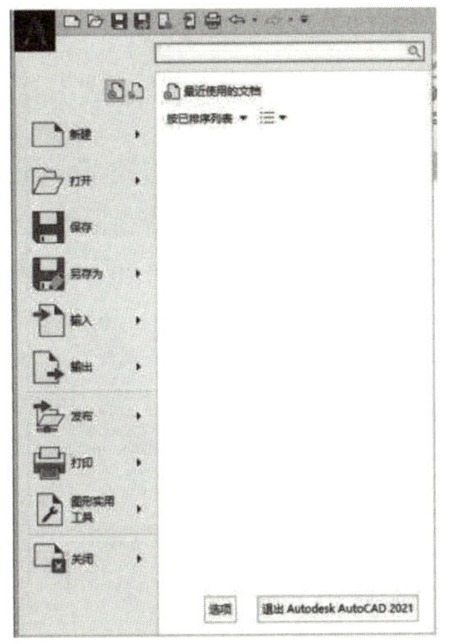

图 1.1-3

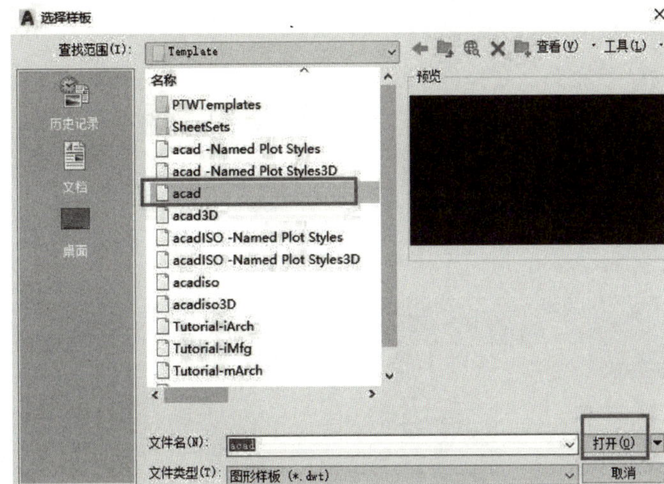

图 1.1-4

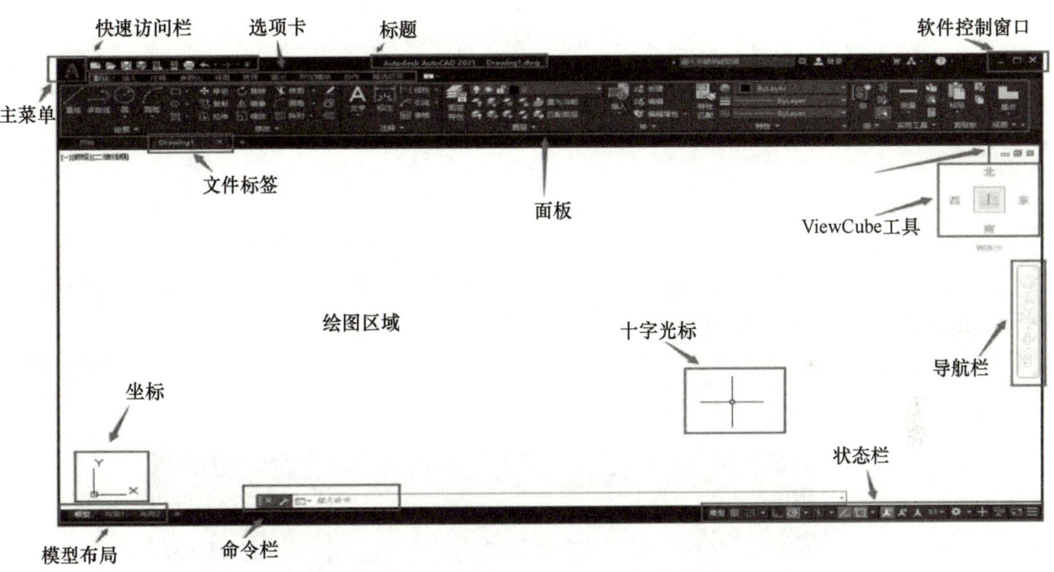

图 1.1-5

（2）快速访问栏：“快速访问”工具栏显示经常使用的工具：新建、打开、保存、另存为、打印、放弃、重做等，如图 1.1-6 所示。

图 1.1-6

查看放弃和重做历史记录：

与大多数程序一样，“快速访问”工具栏会显示用于放弃和重做，对工作所做更改的选项。如果要放弃或重做不是最新的修改，请单击“放弃”或“重做”按钮右侧的下拉按钮，如图 1.1-7 所示。

添加命令和控件：

通过单击指示的下拉按钮并单击下拉菜单中的选项，可轻松将常用工具添加到“快速访问”工具栏（图 1.1-8）。要快速将功能区按钮添加到“快速访问”工具栏，请在功能区的任何按钮上单击鼠标右键，然后单击“添加到快速访问工具栏”，按钮将添加到“快速访问”工具栏中默认命令的右侧，如图 1.1-9 所示。

图 1.1-7

图 1.1-8

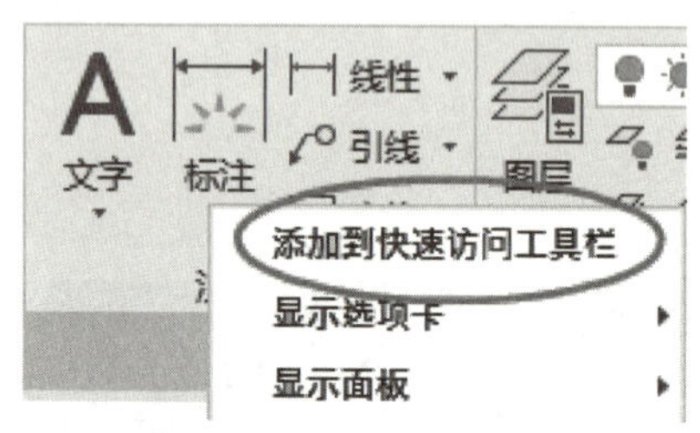

图 1.1-9

要删除其中一个命令，请使用自定义用户界面（CUI）编辑器，并打开“[+]快速访问工具栏”→“[+]快速访问工具栏 1”。从这里，可以单击并按“Delete”键，也可以拖动单元以更改其在工具栏上的顺序。

（3）功能区选项卡和面板：功能区由一系列选项卡组成，这些选项卡被组织到面板，其中包含很多工具栏中可用的工具和控件（图 1.1-10）。

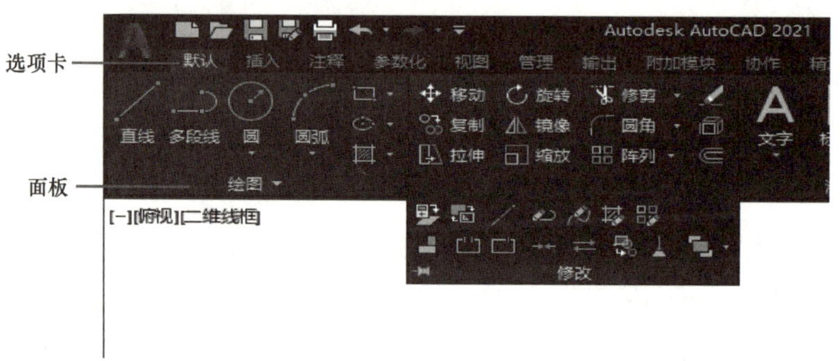

图 1.1-10

一些功能区面板提供与该面板相关的对话框的访问。要显示相关的对话框，单击面板右下角处，箭头图标↘表示的对话框启动器（图 1.1-11），可以控制显示哪些功能区选项卡和面板。在功能区上单击鼠标右键，然后单击或清除快捷菜单上列出的选项卡或面板的名称。

图 1.1-11

可以将面板从功能区选项卡中拉出，并放到绘图区域中或其他监视器上。浮动面板将一直处于打开状态（即使切换功能区选项卡），直到将其放回到功能区，如图 1.1-12 所示。

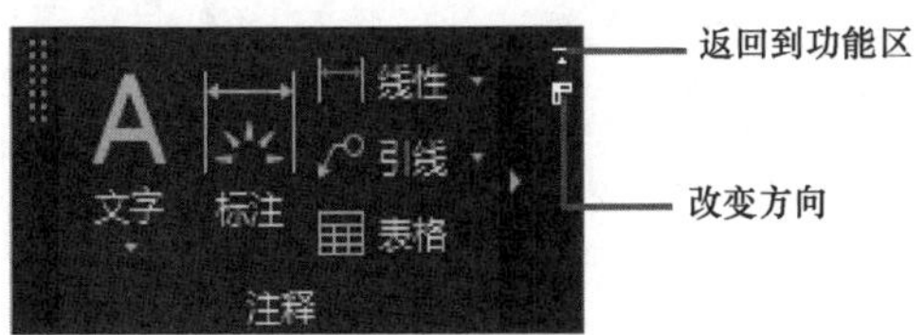

图 1.1-12

如果单击面板标题中间的箭头▼，面板将展开以显示其他工具和控件。默认情况下，当单击其他面板时，滑出式面板将自动关闭。单击滑出式面板左下角的图钉图标，使面板保持展开状态，如图 1.1-13 所示。

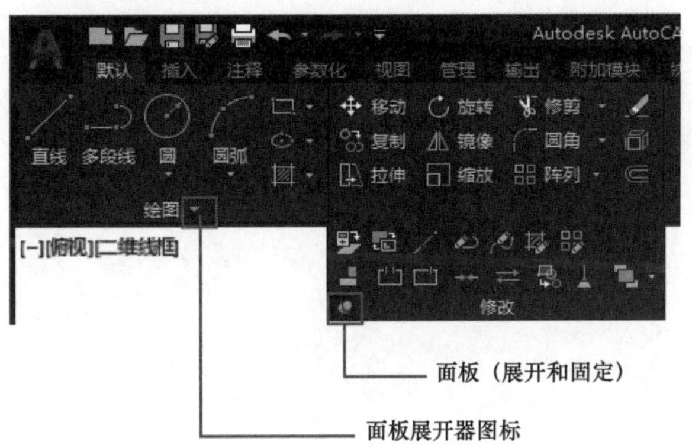

图 1.1-13

当选择特定类型的对象或启动特定命令时，将显示上下文功能区选项卡而非工具栏或对话框。当结束命令时，上下文选项卡会关闭，如图 1.1-14 所示。

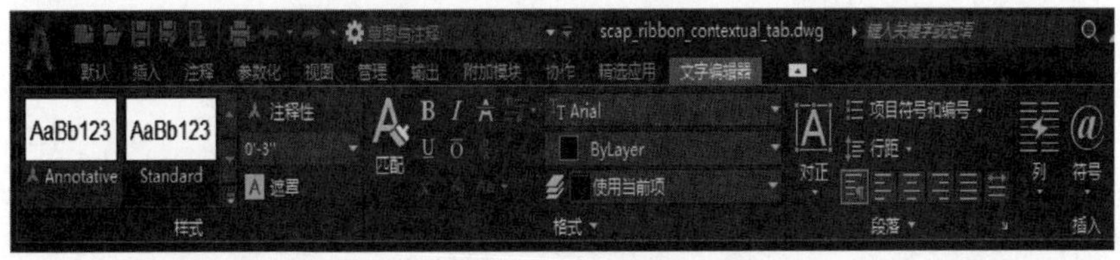

图 1.1-14

工作空间，是指功能区选项卡和面板、菜单、工具栏和选项板的集合，它可以提供一个自定义、面向任务的绘图环境。可以通过更改工作空间，更改到其他功能区。在状态栏中，单击“切换工作空间”，然后选择要使用的工作空间。例如，图 1.1-15 是 CAD 中可用的初始工作空间。

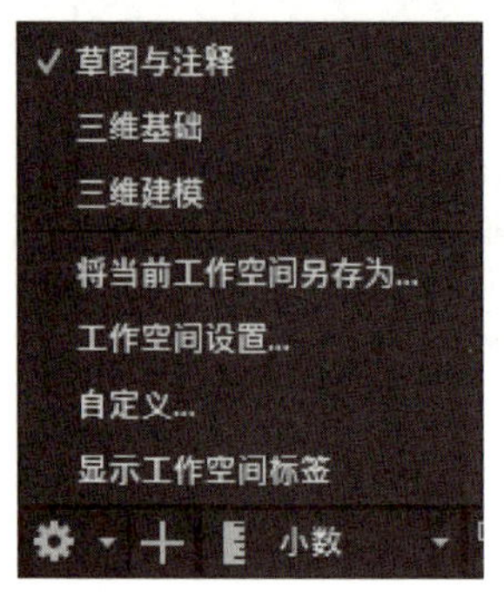

图 1.1-15

（4）状态栏：状态栏显示光标位置、绘图工具以及会影响绘图环境的工具。

状态栏提供对某些最常用的绘图工具的快速访问。可以切换设置（例如，夹点、捕捉、极轴追踪和对象捕捉）。也可以通过单击某些工具的下拉箭头，来访问它们的其他设置，如图 1.1-16所示。

在默认情况下，状态栏不会显示所有工具，可以通过状态栏上最右侧的按钮，选择要从“自定义”菜单显示的工具。状态栏上显示的工具可能会发生变化，具体取决于当前的工作空间以及当前显示的是“模型选项卡”还是“布局选项卡”。还可以使用键盘上的功能键“F1～F12”，切换其中某些设置。

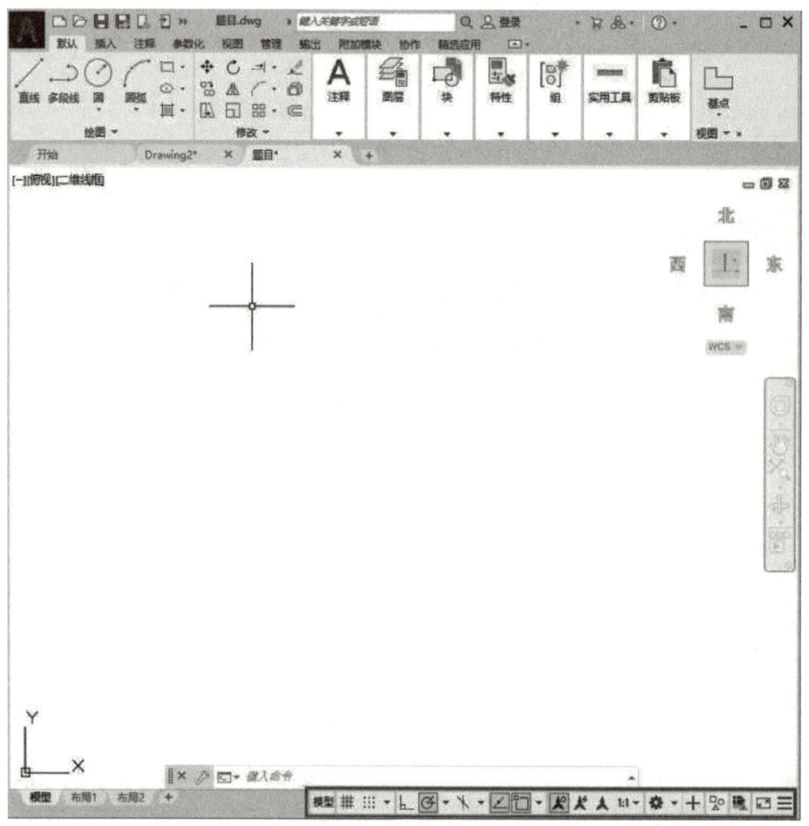

图 1.1-16

2. 识读形体三视图

在形体三视图中，将从前往后投影到 V 面的视图称为正投影，也称为正立面图或者主视图；将从上往下投影到 H 面的视图称为水平投影，也称为平面图或者俯视图；将从左往右投影到 W 面的视图称为侧投影，也称为侧立面图或者左视图，如图 1.1-17 所示。

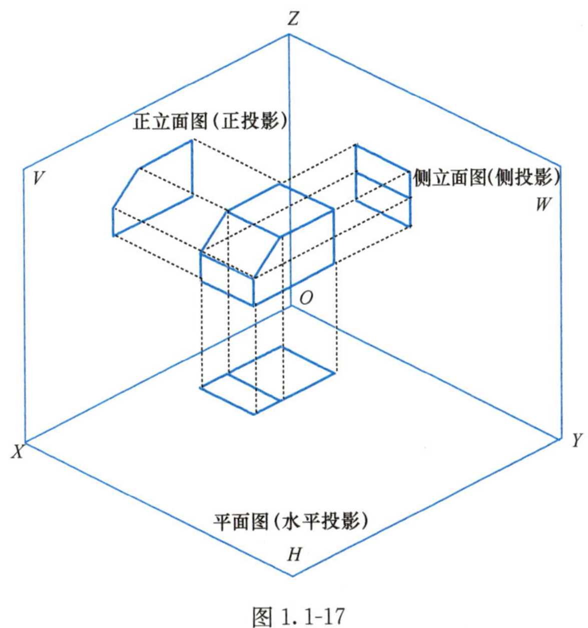

图 1.1-17

从 OY 轴线处剪开，保持 V 面不动，展开后即可得到主视图、俯视图、左视图，如图 1.1-18所示。

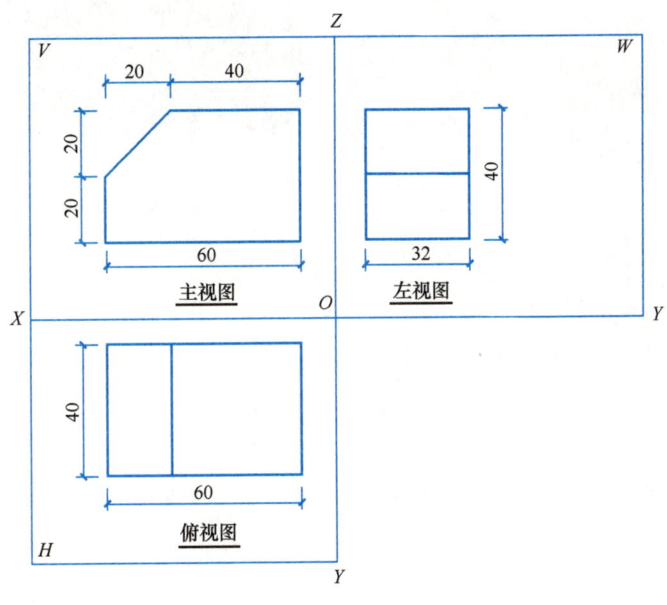

图 1.1-18

3. 绘制形体三视图

根据图 1.1-19 绘制形体三视图，得到如图 1.1-20 所示的三视图。

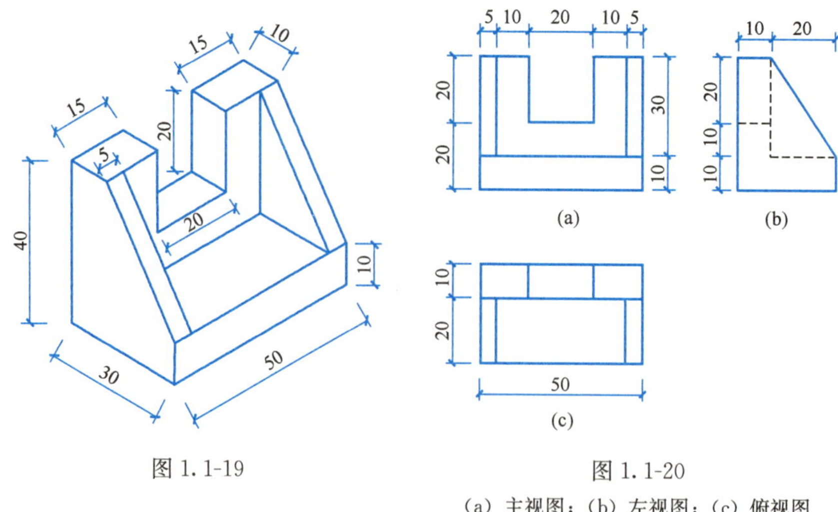

图 1.1-19

图 1.1-20

（a）主视图；（b）左视图；（c）俯视图

（1）新建文件

点击 CAD 界面中左上方快速启动栏中的“新建”按钮（或 Ctrl＋n），在弹出的选择样本对话框中默认打开的图形样板为“acad”文件，直接点击“打开”按钮，如图 1.1-21 所示。

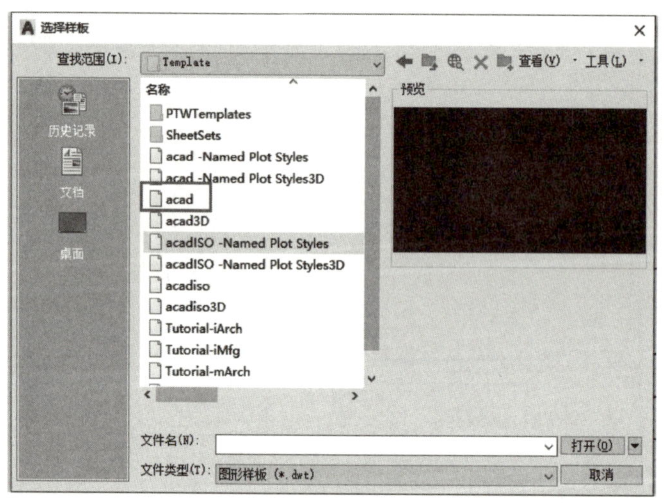

图 1.1-21

点击 CAD 界面中左上方快速启动栏中的“保存”按钮（或 Ctrl＋s），将弹出的图形另存为在自己电脑上，名称为“三视图”［注意：本版本默认保存的文件类为“AutoCAD2018 图形（*.dwg)］。

（2）图层设置

第一步：打开“默认”选项卡下的“图层”面板中的“图层特性”，如图 1.1-22 所示，或者使用命令“LA”(Layer，图层管理器)，进入到图层管用器，可看到已经有一个“0”图层，如图 1.1-23 所示。

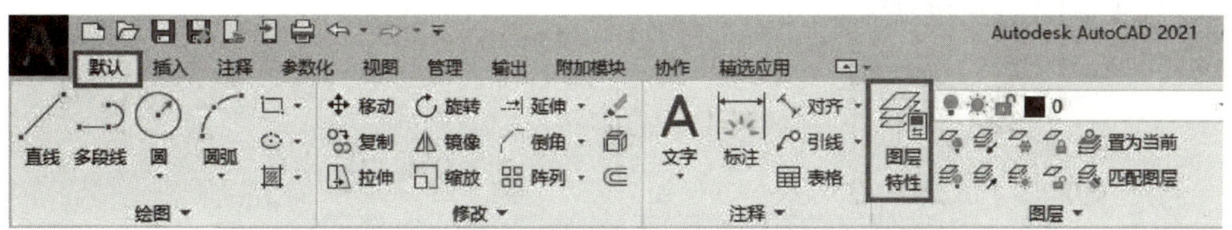

图 1.1-22

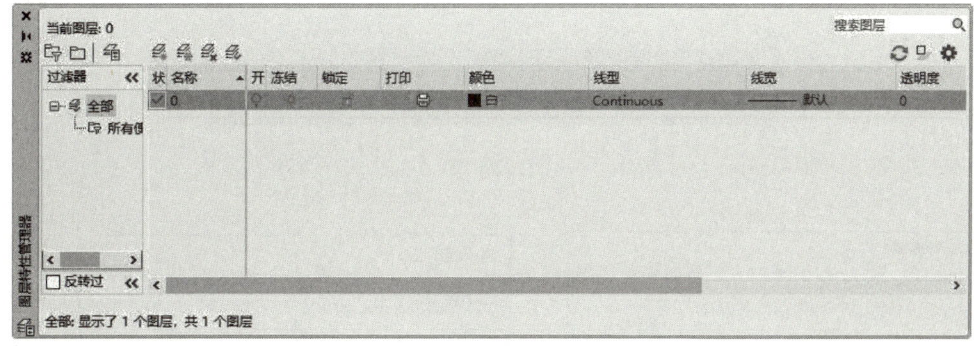

图 1.1-23

第二步：点击按钮 新建图层，将名称改为“粗实线”，并修改线宽为 0.35mm。如图 1.1-24 所示。

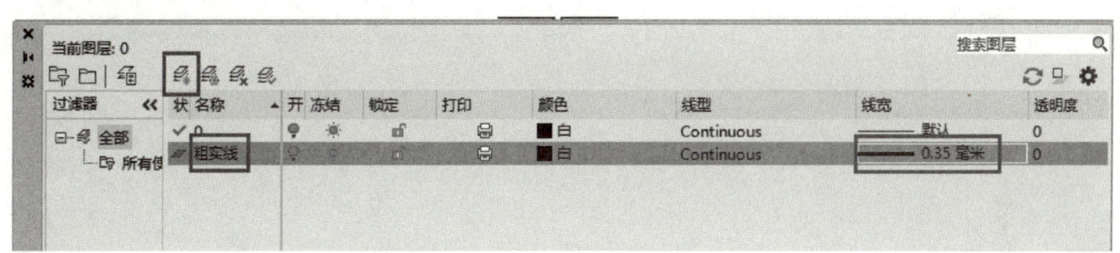

图 1.1-24

第三步：鼠标点击“0”图层，再次点击新建按钮 ，新建一个“虚线”图层，点击线型“Continuous”，如图 1.1-25 所示，在弹出的对话框中点击“加载”按钮，如图 1.1-26所示；选择“DASHED2”线型，点击确定按钮，如图 1.1-27 所示。再点击刚才加载的线型“DASHED2”，点击确定，如图 1.1-28 所示。在颜色栏选择绿色（或者其他

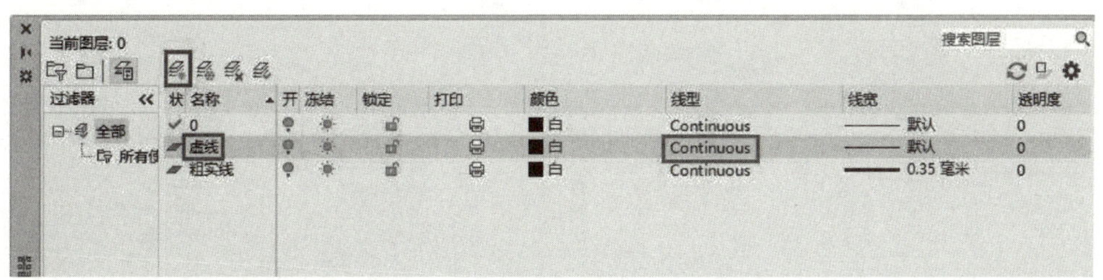

图 1.1-25

颜色），效果如图 1.1-29 所示。

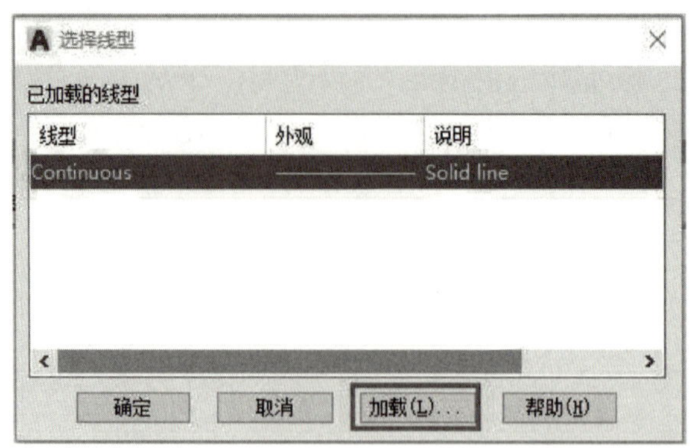

图 1.1-26

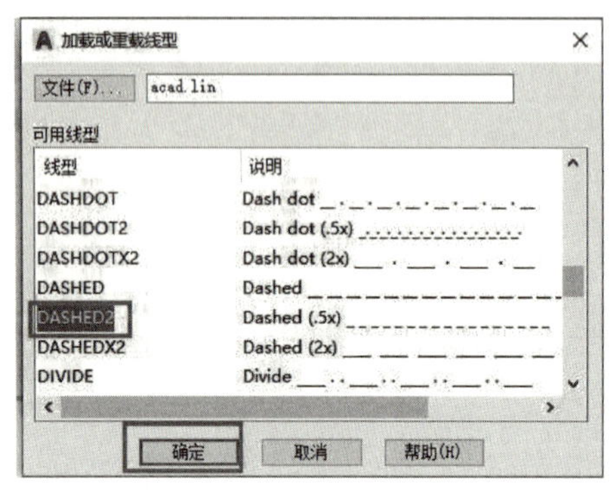

图 1.1-27

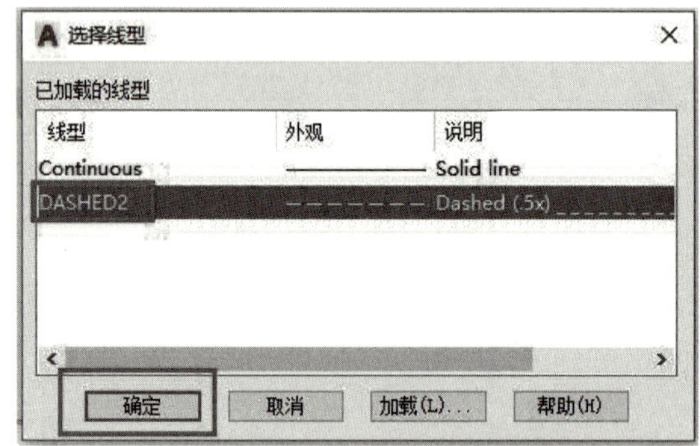

图 1.1-28

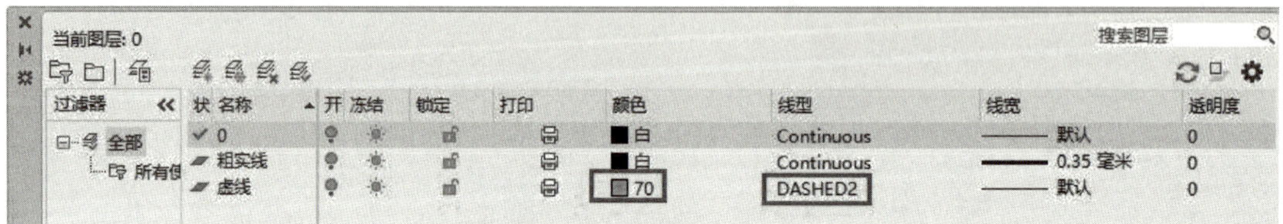

图 1.1-29

第四步：同理，新建“细实线”图层、“辅助线”图层，如图 1.1-30 所示。完成上述步骤后关闭图层管理器窗口即可（注意在“0”层的基础上新建图层）。

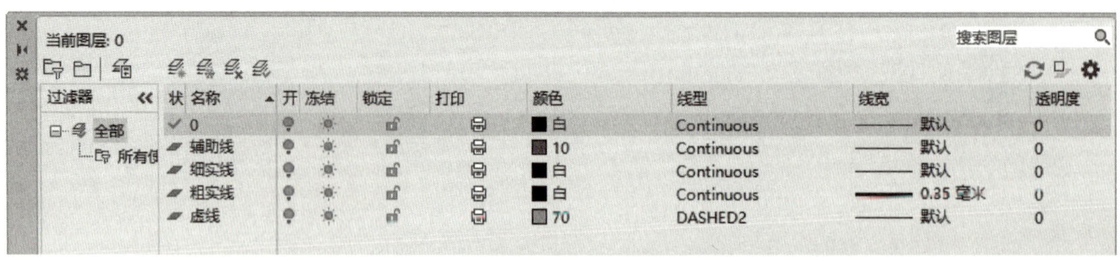

图 1.1-30

（3）绘制正视图

第一步：绘制图 1.1-31 的第一个可被看见的面，选择“粗实线”图层，如图 1.1-32 所示。选择“绘图”面板中的直线 直线 命令（快捷键“L”），如图 1.1-33 所示。

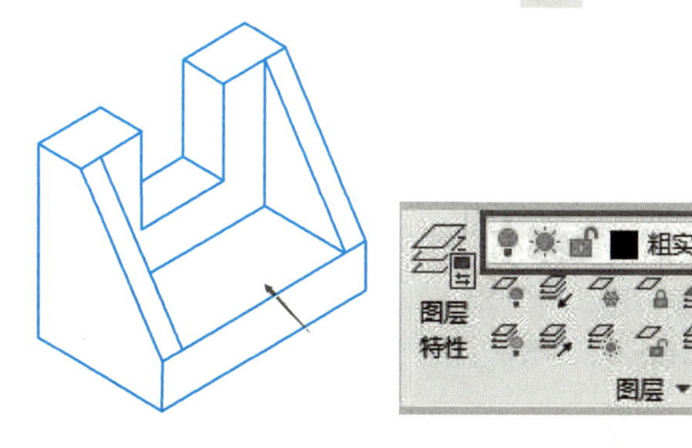

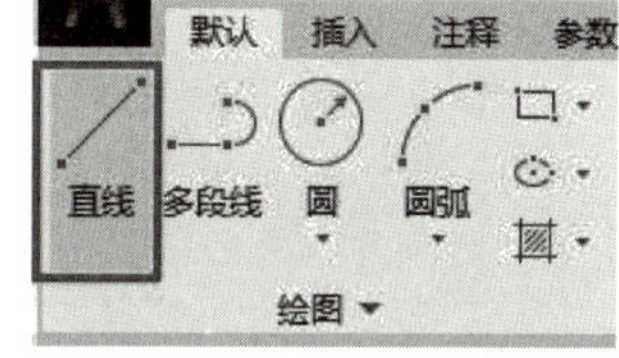

图 1.1-31　　图 1.1-32　　图 1.1-33

绘制一个矩形：开启正交，快捷键“F8”，如图 1.1-34 所示。在空白处指定第一点，鼠标向上拖动，在键盘上输入“10”，按“Enter”键完成第一段的输入；再把鼠标往右侧移动，输入“50”，按“Enter”键完成第二段的输入；再把鼠标往下侧移动，输入“10”，按“Enter”键完成第三段的输入；再点击起始点，完成第一个面的绘制，点击鼠标右键，选择“取消”结束命令（快捷键“Esc”），如图 1.1-35 所示。

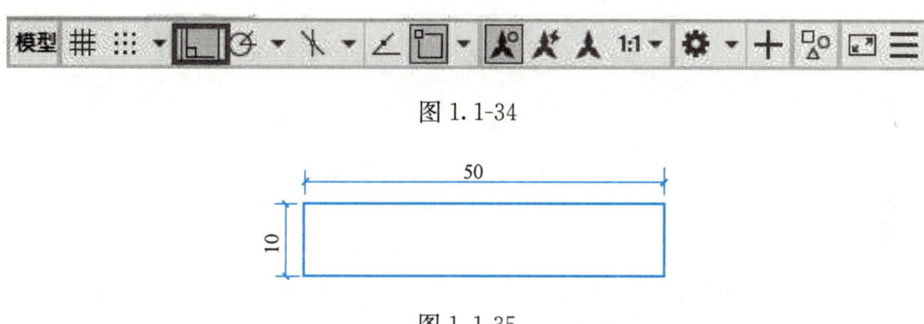

图 1.1-34

图 1.1-35

点击特性面板中的“线宽”下拉菜单中的“线宽设置”，如图 1.1-36 所示；在弹出的对话框中勾选“显示线宽”（快捷键“LW”），如图 1.1-37 所示。

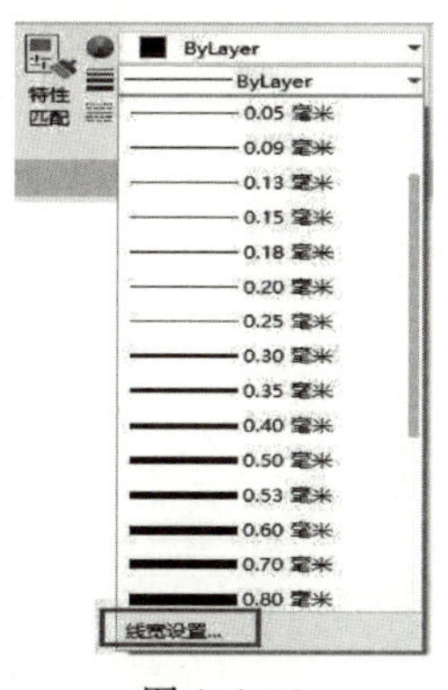

图 1.1-36

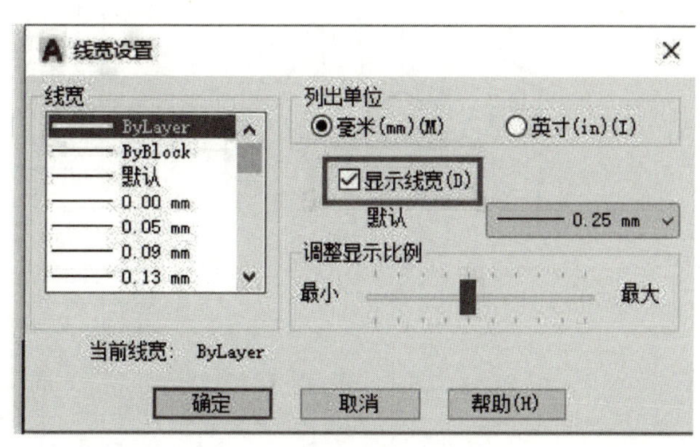

图 1.1-37

第二步：绘制图 1.1-38 第二个可被看见的面，还是在刚才的图层上绘制，选择“直线”命令，绘制左右两个矩形，如图 1.1-39 所示。

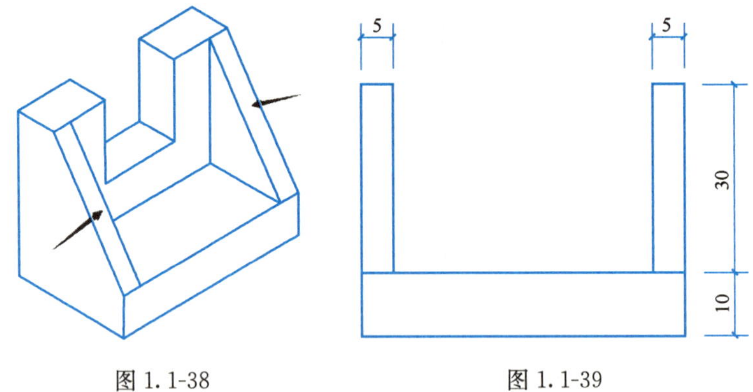

图 1.1-38　　图 1.1-39

第三步：绘制图 1.1-40 的第三个可被看见的面，还是在刚才的图层上绘制，选择“直线”命令，绘制中间的“凹”，效果如图 1.1-41 所示，至此完成正视图的绘制。

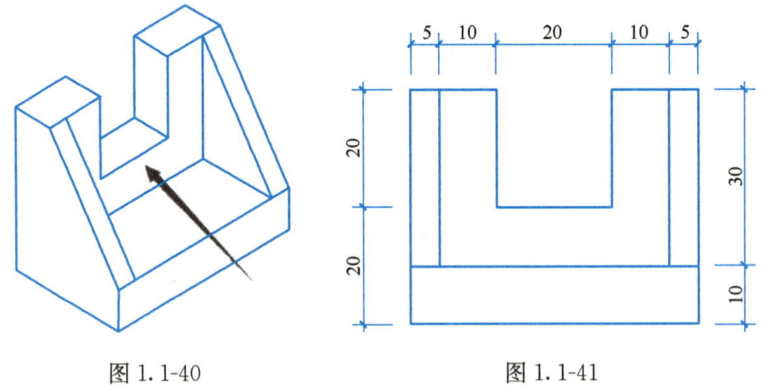

图 1.1-40　　图 1.1-41

（4）绘制俯视图

第一步：运行“直线”命令，把鼠标放置在刚才绘制的正视图的左下角，捕捉二维参照，往下拖动鼠标，在适当的位置点击鼠标左键，如图 1.1-42 所示。绘制该图从上往下能被看到的第一个面——两个矩形，如图 1.1-43 所示。

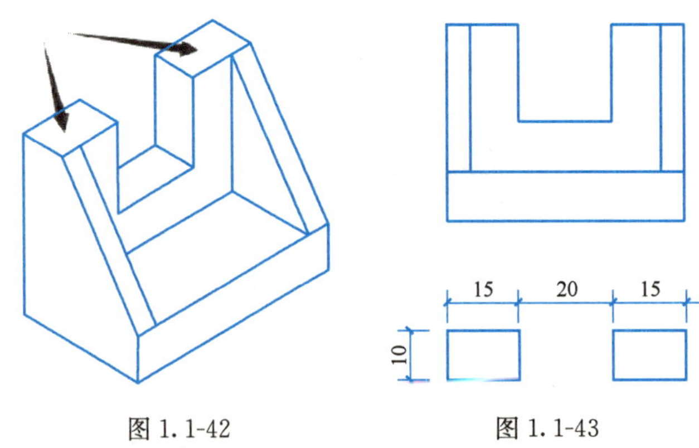

图 1.1-42　　图 1.1-43

第二步：绘制图 1.1-44 的第二个可被看见的面，还是在刚才的图层上绘制，继续运行“直线”命令，绘制左右两个矩形，如图 1.1-45 所示。

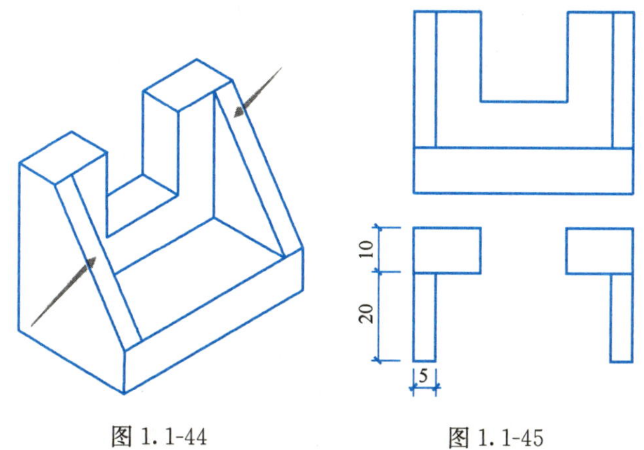

图 1.1-44　　　图 1.1-45

第三步：绘制图 1.1-46 的第三个可被看见的面，还是在刚才的图层上绘制，继续运行“直线”命令，连接上面部分，如图 1.1-47 所示。

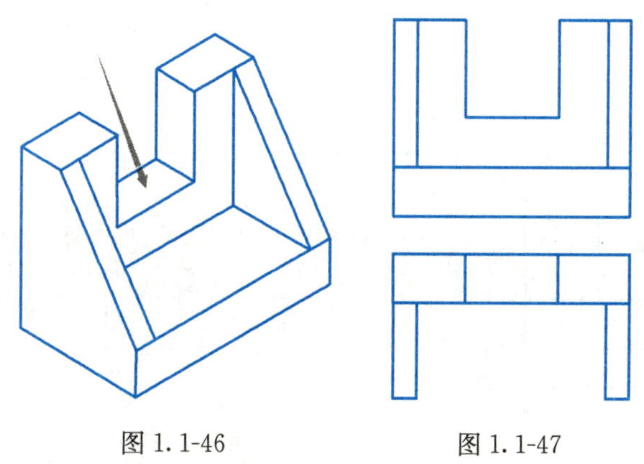

图 1.1-46　　　图 1.1-47

第四步：绘制图 1.1-48 的第四个可被看见的面，还是在刚才的图层上绘制，继续运行“直线”命令，连接下面部分，至此俯视图绘制完毕，如图 1.1-49 所示。

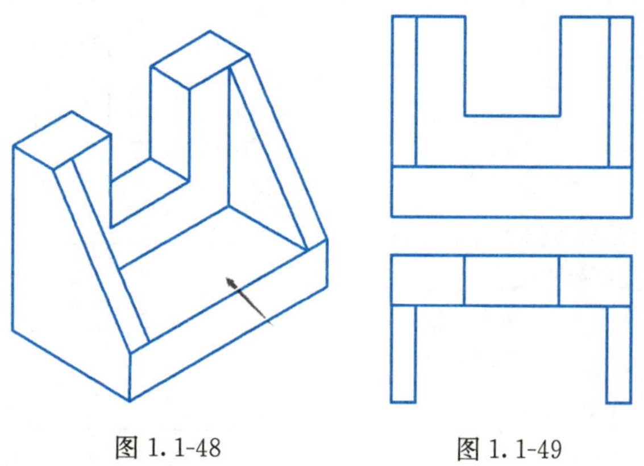

图 1.1-48　　　图 1.1-49

（5）绘制左视图

第一步：绘制从左往右可以看到的第一个面，如图 1.1-50 所示。运行“直线”命令，把鼠标放置在刚才绘制的正视图的右下角，捕捉二维参照，往右拖动鼠标，在适当的位置点击鼠标左键作为起始点（图 1.1-51）。第一个面绘制效果，如图 1.1-52 所示。

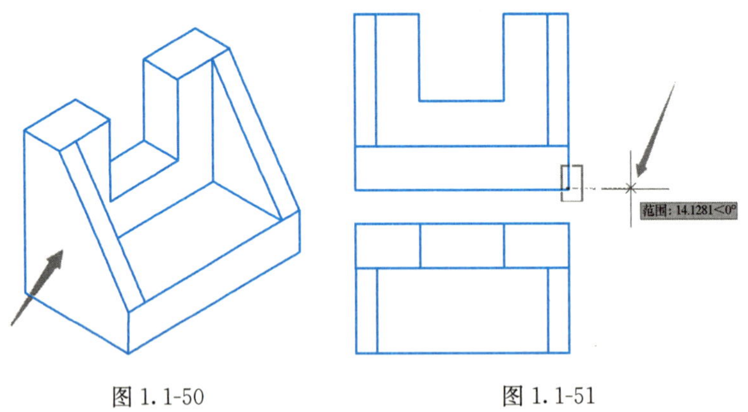

图 1.1-50　　图 1.1-51

第二步：绘制从左往右被遮挡的面，如图 1.1-53 所示。由于这个面被遮挡，所以需要绘制成虚线，切换图层至“虚线”层，如图 1.1-54 所示。运行“直线”命令，绘制效果如图 1.1-55 所示。

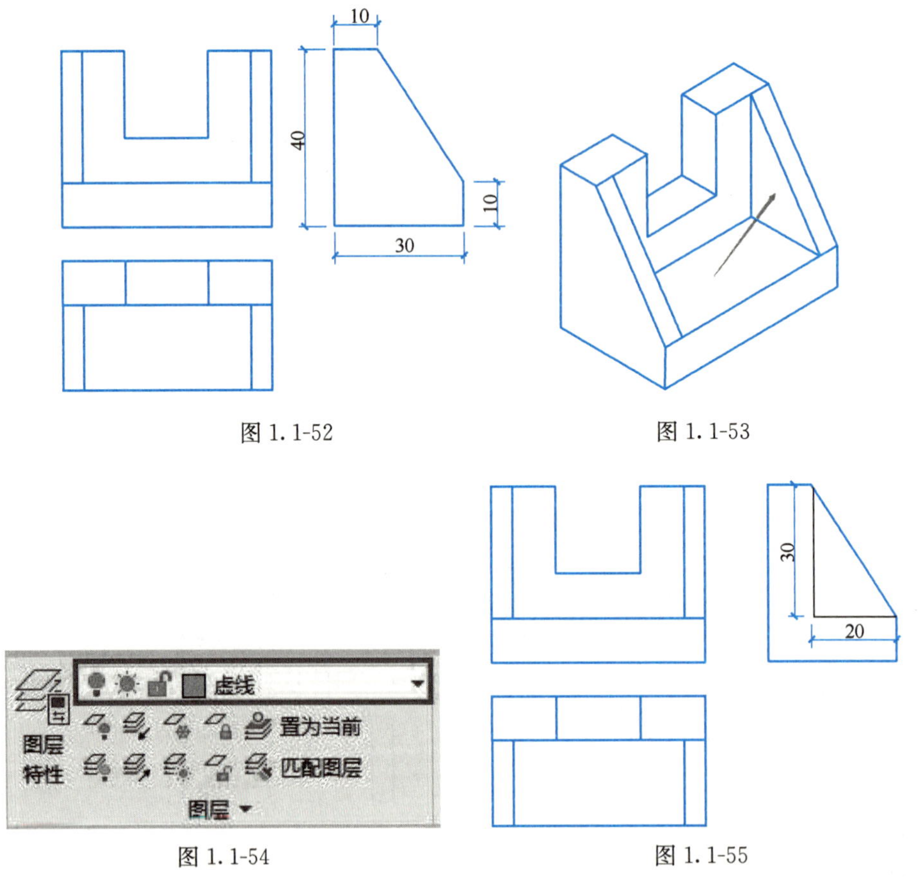

图 1.1-52　　图 1.1-53

图 1.1-54　　图 1.1-55

此时虚线显示效果不佳，看不出虚线形状，点击特性面板中“线型”下拉框中的“其他”，进入线型管理器（快捷键“LT”），如图 1.1-56 所示；在线型管理器里面点击“显示细节”。选中“DASHED2”线型，修改全局比例因子为“10”，点击确定，如图 1.1-57 所示。此时虚线显示明显，如图 1.1-58 所示。

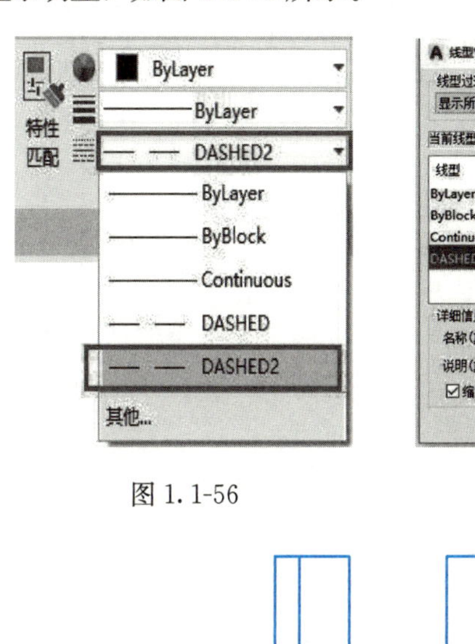

图 1.1-56

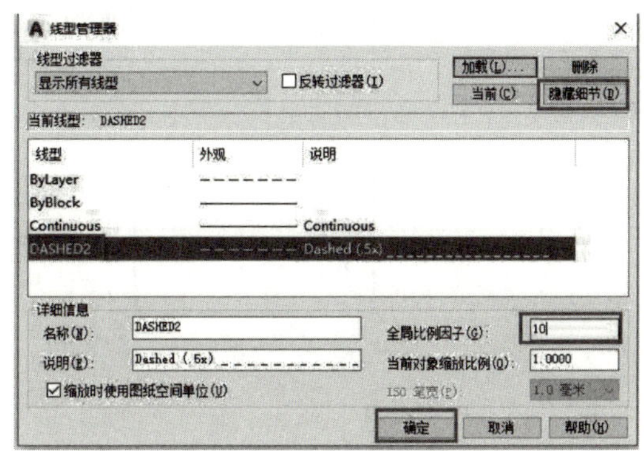

图 1.1-57

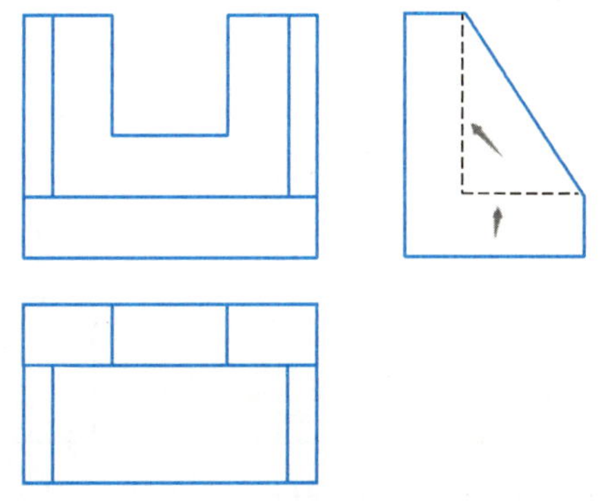

图 1.1-58

第三步：继续在“虚线”图层绘制被遮挡住的面，如图 1.1-59 所示。运行“直线”命令，把鼠标放置在前面绘制好的正视图的中间处捕捉二维参照，鼠标往右拖动至左视图上，如图 1.1-60 所示，点鼠标左键指定起始点，绘制成果如图 1.1-61 所示。至此形体三视图绘制完毕，点击保存按钮。

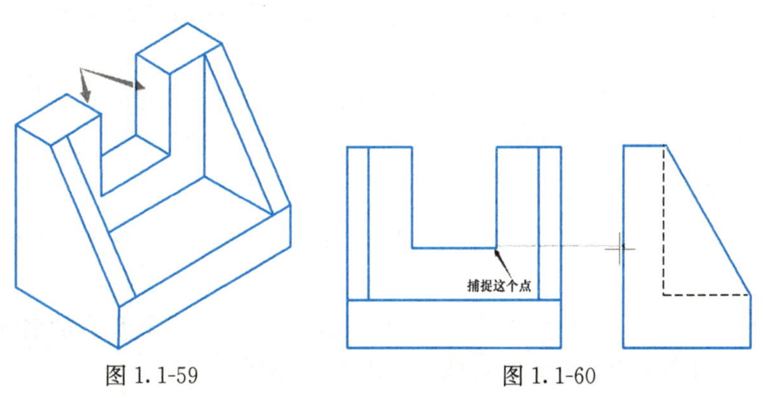

图 1.1-59　　图 1.1-60

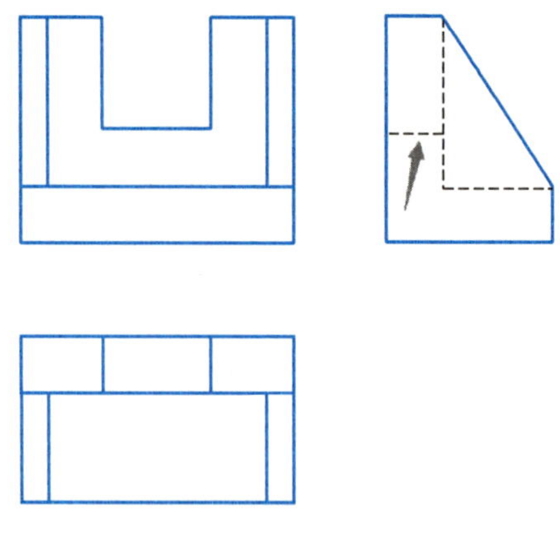

图 1.1-61

4. 已知其中两个视图，绘制第三个视图

已知主视图和左视图（图 1.1-62），要求补齐俯视图。

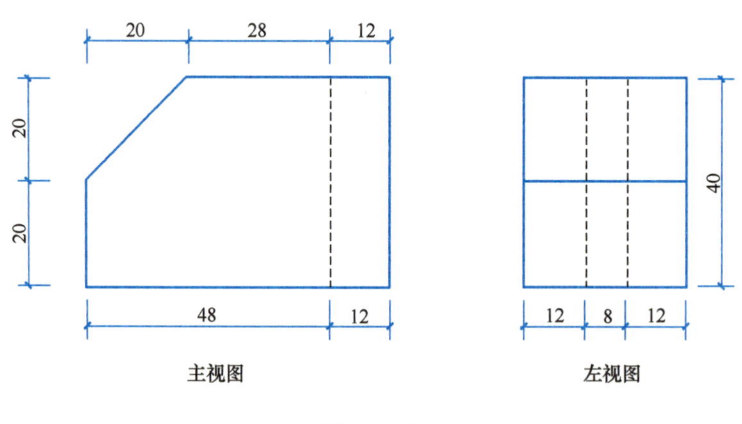

图 1.1-62

在主视图和左视图中间作一个 X 轴和 Y 轴，切换至“细实线”图层，在原点处做一根和 X、Y 轴夹角为 45°的辅助线：运行“直线”命令，在正交关闭的状态下，点击原点作为起始点，鼠标往右下角的第四象限移动，在键盘上按“Tab”键切换至角度处输入“45”，如图 1.1-63 所示。

分析：主视图中最下边的直线，在左视图中体现为左右两个点，如图 1.1-64 所示。通过主视图和左视图的定位可以绘制出俯视图中这两条线对应的边，同理左视图的最下边的直线对应主视图下边左右两个点，切换图层至“辅助线”图层，运行射线命令（快捷键“RAY”），开启正交“F8”。我们根据“长对正、高平齐、宽相等”的原则绘制俯视图。

鼠标分别以如图 1.1-65 所示的点作为起始点，分别向下绘制垂直的射线，再从左视图与 45°线的交点出发，向左作水平射线，如图 1.1-66 所示。

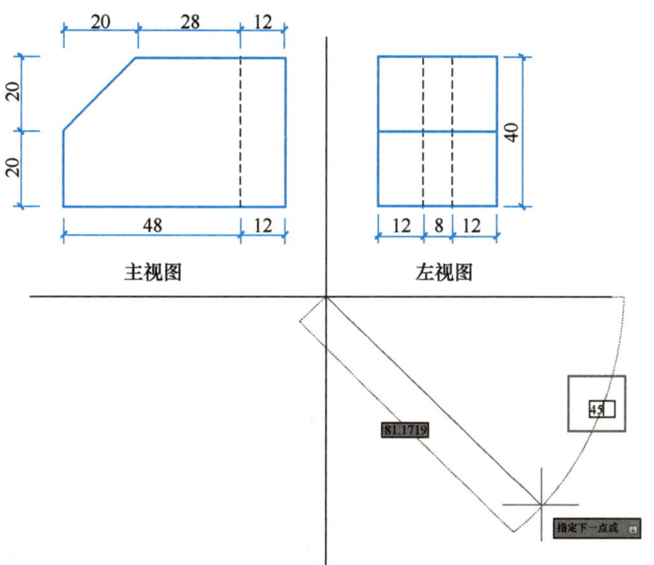

图 1.1-63

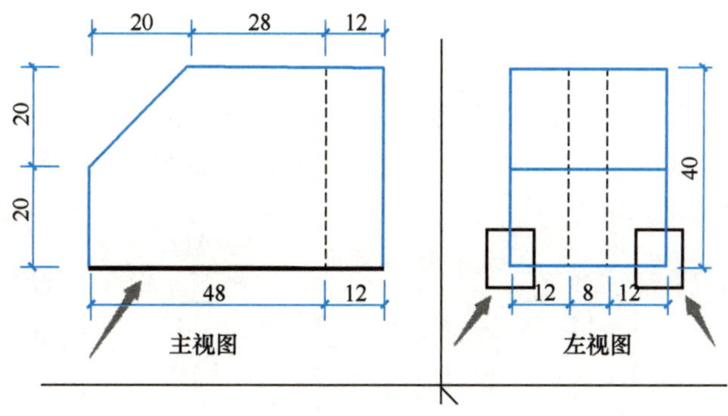

图 1.1-64

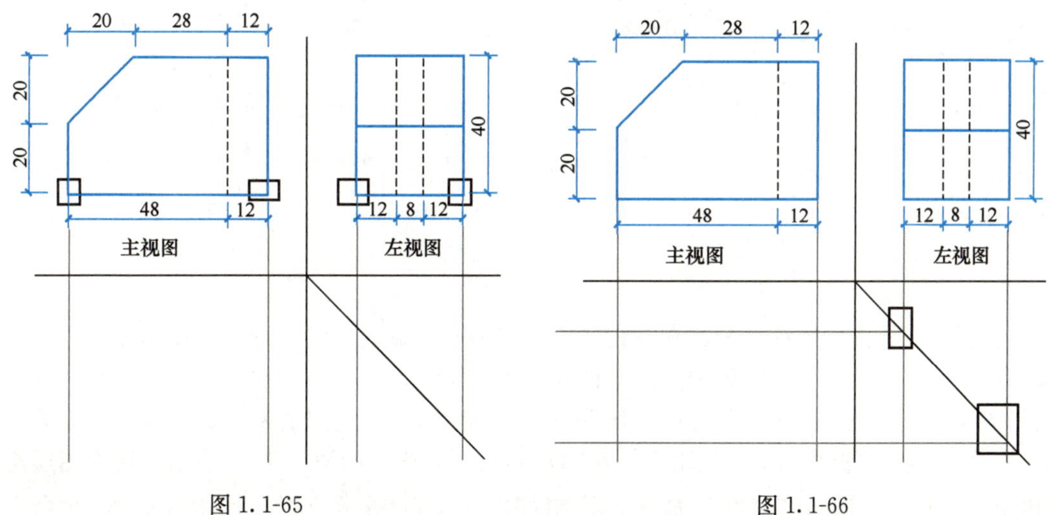

图 1.1-65　　　　图 1.1-66

切换图层至“粗实线”图层，运行矩形 矩形 命令（快捷键“REC”），绘制上下左右轮廓线，如图 1.1-67 所示。

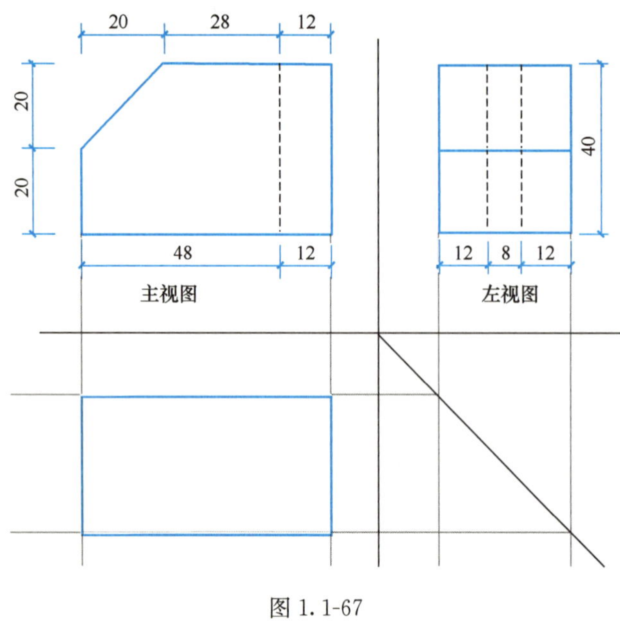

图 1.1-67

分析：图 1.1-68 中主视图的这个点，对应左视图的顶部左右两个点，切换图层至“辅助线”图层，从主视图上的点往下作垂直的射线，切换图层至“粗实线”，绘制俯视图对应的直线，如图 1.1-69 所示。

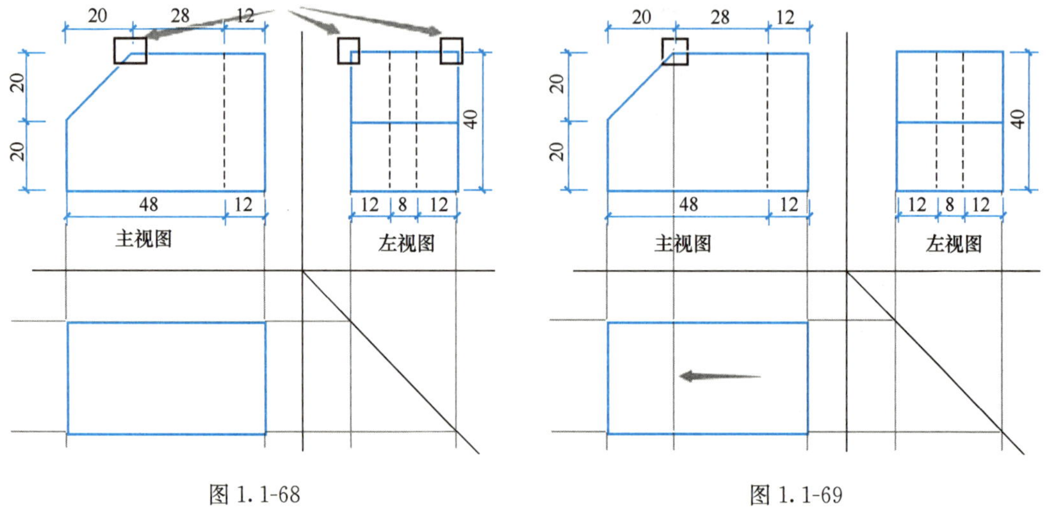

图 1.1-68　　图 1.1-69

分析：主视图中虚线部分，在左视图中体现为两条虚线，可以判断出在形体的右侧处有一个空心，从上往下看的俯视图中应该体现为粗实线，且右侧为空。切换图层至“辅助线”图层，从主视图的虚线部分向下作垂直射线，然后从左视图的两条虚线处向下作垂直射线，再从与 45°斜线的交点处出发，作向左的水平射线，如图 1.1-70 所示。切换图层至“粗实线”图层，运行“直线”命令，绘制如图 1.1-71 所示直线。运行修剪 修剪 命令

（快捷键“TR”），点击俯视图中的右侧中间部分，剪去空心部分，如图1.1-72所示。选中所有多余的线条，点击删除命令（快捷键“E”），完成俯视图的绘制，如图1.1-73所示。

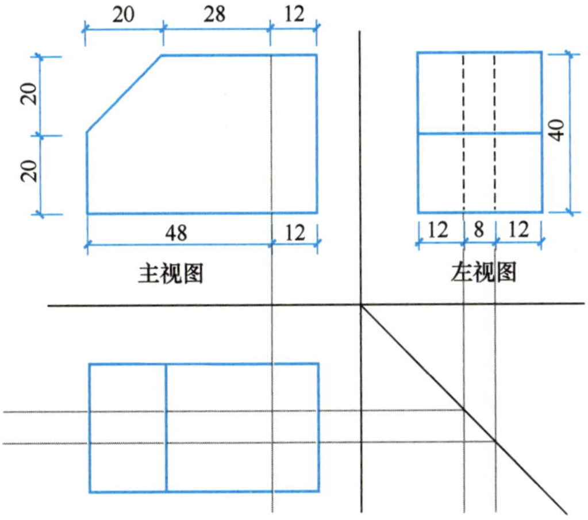

图1.1-70

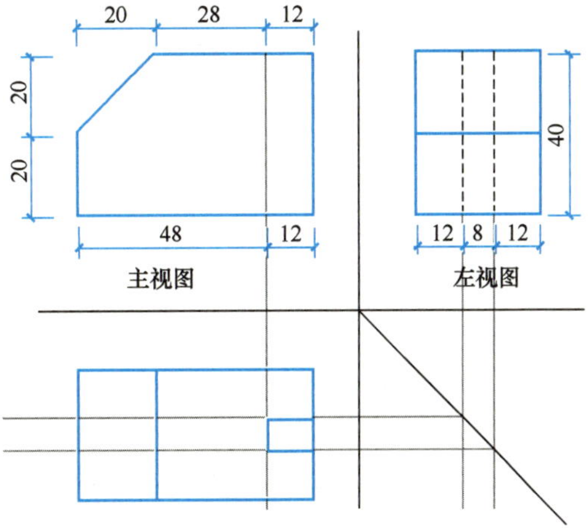

图1.1-71

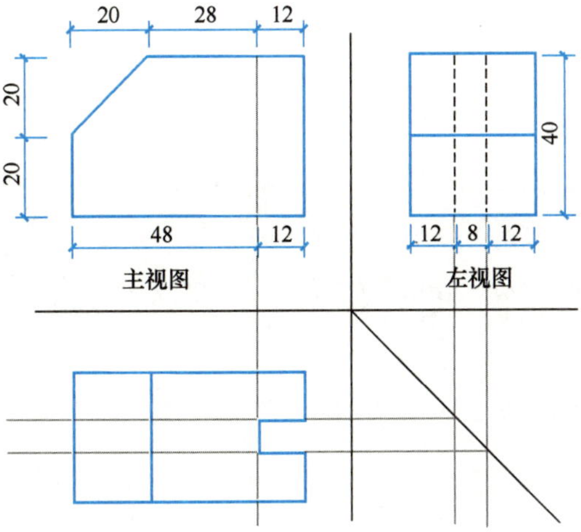

图1.1-72

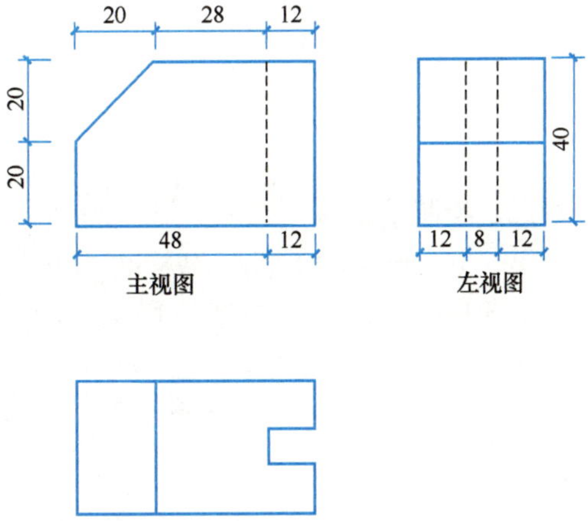

图1.1-73

1.1.2　绘制轴测图

1. 识读轴测图

轴测图是侧视图和正视图以及俯视图的结合，可以反映构件外围轮廓，便于从人们的视角形象、直观地反映构件。还能在平面上展示三个视图之间的位置关系。

2. 绘制轴测图

根据三面投影图（图1.1-74）绘制轴测图（图1.1-75）。

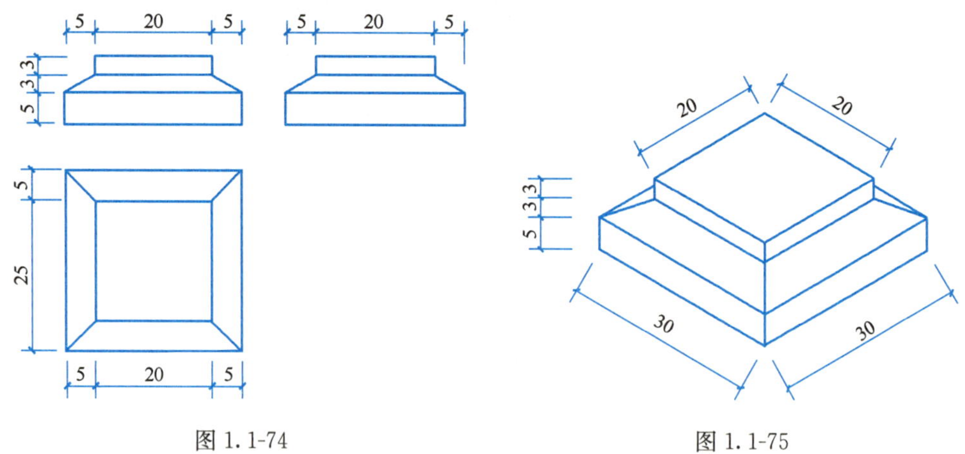

图 1.1-74　　　　图 1.1-75

（1）新建文件

根据上一个任务的方法新建文件，并设置图层（图 1.1-76）。

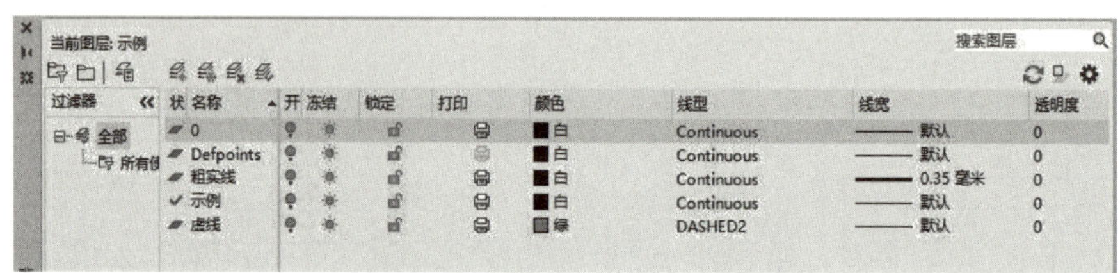

图 1.1-76

（2）绘制轴测图

第一步：开启极轴追踪，快捷键“F10”（图 1.1-77），并设置极轴追踪的角度（图 1.1-78）。开启对象捕捉，快捷键“F3”（图 1.1-79）。

图 1.1-77

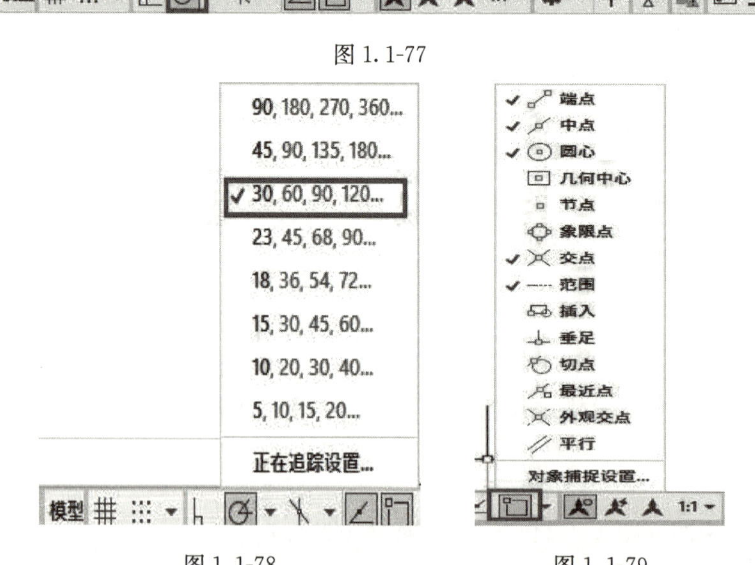

图 1.1-78　　　　图 1.1-79

第二步：分析此图形为独立基础的三视图，绘制轴测图的时候考虑三部分组成，第一部分为底部的长方体，第二部分为中间部分的四棱台，第三部分为最上部分的长方体。绘制底部长方体部分，切换图层至“粗实线”图层，运行“直线”命令，在图上点击一点作为起始点，鼠标垂直向上，输入“5”；鼠标往左下角移动，捕捉到和水平 150°夹角的极轴，输入“30”（图 1.1-80）。鼠标垂直往下，当捕捉到 90°的时候输入“5”（图 1.1-81）。然后连接起始点（图 1.1-82）。

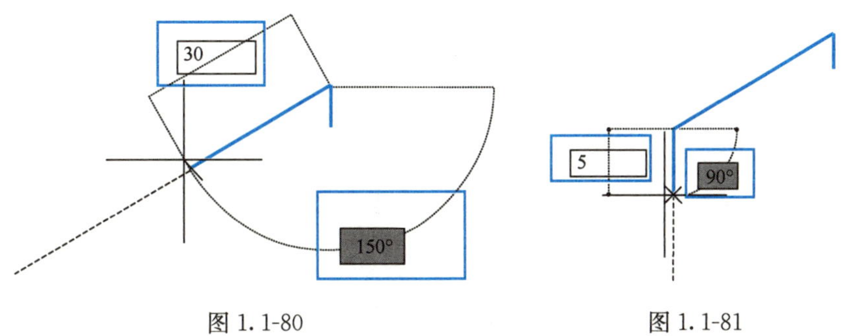

图 1.1-80　　　　图 1.1-81

框选刚才绘制的图形，选中“复制”命令（快捷键“CO”），鼠标指定图形上任意一点，鼠标往右下角拖动，捕捉到极轴为 330°时，键盘输入“30”（图 1.1-83）。最后点击键盘上的“Enter”键即可（图 1.1-84）。

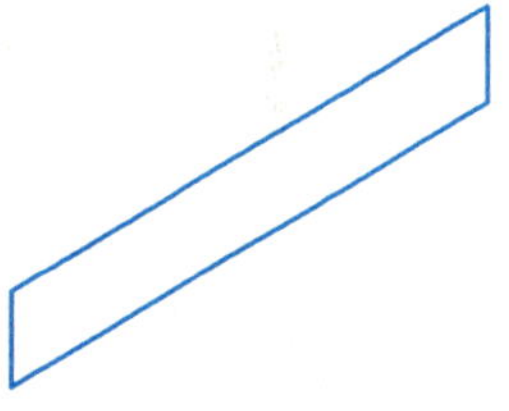

图 1.1-82

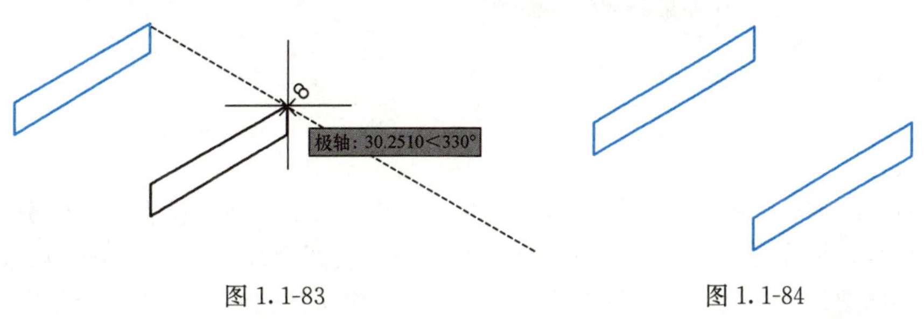

图 1.1-83　　　　图 1.1-84

运行“直线”命令，连接可见的顶点（图 1.1-85）。运行“修剪”命令（快捷键“TR”），剪去不可见线条（图 1.1-86）。至此完成第一部分长方体的绘制。

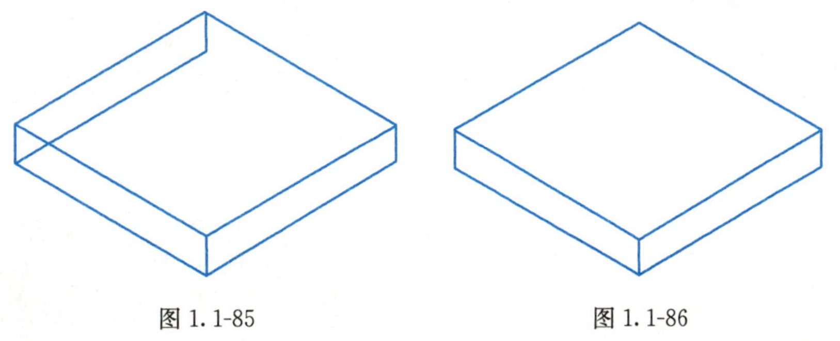

图 1.1-85　　　　图 1.1-86

第三步：绘制第二部分——四棱台。分别向内侧复制刚才绘制的长方体最上面的轮廓线，距离为“5”（图 1.1-87），运行“修剪” 命令（快捷键“TR”），剪去多余线条（图 1.1-88），选中刚才绘制的中间的线条，运行“移动” 命令（快捷键“M”），点击图形上的任意一点，鼠标垂直向上移动，输入“3”，然后按“Enter”键（图 1.1-89）。运行“直线”命令，连接顶点（图 1.1-90），至此完成第二部分四棱台的绘制。

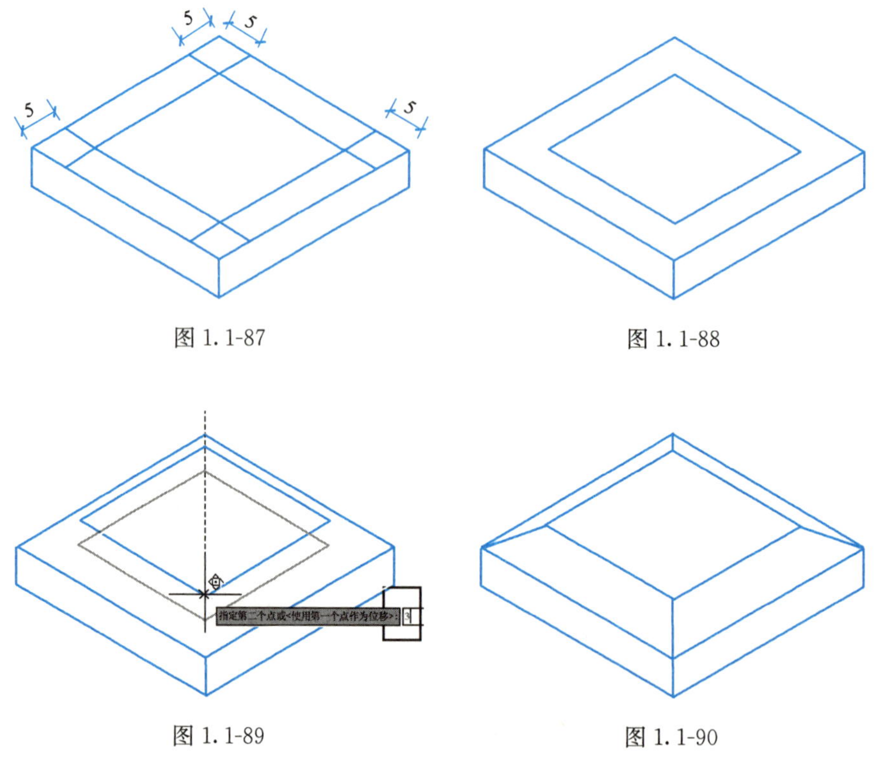

图 1.1-87　　图 1.1-88

图 1.1-89　　图 1.1-90

第四步：绘制第三部分——长方体。运行“直线”命令，在四棱台的顶部分别绘制垂直向上的直线，长度为“3”（图 1.1-91）。再分别连接四个顶点（图 1.1-92）。运行“修剪”命令，修剪掉不可见部分（图 1.1-93）。至此，独立基础的正轴测图绘制完毕，保存到相应位置即可。

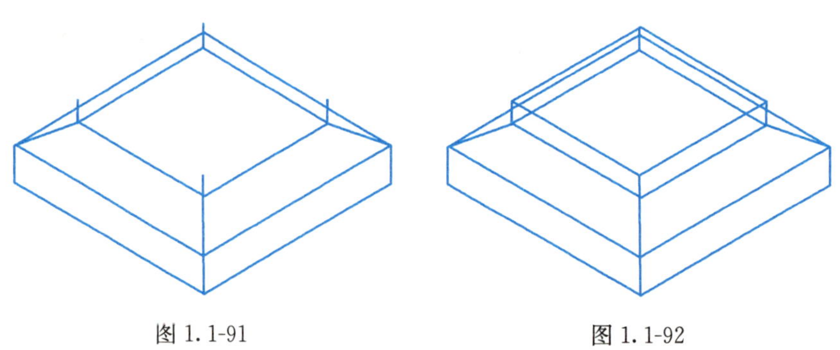

图 1.1-91　　图 1.1-92

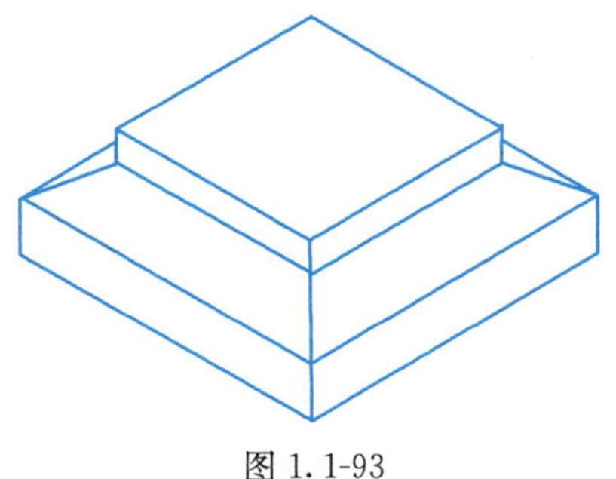

图 1.1-93

1.1.3　绘制剖面图与断面图

1. 识读剖面图

我们通常通过剖切的形式来展现形体内部的构造，便于更加详细地了解内部细节。将形体从某一个部位剖切开，向剖切面的一侧投影，就形成了剖面图。

图 1.1-94 中构件由长方体切合加组合的形式形成。在三视图中的虚线比较多，不方便识读。此时，利用一个平行于 W 面的一个剖切面 P，将物体在剖切面前方的部分去掉，保留所剖切到的平面以及后面部分（图 1.1-95）。其中被剖切到的面称为断面（图 1.1-96）。从垂直于断面方向进行投影称为剖面图。剖面图、断面图如图 1.1-97 所示。

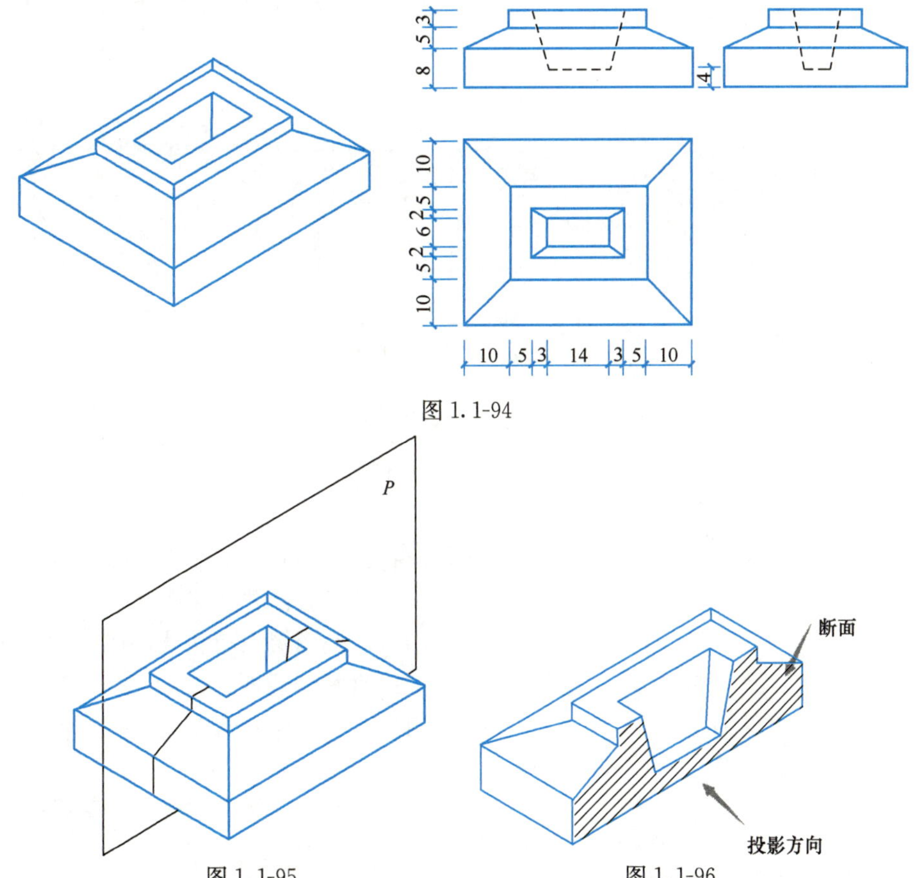

图 1.1-94

图 1.1-95

图 1.1-96

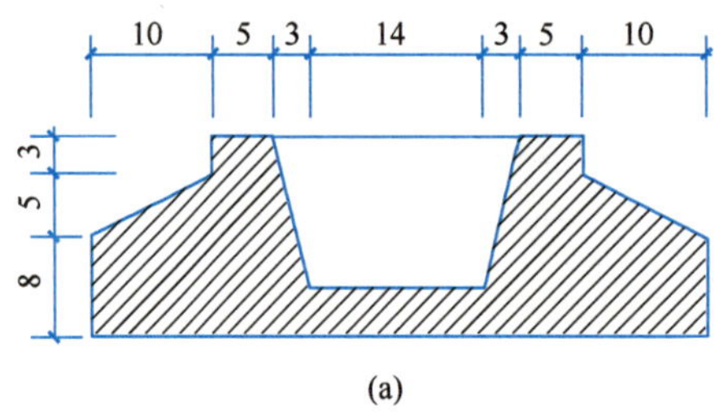

(a)

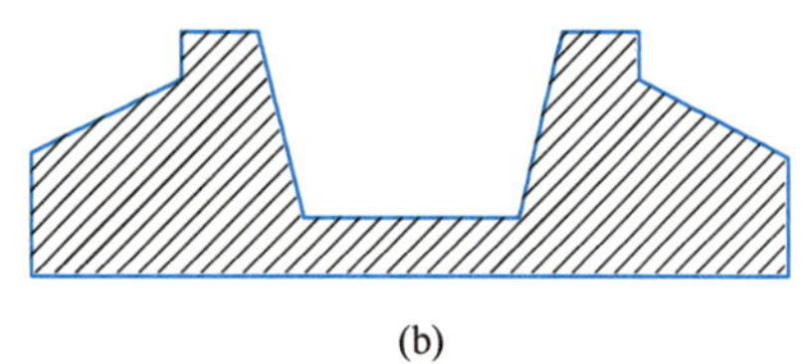

(b)

图 1.1-97

(a) 剖面图；(b) 断面图

2. 绘制剖面图和断面图的注意事项

剖切符号用粗实线表示，剖切编号所在方向即为剖面图投影方向，剖面图中被剖切到的轮廓线用粗实线表示，后面未被剖切到的轮廓线用中粗线表示，剖切面用 45°方向的细实线填充。

断面图的剖切符号也用粗实线表示，断面图只需要绘制被剖切到的面即可，剖切面用 45°方向的细实线填充。

3. 绘制剖面图

绘制图形（图 1.1-98）1-1 剖面图。

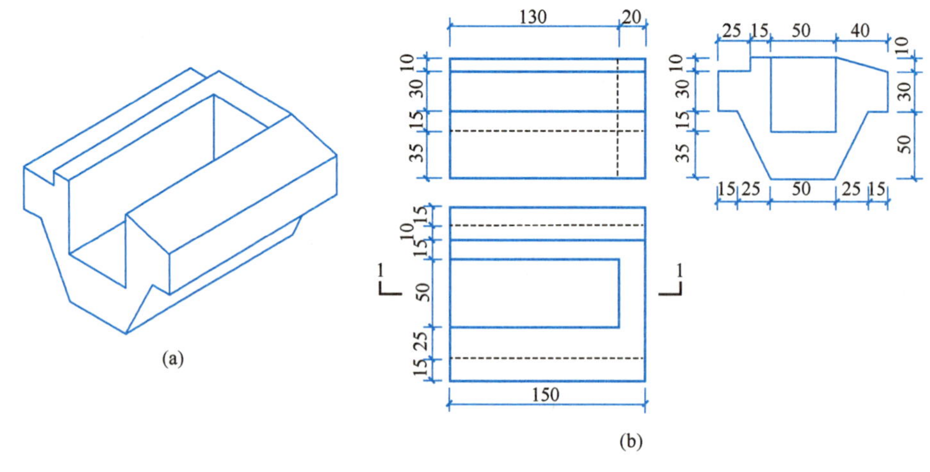

图 1.1-98

(a) 图形；(b) 轴测图

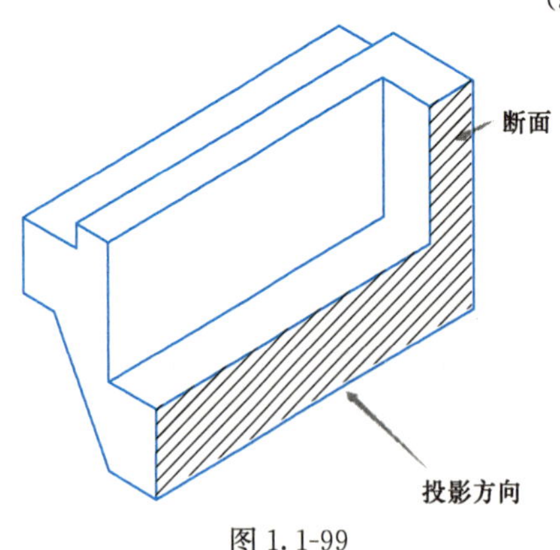

图 1.1-99

分析：将图形切开，形成剖切面（图 1.1-99）。

第一步：新建文件并新建图（图 1.1-100）。

第二步：切换图层至粗实线，运行“直线”命令，用粗实线绘制剖切面，如图 1.1-101 所示（可以在右下角自定义里面勾选线宽，并显示线宽，如图 1.1-102 所示）。

第三步：切换图层至中粗线，绘制后面可见的投影线（图 1.1-103）。

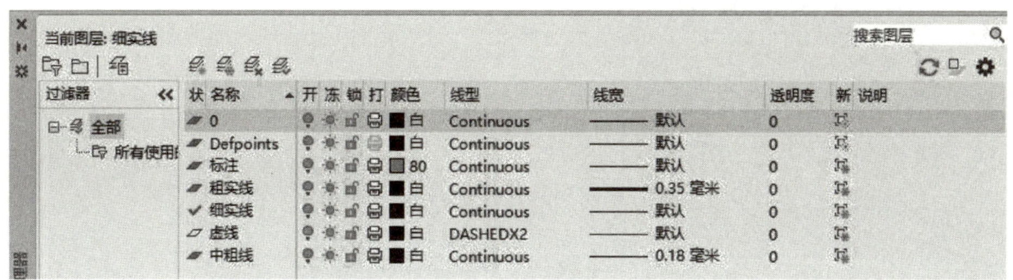

图 1. 1-100

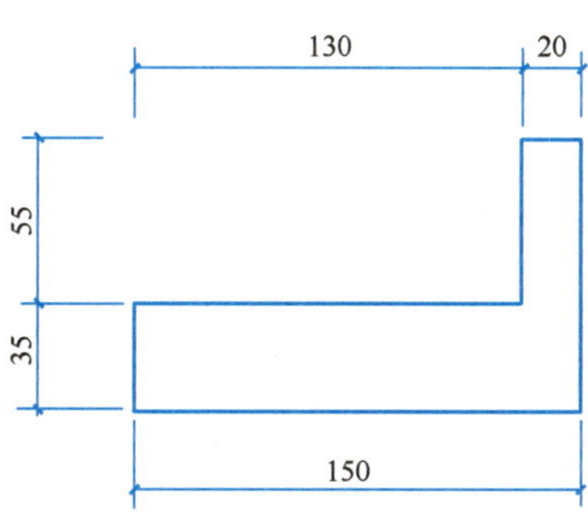

图 1. 1-101

图 1. 1-102

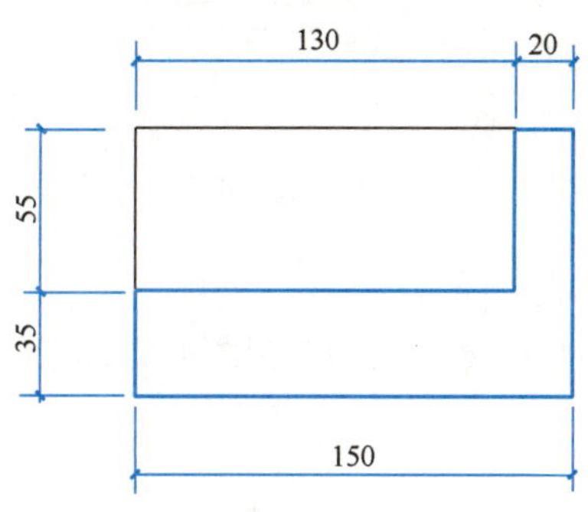

图 1. 1-103

第四步：切换图层至细实线，选择“默认”选项卡下边的图案填充命令，快捷键“H”，选择图案里面的“ANSI31”，并点选“拾取点”命令（图 1. 1-104）。在断面的内部单击鼠标左键，即可完成图案的填充（图 1. 1-105）。至此剖面图绘制完毕。

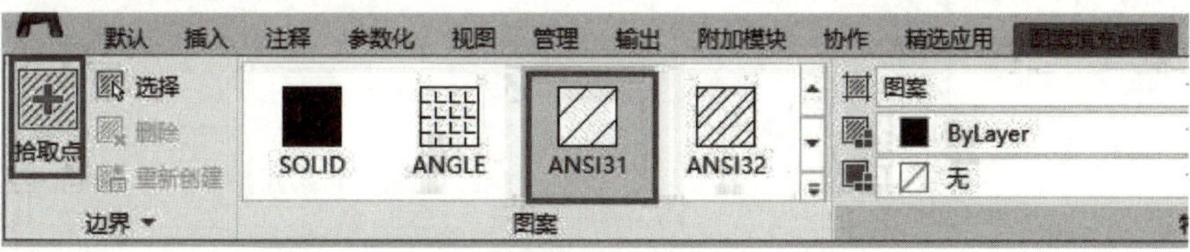

图 1. 1-104

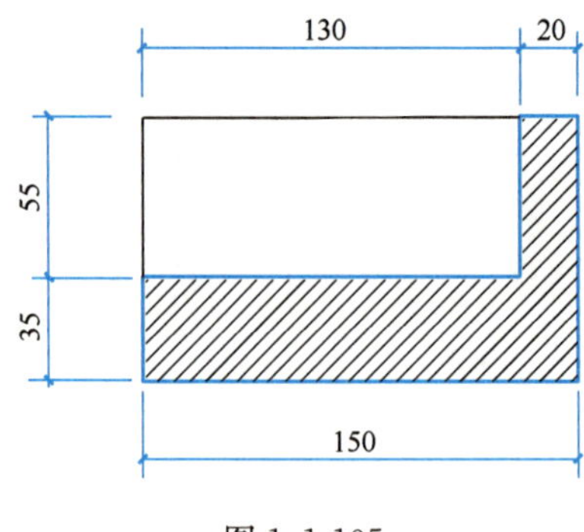

图 1.1-105

4. 绘制断面图

绘制图形（图 1.1-106）2-2 断面图。

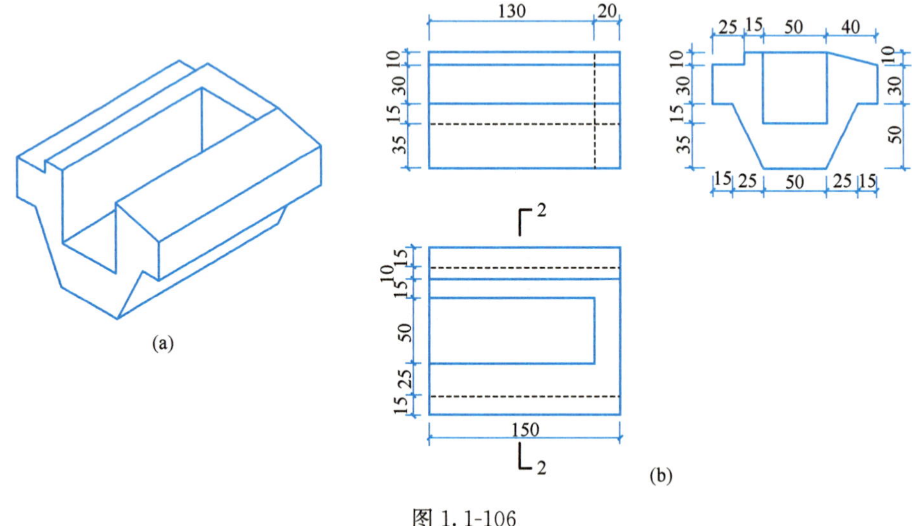

图 1.1-106

分析：从剖切面切开，形成断面（图 1.1-107）。

第一步：切换图层至粗实线部分，绘制左视图的轮廓线（图 1.1-108）。

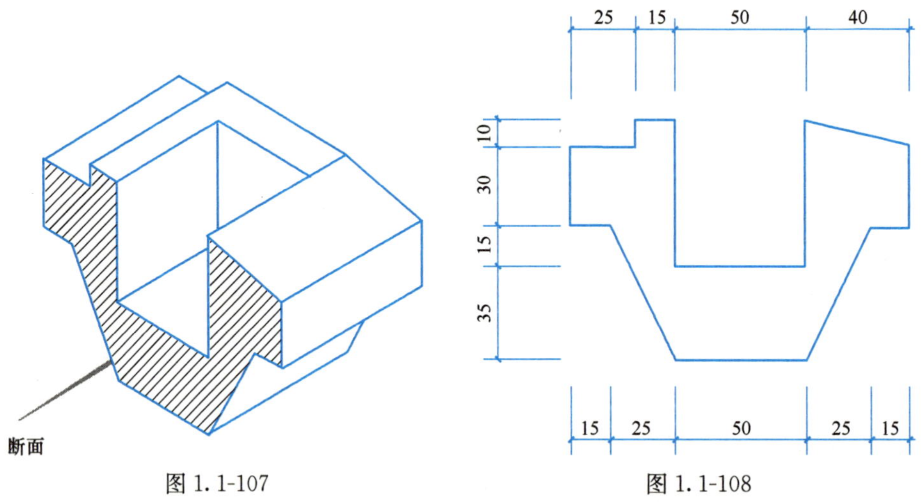

图 1.1-107　　图 1.1-108

第二步：切换图层至细实线，运行图案填充命令，快捷键“H”，选择图案里面的“ANSI31”，并点选“拾取点”命令。在断面的内部单击鼠标左键，即可完成图案的填充，至此 2-2 断面图绘制完毕（图 1.1-109）。

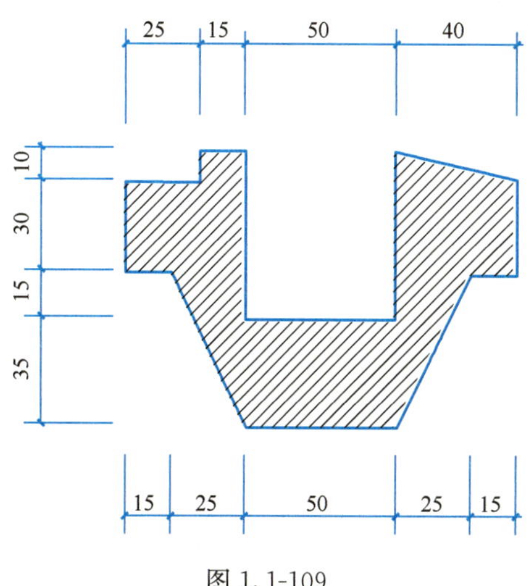

图 1.1-109

工作空间调整

在 CAD 界面中，默认的项目面板如图 1.1-110 所示，接下来演示如何调整为原有的工作空间模式。

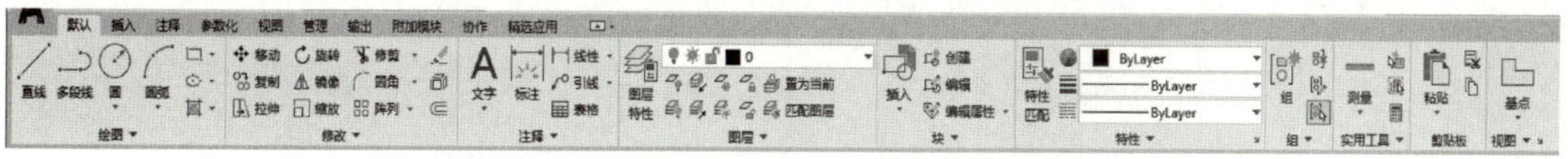

图 1.1-110

第一步：在面板的空白处单击右键，点击关闭（图 1.1-111）。

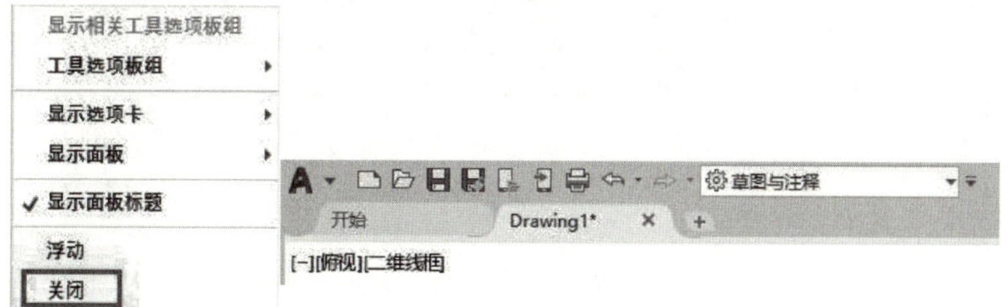

图 1.1-111

第二步：打开自定义快速访问工具栏的缩略按钮，选中里面的“显示菜单”命令（图 1.1-112）。

第三步：打开“工具”选项卡下的“工具栏”→“AutoCAD”→“修改”（图 1.1-113），图 1.1-114 就是我们常用的经典的绘图工作空间。

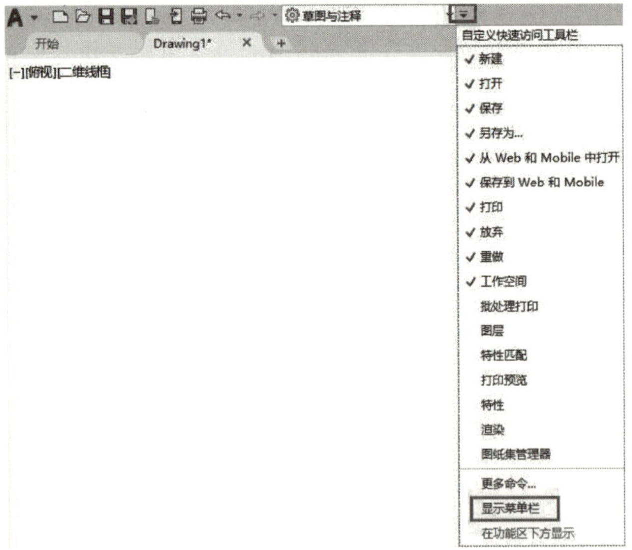

图 1.1-112

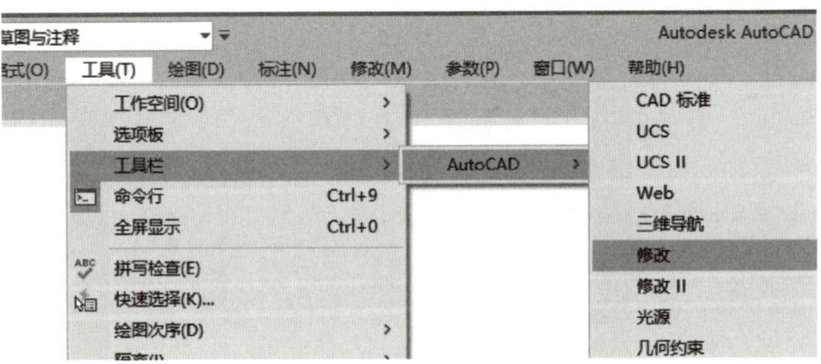

图 1.1-113

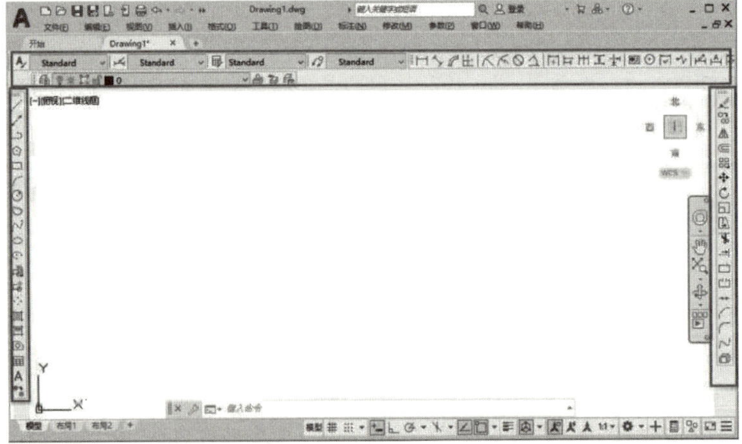

图 1.1-114

第四步：点击右下角的工作空间设置按钮，选择“将当前工作空间另存为”命令（图 1.1-115）。给当前空间命名为“经典模式”，点击保存按钮。再次打开右下角的工作空间设置按钮，可以看到我们刚才设置的工作空间。

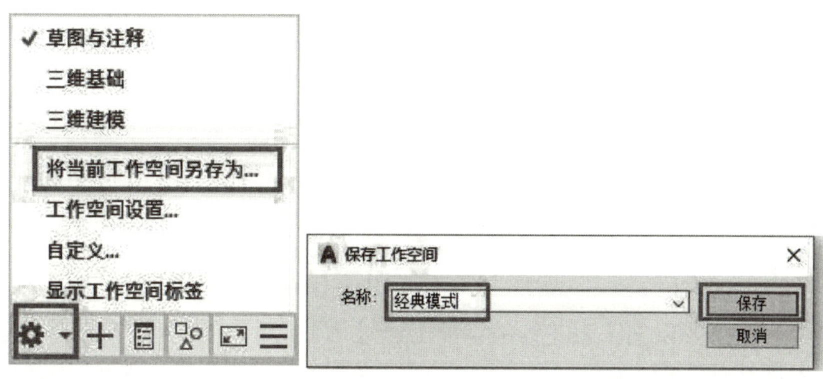

图 1.1-115

任务 1.2　识读与绘制建筑设计说明

知识目标

1. 掌握建筑设计说明的组成部分。
2. 掌握文字输入的方式。
3. 掌握表格的绘制方式。

能力目标

1. 能绘制图框和标题栏。
2. 能绘制建筑设计说明。
3. 能绘制门窗表。

素质目标

1. 培养学生认真倾听，独立操作软件；提高学生阅读和理解的能力。
2. 培养学生作为工程技术人员应有的严谨、科学的工作态度。

任务介绍

用 CAD 命令绘制建筑设计说明。

1. 绘制图框。
2. 绘制标题栏。
3. 绘制设计说明。
4. 绘制门窗表。

任务分析

建筑设计说明主要以文字表述为主，可以通过单行文字、多行文字实现，也可以通过文本文档编辑后粘贴实现。

1. 建立图层。
2. 绘制图框和标题栏。
3. 用表格绘制文字分隔线。
4. 用单行文字或者多行文字输入说明。
5. 用表格绘制门窗表。

1.2.1 绘制建筑设计说明

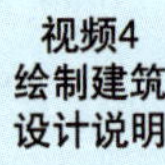

1. 识读建筑设计说明（详见附录）

我们拿到一套建筑施工图，第一步就是看建筑设计说明，建筑设计说明的内容包括设计依据、工程概况、设计标高、墙体工程要求、屋面工程要求、门窗工程要求、内外墙装修和室外工程要求、油漆涂料工程要求、防火设计要求以及其他施工中的注意事项等。

2. 注意事项

在 CAD 中，“±”用“%%P”来进行输入，用“%%131”“%%132”“%%133”表示 HRB335、HRB400、HRB500（注意需要提前在 CAD 的字体库里面放入钢筋字体，字体位置在安装目录：\Program Files\Autodesk\AutoCAD 2021\Fonts 里面）。

3. 绘制图框

第一步：新建文件，点击 CAD 界面中左上方快速启动栏中的“新建”按钮或“Ctrl+n”，在弹出的选择样本对话框中默认打开的图形样板为“acad”文件、直接点击“打开”按钮，切换工作空间为“经典模式”。点击 CAD 界面中左上方快速启动栏中的“保存”按钮或“Ctrl+s”，将弹出的图形另存为在自己电脑上，名称为“建筑设计说明”。

第二步：新建图层（图 1.2-1）。

第三步：切换图层至“细实线”，运行“矩形”命令（快捷键“REC”），在动态输入

图 1.2-1

开启的情况下，输入“0，0”再按“Enter”键（图 1.2-2）。鼠标往右上角移动，接下来再输入“841，594”按“Enter”键（图 1.2-3），即可完成如图 1.2-4 所示外边线绘制。运行“偏移”命令(快捷键“O”)，输入偏移距离“10.0000”，再按“Enter”键(图 1.2-5 和图 1.2-6)。开启正交模式快捷键“F8”，点击内侧矩形框，选择左侧边线的中间控制点，鼠标往右拖动，键盘输入“15”按“Enter”键（图 1.2-7）。再切换图层至“粗实线”，按“Esc”退出命令，完成图框的绘制（图 1.2-8）。

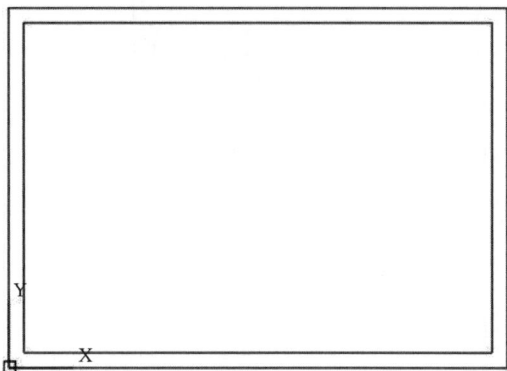

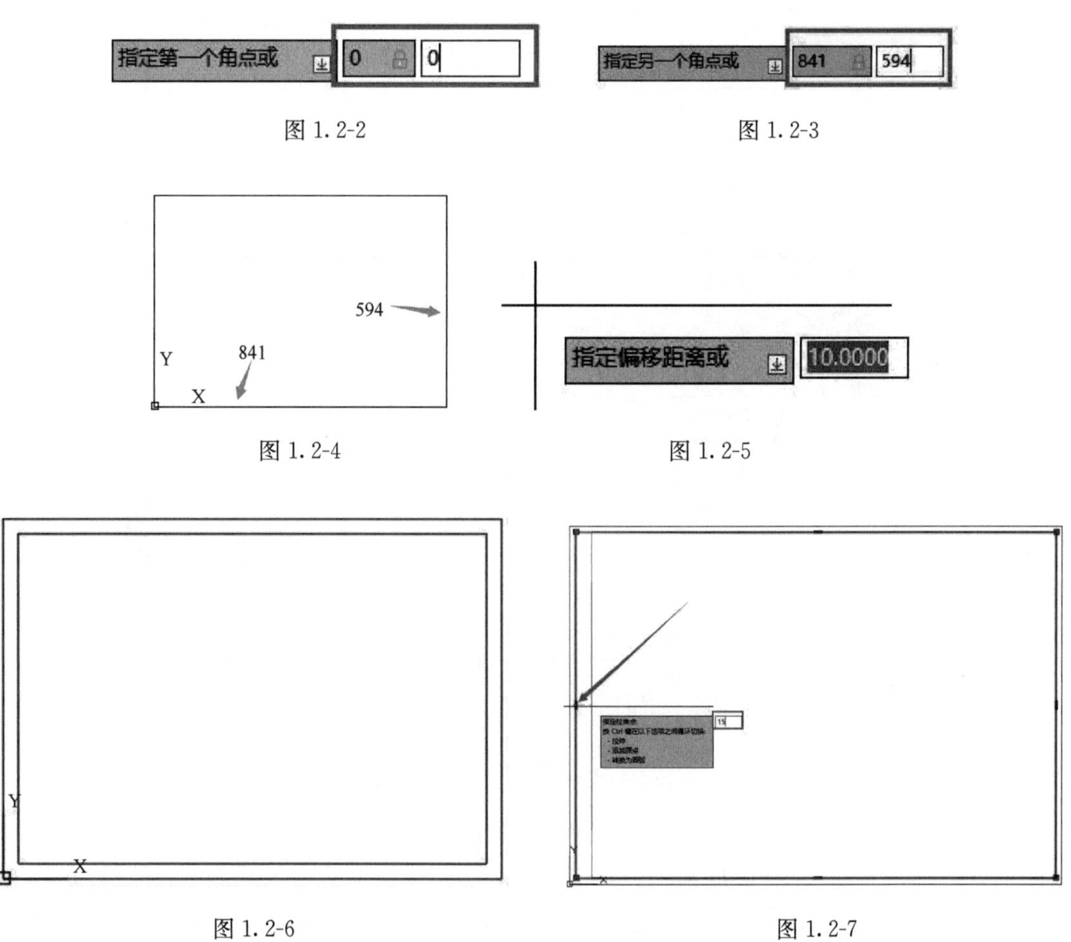

图 1.2-2

图 1.2-3

图 1.2-4

图 1.2-5

图 1.2-6

图 1.2-7

图 1.2-8

4. 绘制标题栏

第一步：分别切换图层至“中粗线”和“细实线”，利用“直线”命令和“偏移”命令绘制图 1.2-9 标题栏边框和内部分隔线，尺寸如图 1.2-10 所示。

设　计			××××××××研究设计院			
校　对			工程名称	8号教工宿舍楼	图　号	
会　签					设计编号	
专业负责人			设计项目		设计阶段	施工图
项目负责人					专　业	建　筑
审　核					比　例	1:100
审　定					日　期	

图 1.2-9

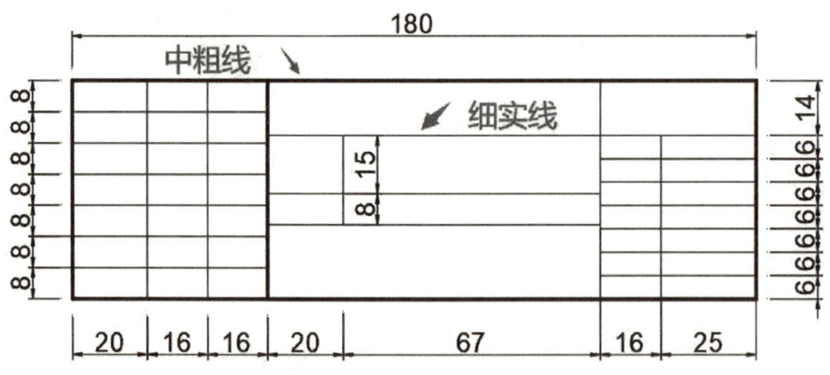

图 1.2-10

第二步：设置字体样式，在“格式”选项卡下的“文字样式”（快捷键“ST”）（图 1.2-11）。在弹出的对话框里面，在“Standard”样式下点击“新建”按钮，命名为“HZ”，点击“确定”按钮（图 1.2-12）。设置字体为“宋体”，字体样式选择“常规”，点击“置为当前”。点击“关闭”按钮即可（图 1.2-13）。

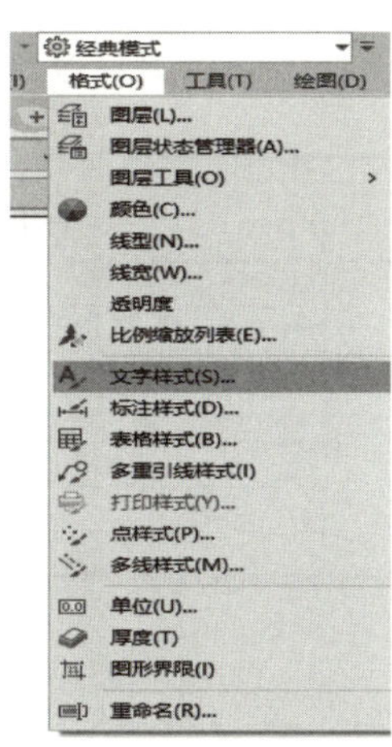

图 1.2-11

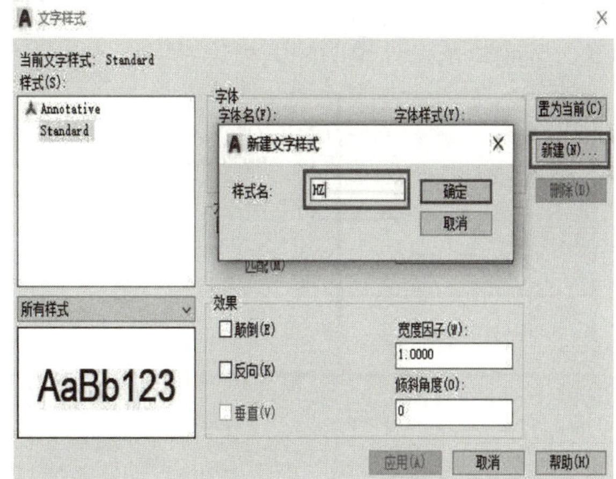

图 1.2-12

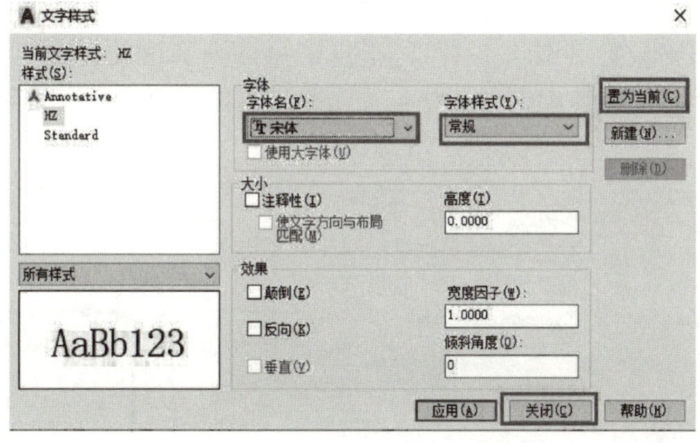

图 1.2-13

第三步：切换图层至“文字”，开启“特性”对话框，快捷键“Ctrl+1”，运行“多行文字命令”快捷键“T”，指定标题栏左上角为第一角点，输入“高度”命令“H”，按“Enter”键，再输入数值“3”；再输入“对正”命令，快捷键“J”，选择对正方式为“正中”（图 1.2-14）。再点击第一个格子的右下角（图 1.2-15）。输入“设计”，其他文字也用

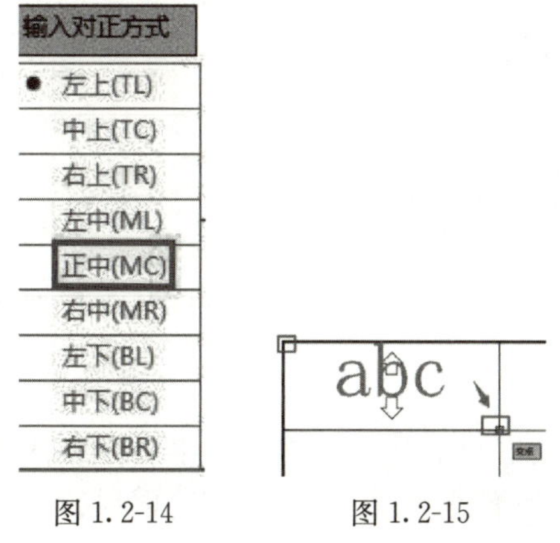

图 1.2-14　　　　图 1.2-15

同样的方式进行输入，最终结果如图 1.2-16 所示。根据实际需求，可在“特性”里面修改文字高度，至此建筑设计说明的图框绘制完毕。

设 计			××××××××研究设计院			
校 对						
会 签			工程名称	8号教工宿舍楼	图 号	
专业负责人					设计编号	
项目负责人			设计项目		设计阶段	施工图
审 核					专 业	建 筑
审 定					比 例	1:100
					日 期	

图 1.2-16

5. 绘制建筑设计说明

第一步：为了便于我们进行文字的对齐，可以对图纸的空白区域用辅助线进行分隔。切换图层至“辅助线”，选择“绘图”工具栏下的“表格”（快捷键“TAB”），在弹出的对话框进行表格设置（图 1.2-17）。指定第一点为图框的左上角（图 1.2-18），退出表格绘制命令。选中刚才绘制的表格，点击最右下的控制点，拖动到图框的右下角即可（图 1.2-19）。

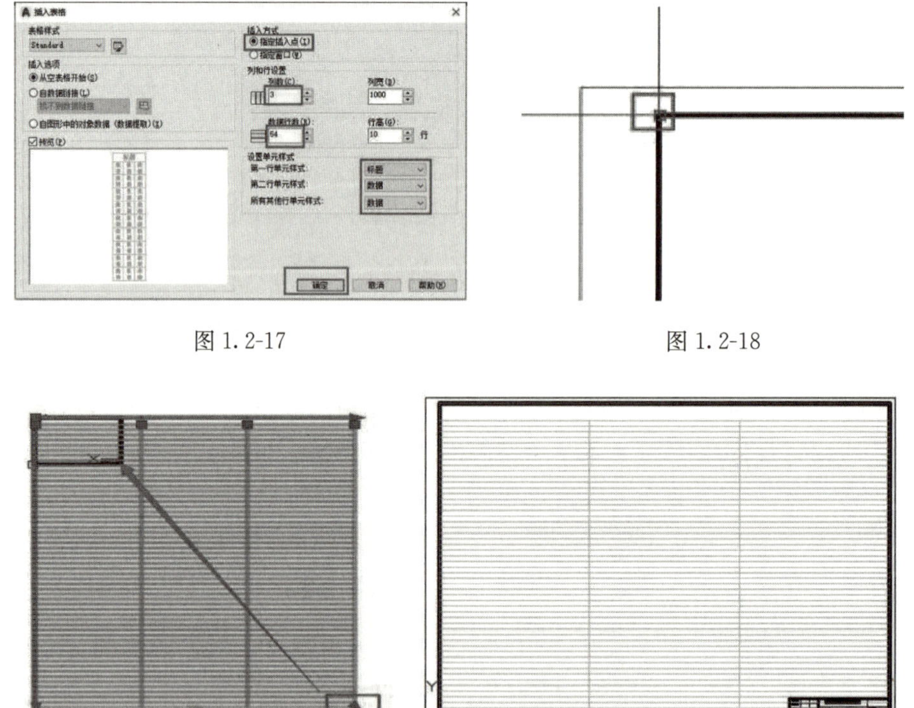

图 1.2-17　　图 1.2-18

图 1.2-19

第二步：切换图层至“文字”，运行“多行文字”命令（快捷键“T”），指定图框左上角为第一点，输入“H”设置字体高度为“10”；再执行“J”命令，设置对正方式为

“正中”；接下来输入“S”，设置样式为“HZ”，把鼠标第二点设置在第一行表格的右下角（图 1.2-20），开始进行文字编辑（也可以直接一开始就指定第一点和第二点，然后在文字格式里面进行修改，再进行表头文字编辑，如图 1.2-21 所示）。

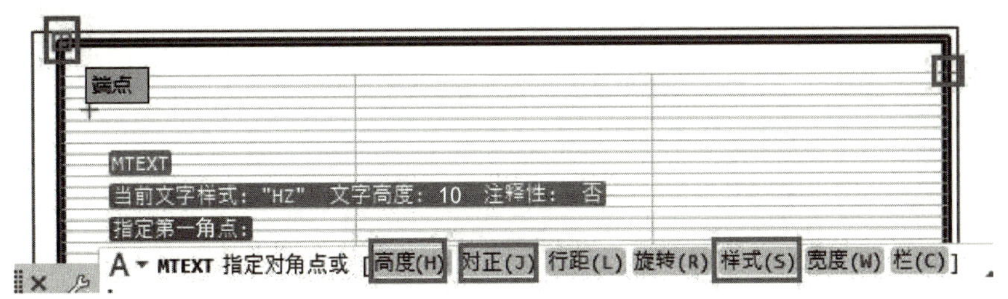

图 1.2-20

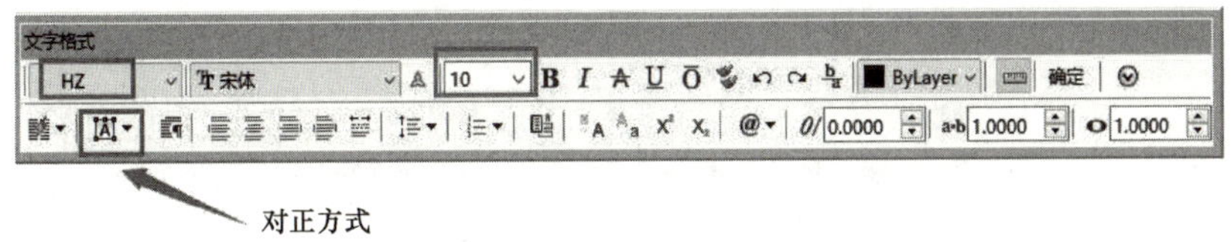

图 1.2-21

第三步：重复文字“T”命令，设置样式为“HZ”，对齐方式为“左中”，字体高度为“3”，打开段落设置左侧第一行缩进“2”，点击确定（图 1.2-22），开始进行内容编辑，其余的文字编辑方式相似，根据需求对参数进行设置（注意：也可以直接双击需要编辑的表格，再进行设置，然后进行内容输入）。

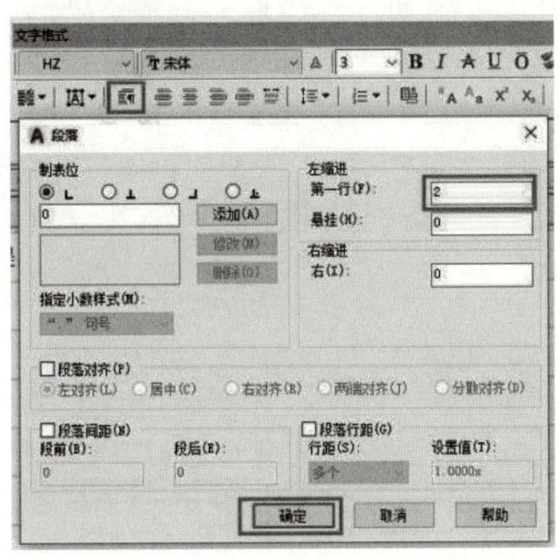

图 1.2-22

第四步：把多余的表格线修剪掉。选中表格，运行修改里的“分解”命令，快捷键“X”，对表格进行分解。接下来运行“修剪”命令，快捷键“TR”，输入“T”设置剪切边，选中竖向线条，点击鼠标右键，然后选择右侧不需要的表格线，至此完成建筑设计说明（图 1.2-23）。

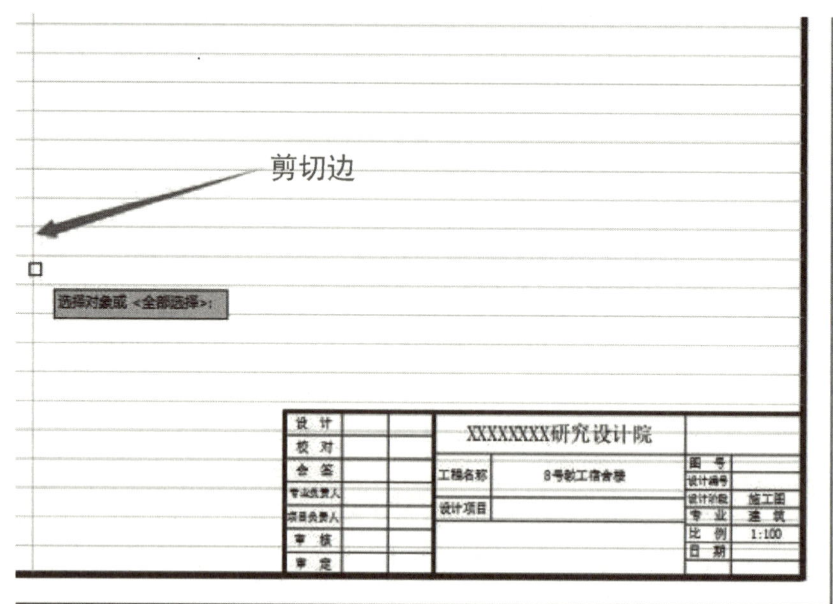

图 1.2-23

1.2.2 绘制门窗表

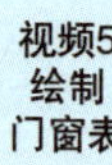

1. 识读门窗表（表 1.2-1）

门窗表主要是便于我们快速掌握工程里门窗的类型、数量、尺寸以及其他门窗要求等。基本上包含类型、设计编号、洞口尺寸、每层数量、洞口底高等。

门窗表　　表 1.2-1

类型	设计编号	洞口尺寸（mm）	数量					洞口底高（mm）	图集名称	备注
			1F	2~5F	6F	顶层	合计			
普通门	M0721	700×2100	3	3×4	3		18	0	夹板门	成品
	M0921	900×2100	12	12×4	12		72	0		
	M1021	1000×2100	3	3×4	3	2	20	0		
推拉门	TLM2424	2400×2400	2	2×4	2		12	0	70 系列铝合金门窗	断热铝合金+6 厚无色透明玻璃 Low-E 中空玻璃
	TLM2724	2700×2400	1	1×4	1		6	0		
普通窗	GC0909	900×900	3	3×4	3		18	1500		
	C1515	1500×1500	3	3×4	3		18	900		
	C1815	1800×1500		2×4			8	900		
凸窗	TC1515	1500×1500	6	6×4	6		36	600		
	TC1815	1800×1500	6	6×4	6		36	600		

附注：

1. 门窗开启线表示方法：箭头表示推拉门窗，折线表示平开窗，无线表示固定窗。
2. 门窗生产厂家应由甲乙方共同认可，厂家负责提供安装详图。
3. 卫生间的门应做防腐处理，卫生间的外窗玻璃采用磨砂玻璃。
4. 门窗安装应满足其强度、热工、声学及安全性等技术要求。
5. 门窗表和门窗详图尺寸均为洞口尺寸。
6. 所有窗台高低于 900mm 的窗均设护窗栏杆，护窗做法参照 11ZJ501 $\frac{一}{38}$。
7. 大于 1.5m 的玻璃设为安全玻璃。

2. 绘制表格

打开前面的“建筑设计说明”文件，在此基础上进行门窗表的绘制。

第一步：新建表格，选择“绘图”工具栏下的“表格”快捷键“TAB”，设置列数为“11”，行数为“12”（图 1.2-24）。在图纸右下角空白处单击左键（图 1.2-25），如果后续发现行数或者列数不够，可以通过选中要插入的位置，点击鼠标右键，在弹出的对话框中选择“行”或者“列”，再选择插入的位置（图 1.2-26），同理，有多余的也可以通过这种方式删除。

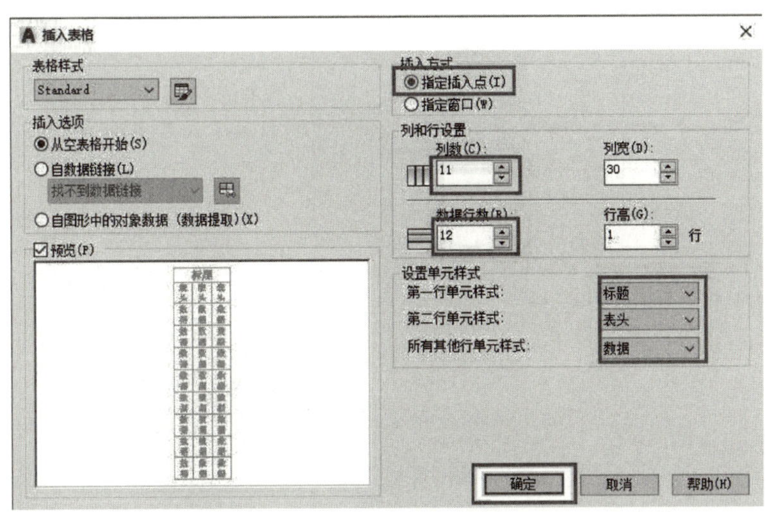

图 1.2-24

图 1.2-25

第二步：修改刚才表格的轮廓，有的需要多行组成，有的需要多列组成。选择当中的两个，点击鼠标右键选择“合并”→“全部”。用同样的方法来合并其他的表格（图 1.2-27～图 1.2-31）。

第三步：输入文字，单击需要输入文字的表格，按空格键即可开始输入文字。

第四步：调整表格大小，至此完成整个建筑设计说明的绘制（图 1.2-32）。

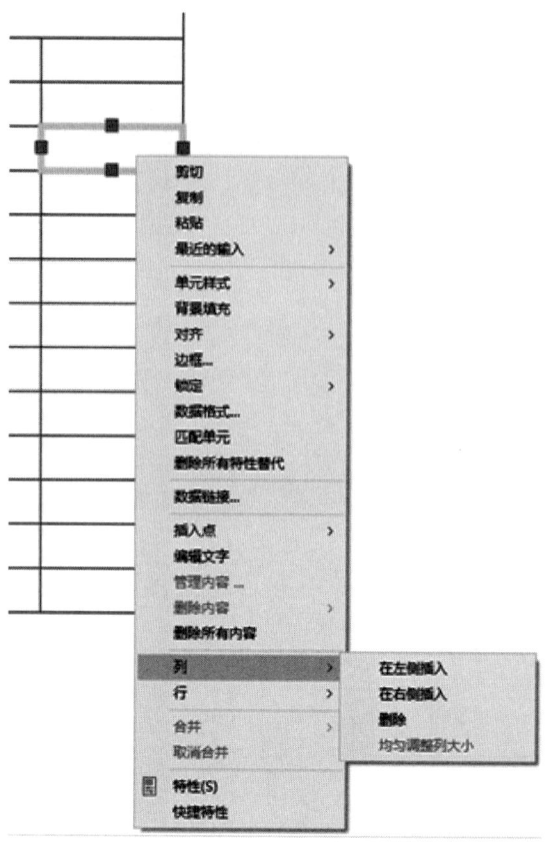

图 1.2-26

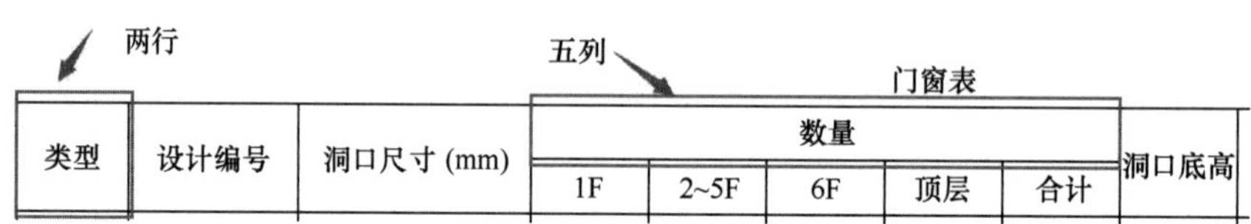

两行
五列
门窗表
类型
设计编号
洞口尺寸 (mm)
数量
1F
2~5F
6F
顶层
合计
洞口底高

图 1.2-27

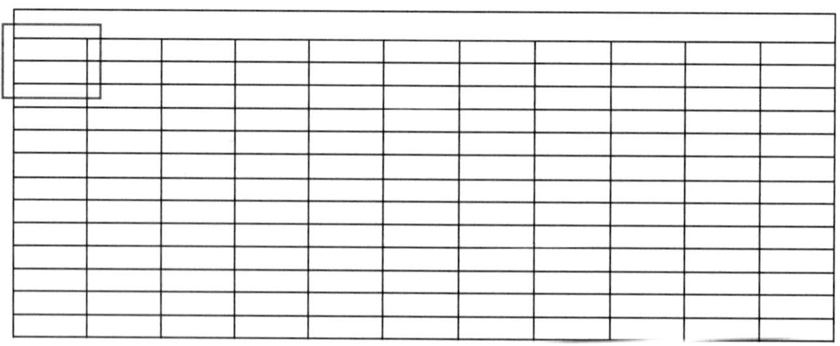

图 1.2-28

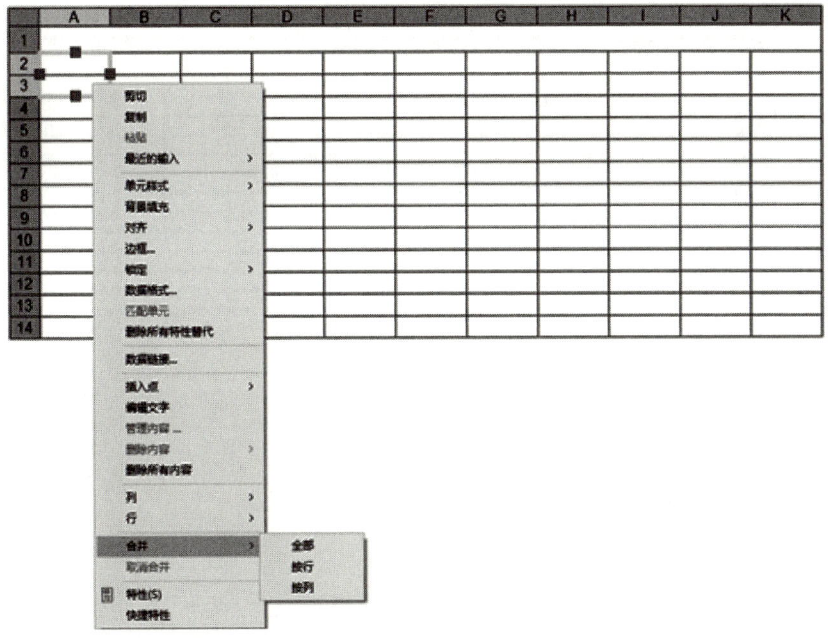

图 1.2-29

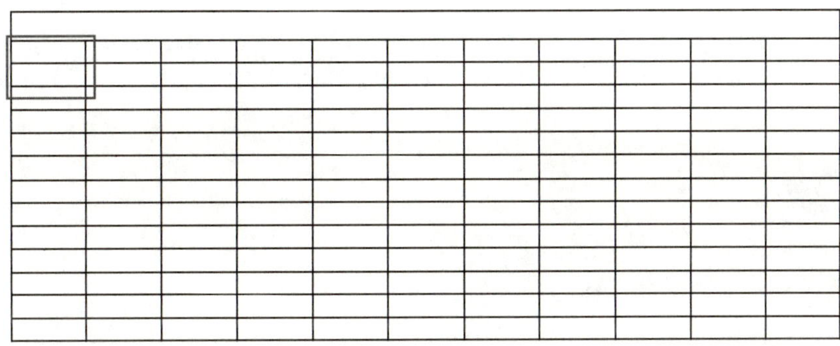

图 1.2-30

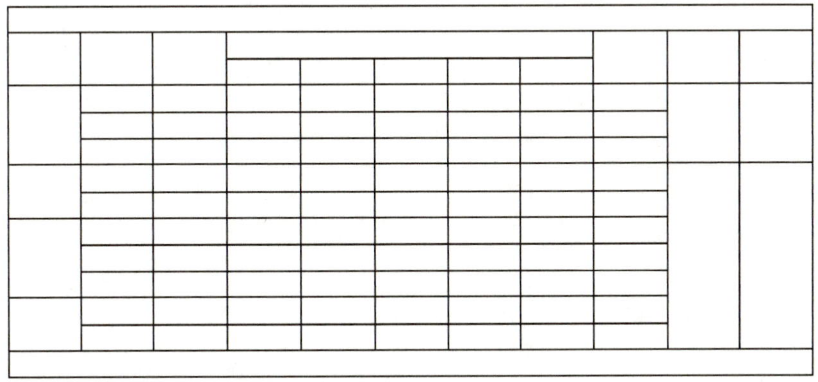

图 1.2-31

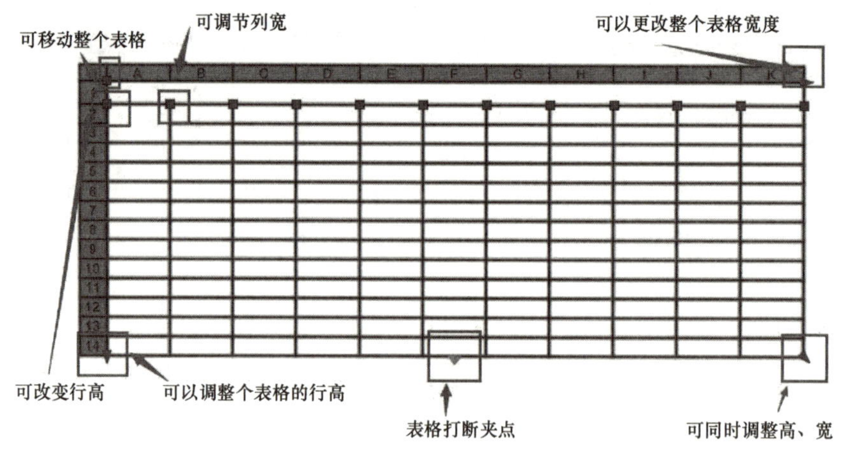

图 1.2-32

知识拓展

绘制门窗表的过程中，我们可以事先在 Excel 表格或者 Word 文档里面排放好门窗表的轮廓，输入门窗表的信息，选中门窗表进行复制，粘贴到 CAD 中。

任务 1.3 识读与绘制总平面图

知识目标

1. 了解建筑总平面图的形成与用途。
2. 了解总平面图的图线、比例、图例及标注等相关制图标准。
3. 掌握总平面图所表达的内容。
4. 掌握 CAD 的绘图命令和编辑命令。

能力目标

1. 能识读总平面图。
2. 能绘制总平面图。

素质目标

1. 培养学生在生活中观察建筑的习惯。
2. 培养学生认真、仔细、耐心的工作态度。

任务介绍

用 CAD 命令绘制总平面图。

通过识读总平面图及制图规范，绘制总平面图：

1. 设置图层。
2. 绘制道路、围墙。
3. 绘制建筑物。
4. 绘制建筑物周边环境。
5. 尺寸和文字标注。
6. 绘制图框和标题栏。

1.3.1 识读总平面图

1. 形成与用途

（1）形成：将新建工程四周一定范围内的新建、拟建、原有和需拆除的建筑物、构筑物及其周围的地形、地物，直接用正投影法和相应的图例画出的图样，即建筑总平面布置图，简称总平面图。

（2）用途：总平面图表明了新建筑物的平面形状、位置、朝向、高程以及与周围环境，如原有建筑物、道路、绿化等之间的关系。因此，总平面图是新建建筑物施工定位和场地规划布置的依据，也是其他专业（如水、暖、电等）的管线总平面图规划布置的依据。

2. 总平面图识读步骤

（1）看图样的比例、图例及有关的文字说明。

（2）了解工程的性质、用地范围和地形地物等情况。

（3）了解地势高低。

（4）明确新建房屋的位置和朝向。

3. 识读总平面图（详见附录）。

（1）该总平面图为学校教职工生活区，比例为 1∶1000。

（2）新建筑为教职工宿舍 8 号，拟建建筑为教职工宿舍 9 号、10 号，原有建筑为职工宿舍（共 3 栋）和职工食堂。

（3）新建教职工宿舍 8 号的宽度为 7m，长度为 40m。原有教工宿舍的宽度为 14m，长度为 25m。原有职工食堂的长宽均为 50m。

CAD 总图制图标准

1. 比例

制图标准规定，总平面图的比例应用 1∶500、1∶1000、1∶2000 来绘制。实际工程中，由于国土资源局以及有关单位提供的地形图常为 1∶500 的比例，故总平面图常用 1∶500的比例绘制。

2. 图线

（1）粗实线——新建建筑物±0.000 高度的可见轮廓线。

（2）中实线——新建构筑物、道路、桥涵、围墙、边坡、挡土墙等的可见轮廓线、新建建筑物±0.000 高度以外的可见轮廓线。

（3）中虚线——计划预留建（构）筑物等轮廓线。

（4）细实线——原有建（构）筑物、建筑坐标网格等以细实线表示。

3. 标注

（1）建（构）筑物定位

用尺寸和坐标定位，主要建筑物、构筑物用坐标定位，较小的建筑物、构筑物可用相对尺寸定位，注其三个角的坐标，若建（构）筑物与坐标轴线平行，可注其对角坐标。均以“m”为单位，注至小数点后两位。

测量坐标：与地形图同比例的 50m×50m 或 100m×100m 的方格网。X 为南北方向轴线，X 的增量在 X 轴线上；Y 为东西方向轴线，Y 的增量在 Y 轴线上。测量坐标网交叉处画成十字线。

建筑坐标：建筑物、构筑物平面两方向与测量坐标网不平行时常用此。A 轴相当于测量坐标中的 X 轴，B 轴相当于测量坐标中的 Y 轴，选适当位置作坐标原点。画垂直的细实线。若同一总平面图上有测量和建筑两种坐标系统，应注两种坐标的换算公式。

（2）建（构）筑物的尺寸标注

总平面图中尺寸标注的内容包括：新建建筑物的总长和总宽；新建建筑物与原有建筑物或道路的间距；新增道路的宽度等。

（3）标高有绝对标高和相对标高

总平面图中标注的标高应为绝对标高。所谓绝对标高，是指以我国青岛市外的黄海海平面作为零点而测定的高度尺寸。假如标注相对标高，则应注明其换算关系。新建建筑物应标注室内外地面的绝对标高。标高及坐标尺寸宜以“m”为单位，并保留至小数点后两位。

标高相关要求如图 1.3-1 所示。

（4）指北针：指北针规定画法半径：24mm，线宽：0.25b，指针尾部宽为 3mm（图 1.3-2）。

（5）房屋的楼层数：建筑物图形右上角的小黑点数或数字。

（6）建筑物、构筑物的名称：宜直接标注在图上，必要时可列表编注（编号圆半径 6mm，细实线，线宽 0.25b）。

（7）风玫瑰图：风玫瑰图在 8 个或 16 个方位线上用端点与中心的距离，代表当地这一风向在一年中发生频率，粗实线表示全年风向，细虚线范围表示夏季风向。风向由各方位吹向中心，风向线最长者为主导风向。

风玫瑰图表现形式如图 1.3-3 所示。

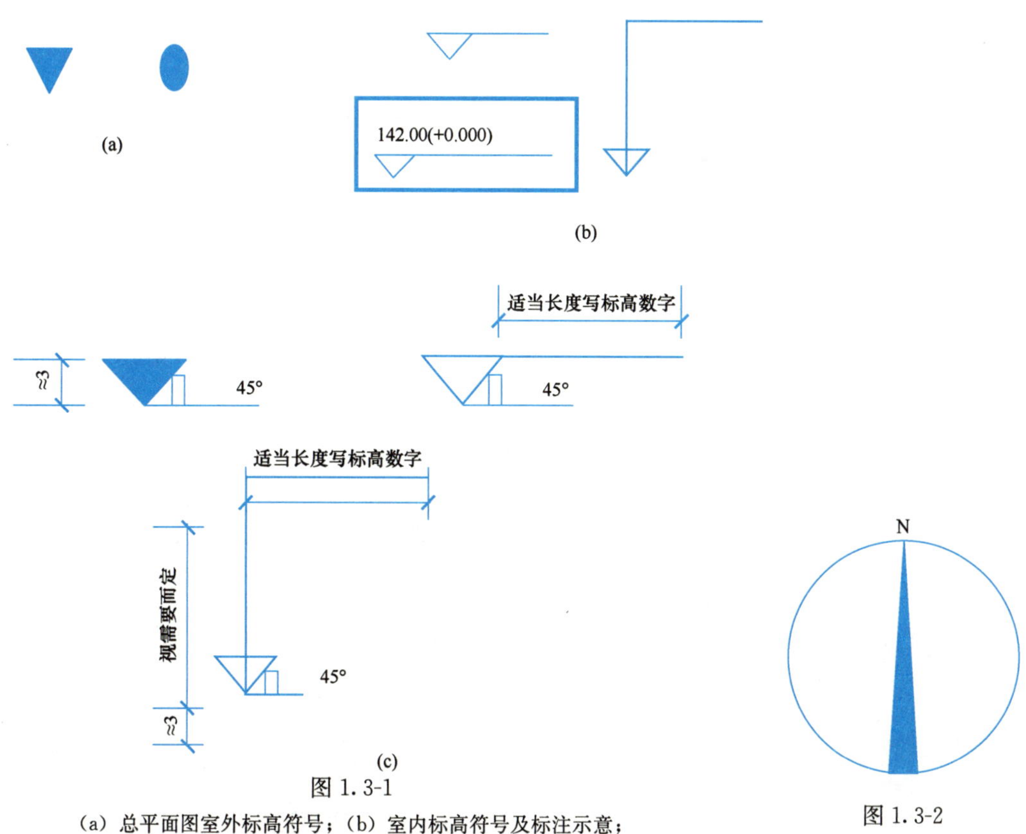

图 1.3-1

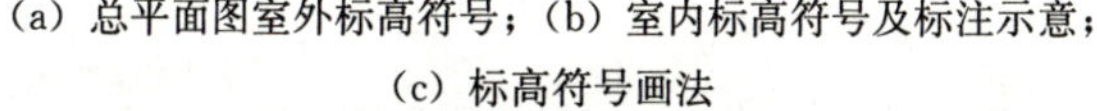

（a）总平面图室外标高符号；（b）室内标高符号及标注示意；（c）标高符号画法

图 1.3-2

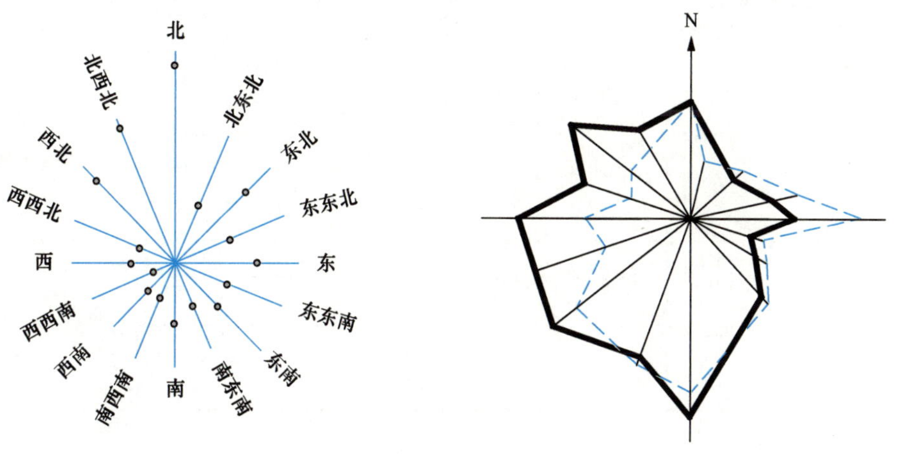

图 1.3-3

4. 图例

总平面图部分图例见表 1.3-1。

总平面图部分图例　　表 1.3-1

名称	图例	说明	名称	图例	说明
新建建筑物	8 ▲	1. 需要时，可用▲表示出入口，可在图形内右上角用点或数字表示层数。 2. 建筑物外形（一般以±0.000 高度处的外墙定位轴线或外墙面线为准）用粗实线表示。需要时，地面以上建筑用中粗实线表示，地面以下建筑用细虚线表示	新建的道路	5 45.00 R8 50.00	“R8”表示道路转弯半径为 8m，“50.00”为路面中心控制点标高，“5”表示 5%，为纵向坡度，“45.00”表示变坡点间距离
原有的建筑物		用细实线表示	原有的道路		—
计划扩建的预留地或建筑物		用中粗虚线表示	计划扩建的道路		—
拆除的建筑物		用细实线表示	拆除的道路		—
坐标	X115.50 Y300.00	表示测量坐标	桥梁		1. 上图表示铁路桥，下图表示公路桥。 2. 用于旱桥时应注明
	A135.50 B255.75	表示建筑坐标			
围墙及大门		上图表示实体性质的围墙，下图表示通透性质的围墙，如仅表示围墙时不画大门	护坡		1. 边坡较长时，可在一端或两端局部表示。 2. 下边线为虚线时，表示填方
			填挖边坡		
台阶		箭头指向表示向下	挡土墙		被挡的土在“突出”的一侧
铺砌场地		—	挡土墙上设围墙		

1.3.2 绘制总平面图

1. 绘制准备

（1）新建文件

点击 CAD 界面中左上方快速启动栏中的“新建”按钮或“Ctrl+n”，在弹出的选择样本对话框中默认打开的图形样板为“acadiso. dwt”文件，直接点击“打开”按钮（图 1. 3-4）。

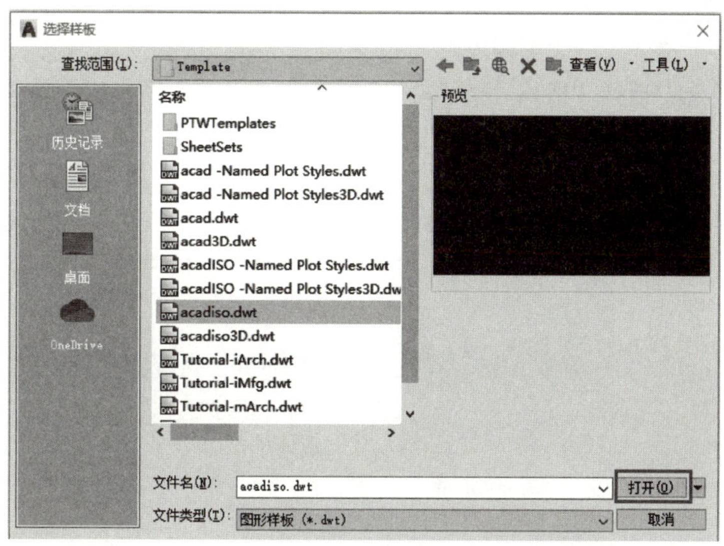

图 1. 3-4

（2）保存文件

点击 CAD 界面中左上方快速启动栏中的“保存”按钮或“Ctrl＋s”（或键盘输入“QS”命令），在弹出的图形另存为话框中设置文件保存的路径、名称和文件类型，保存名称为“姓名＋总平面图”（图 1. 3-5）。本版本默认保存的文件类“AutoCAD 2018 图形（＊. dwg)”。

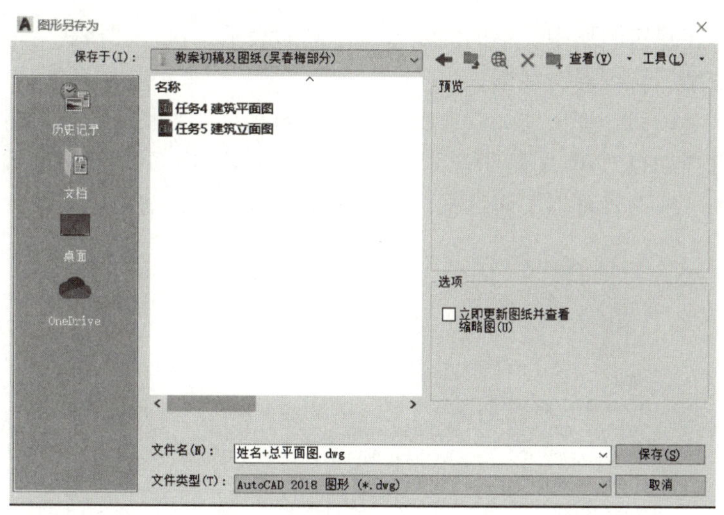

图 1. 3-5

（3）设置绘图环境

设置图形界限：设置绘图比例为 1∶1000 的一个长为 594mm，宽为 420mm 大小的图形界限，即 A2 图纸的大小。

设置图形界限的方法如下：

1）命令行：LIMITS。

2）菜单栏："格式"→"图形界限"命令。

设置绘图单位：选择"格式"→"单位"菜单命令，或在命令行中输入"UNITS"命令。执行上述命令后，弹出"图形单位"对话框。

在该对话框的"长度"选项组的"类型"下拉列表框中选择"小数"，在"精度"下拉列表框中选择"0.00"，其他设置保持系统默认参数（图 1.3-6）。

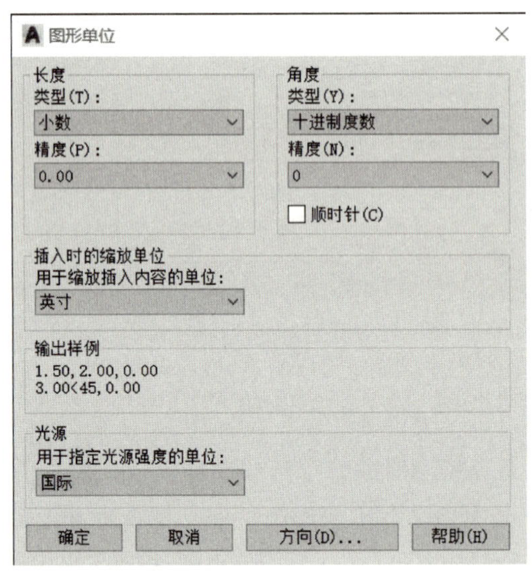

图 1.3-6

设置线型：在建筑图形中，不同的线型有不同的表示。执行"格式"→"线型"菜单命令，弹出"线型"管理器对话框。

单击"加载"按钮，弹出"加载或重载线型"对话框，如图 1.3-7 所示。在"可用线型"列表框中选择加载"ACAD _ IS002W100"和"DASHDOTX2"两种线型，单击"确定"按钮，返回"线型管理器"对话框，再次单击"确定"按钮，完成设置。

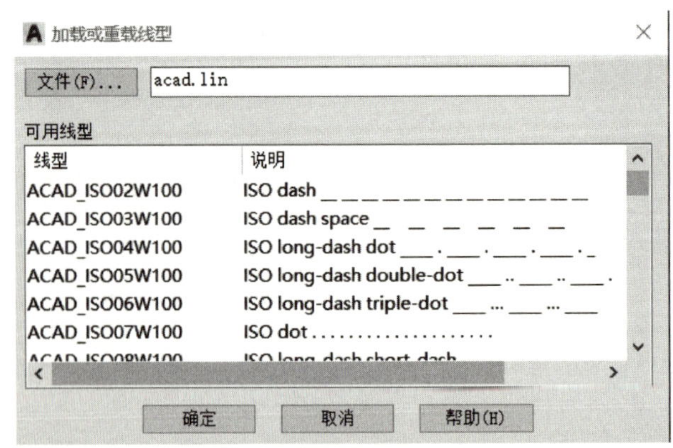

图 1.3-7

设置图层：执行“格式”→“图层”菜单命令，弹出“图层特性管理器”对话框，创建“轴线”“道路”“围墙”“原有建筑”“新建建筑”“拟建建筑”“绿化”及“标注”，其中“轴线”图层的“线型”选择“DASHDOTX2”，“原有建筑”图层的“线宽”选择“0.35mm”，“新建建筑”图层的“线宽”选择“0.70mm”，“拟建建筑”图层的“线型”选择“ACAD_ISO02W100”，“线宽”选择“0.70mm”。颜色自定（图 1.3-8）。

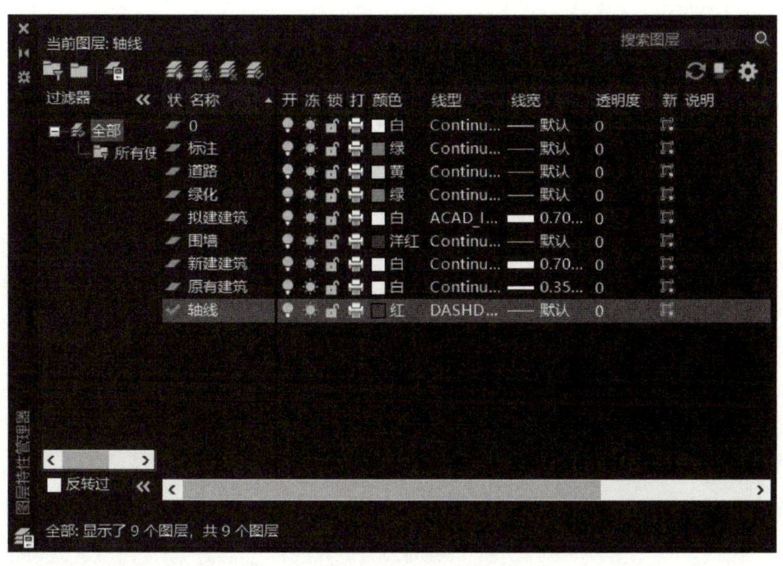

图 1.3-8

设置文字样式：执行“格式”→“文字样式”菜单命令，弹出“文字样式”对话框，新建一个“文字”文字样式和一个“数字”文字样式。“文字”文字样式的具体设置参数为“字体名”下拉列表框中选择“仿宋”“宽度因子”设为“0.70”。“数字”文字样式的具体设置参数为“字体名”选择“txt.shx”，勾选“使用大字体”复选框，在“大字体”下拉列表框中选择“gbcbig.shx”，“宽度因子”设为“0.70”（图 1.3-9）。

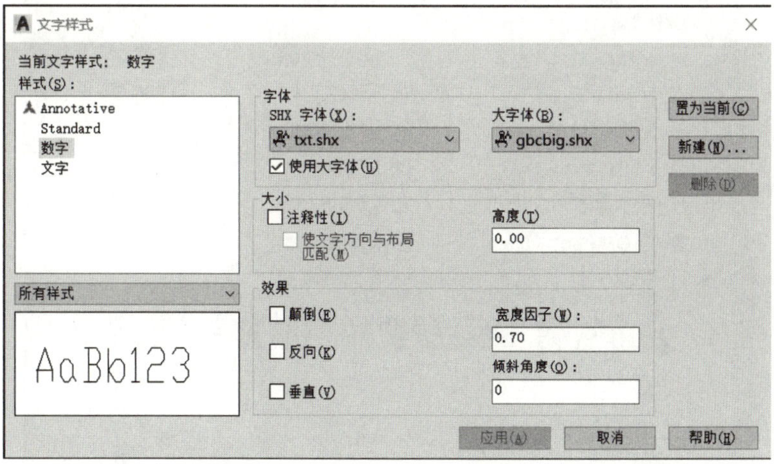

图 1.3-9

设置标注样式：执行“格式”→“标注样式”菜单命令，弹出“标注样式管理器”对话框，新建一个“建筑标注”标注样式（图 1.3-10）。在“线”选项卡中将“超出尺寸线”设为“1”，“起点偏移量”设为“0.1”，“文字样式”选择“数字”；在“调整”选项卡中将“文字位置”选择“尺寸线上方，不带引线”，“使用全局比例”设为“1000”，单击“确定”按钮。

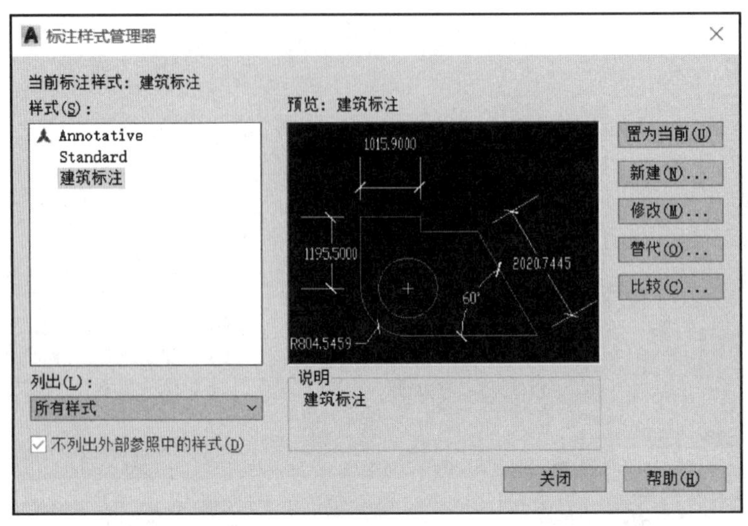

图 1.3-10

设置对象捕捉：键盘输入“SE”命令，选择“对象捕捉”选项卡，将“启用对象捕捉”和“启用对象捕捉追踪”两个复选框选中，并在“对象捕捉模式”选项组中点击“全部选择”，完成后单击“确定”按钮（图 1.3-11）。

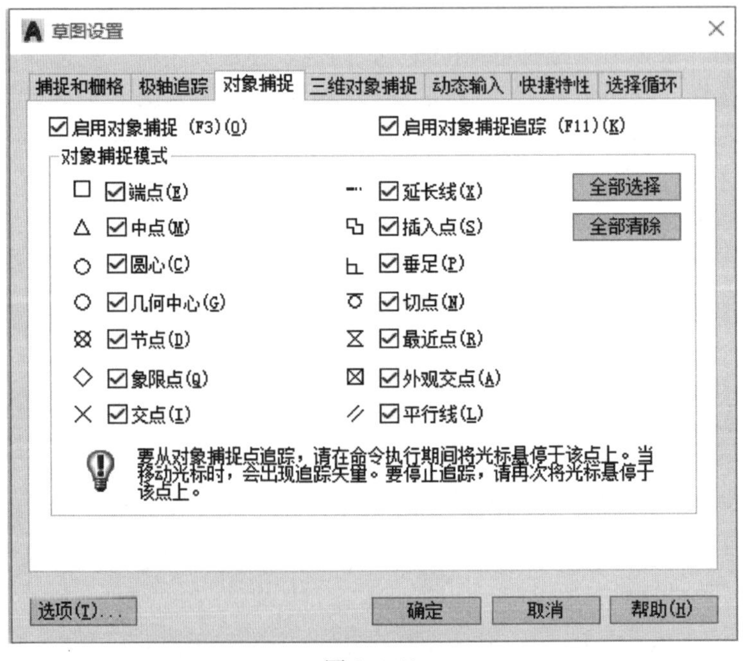

图 1.3-11

2. 绘制图形

（1）绘制道路

第一步：绘制道路的轴线在“图层”下拉列表中选择“轴线”图层，作为当前层。利用“直线”命令绘制两条互为垂直的轴线，如图 1.3-12 所示。

第二步：选择“偏移”命令，将轴线向两侧偏移 10000mm，然后将偏移的直线放到“道路”图层中，四条虚线就变成了实线。使用“圆角”命令对直线进行修改，圆角半径为 10000mm（图 1.3-13）。

图 1.3-12　　　　图 1.3-13

（2）绘制建筑物

绘制围墙：在“图层”下拉列表中选择“围墙”图层，作为当前层。利用“直线”命令绘制围墙，用围墙符号表示。围墙距道路距离为 10000mm，首先绘制成一个 200000mm ×10000mm 的矩形（图 1.3-14）。

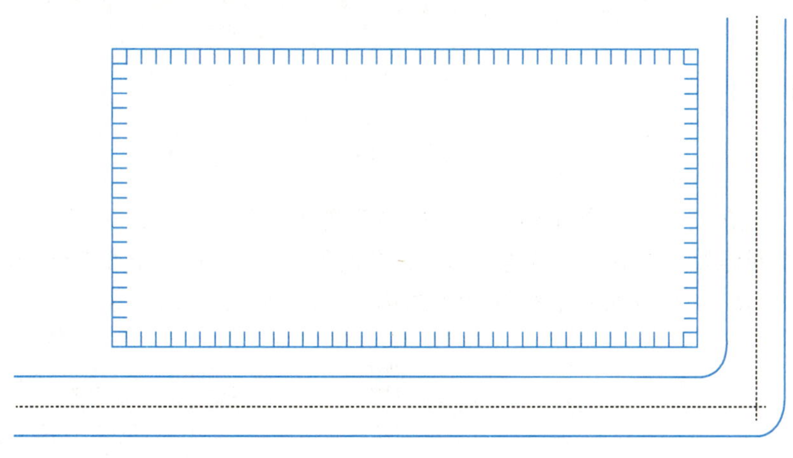

图 1.3-14

原有建筑：

第一步：在“图层”下拉列表中选择“原有建筑”图层作为当前层。利用“矩形”命令绘制原有建筑，原有职工公寓①的尺寸为 25000mm×14000mm，原有职工食堂②的尺寸为 50000mm×50000mm（图 1.3-15）。

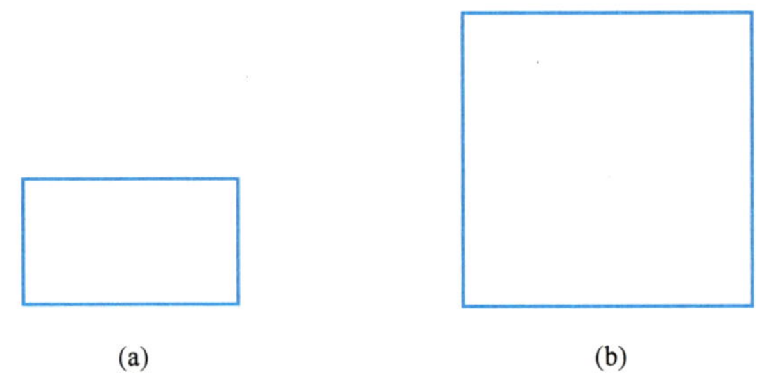

图 1.3-15
（a）原有职工公寓①；（b）原有职工食堂②

第二步：原有职工公寓①距离围墙的右下端点的距离为 15000mm，建筑之间的距离均为 10000mm。

第三步：原有职工食堂②距离围墙的下边的距离为 24000mm，距离原有职工公寓①左边的距离为 10000mm。

绘制如图 1.3-16 所示。

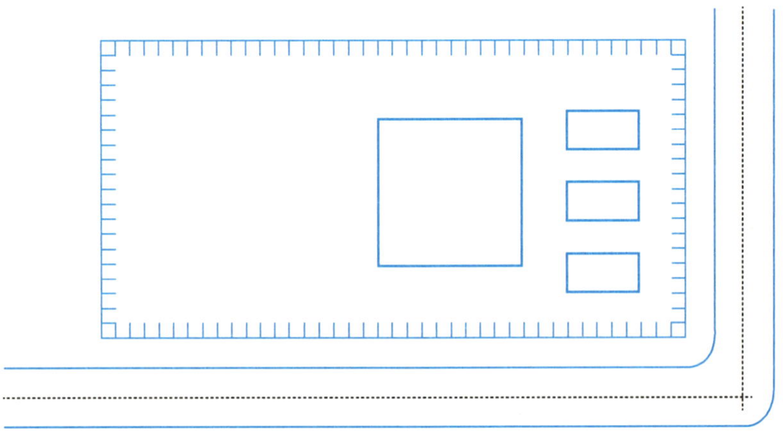

图 1.3-16

新建建筑：在“图层”下拉列表中选择“新建建筑”图层，作为当前层。利用“直线”命令绘制新建教职工宿舍，新建教职工宿舍的尺寸为 7400mm×39600mm，细部尺寸如图 1.3-17 所示；新建建筑左上角与围墙的距离为 20000mm（图 1.3-18）。

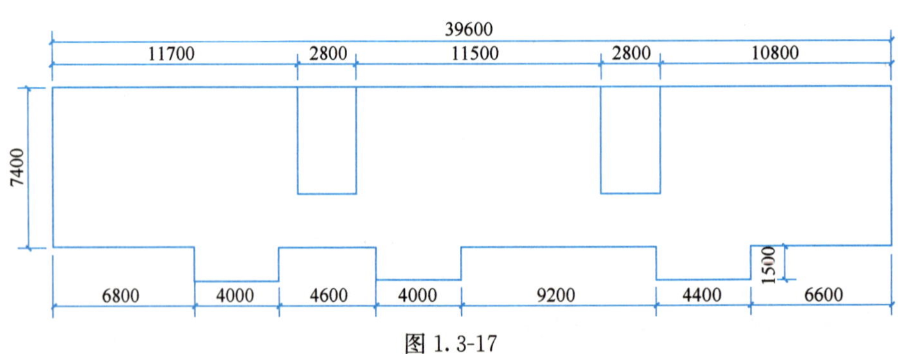

图 1.3-17

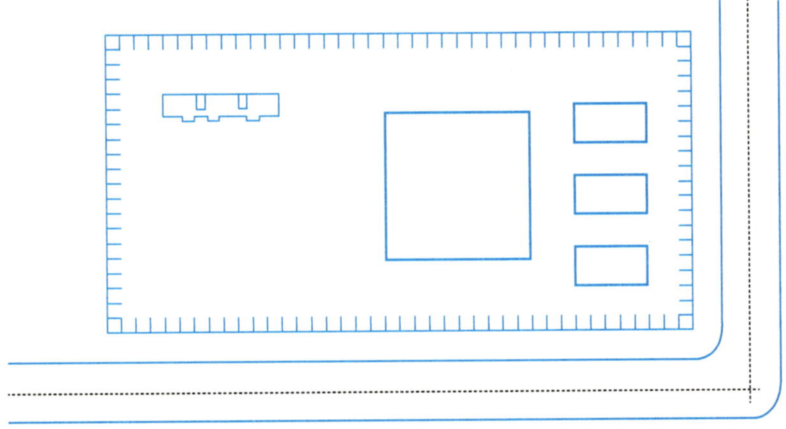

图 1.3-18

拟建建筑：在“图层”下拉列表中选择“拟建建筑”图层，作为当前层。利用“直线”命令绘制拟建教职工宿舍，拟建教职工宿舍的尺寸与新建尺寸相同，与新建建筑之间的距离为 17600mm，此时将线宽关闭（图 1.3-19）。

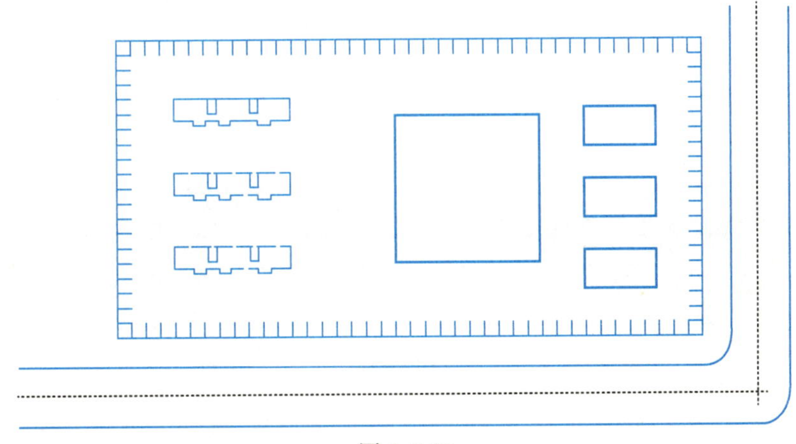

图 1.3-19

（3）绘制建筑物周边环境

绘制活动区：在“图层”下拉列表中选择“道路”图层，作为当前层。利用“矩形”命令绘制活动区，活动区的大小为 50000mm×25000mm，位于原有职工食堂的右侧（图 1.3-20）。

绘制道路：在“图层”下拉列表中选择“道路”图层，作为当前层。利用“直线”命令绘制道路，道路的宽度为 5000mm，在道路拐角处使用“圆角”命令绘制圆角，圆角半径为 2500mm 或 5000mm（图 1.3-21）。

绘制草坪：

第一步：在“图层”下拉列表中选择“绿化”图层作为当前层。利用“图案填充”命令绘制草坪，在“预定义”类型中选择“GRASS”图案类型，比例设为“600”（图 1.3-22）。

第二步：使用“圆”命令，绘制半径为 1500mm 作为“树木”，利用“图案填充”在“预定义”类型中选择“SOLID”图案类型，利用“复制”命令使“树木”间隔为 10000mm（图 1.3-23）。

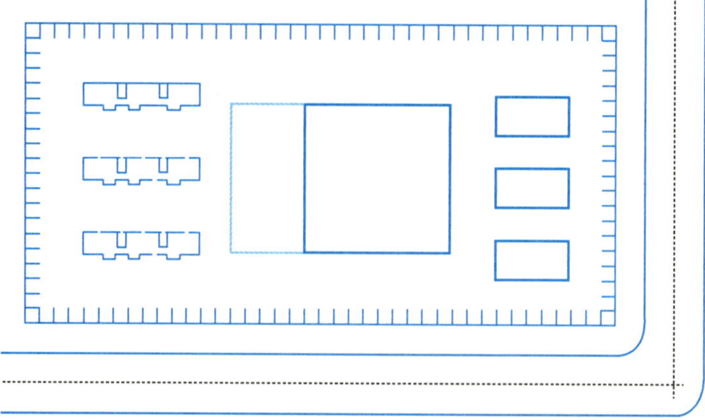

图 1.3-20

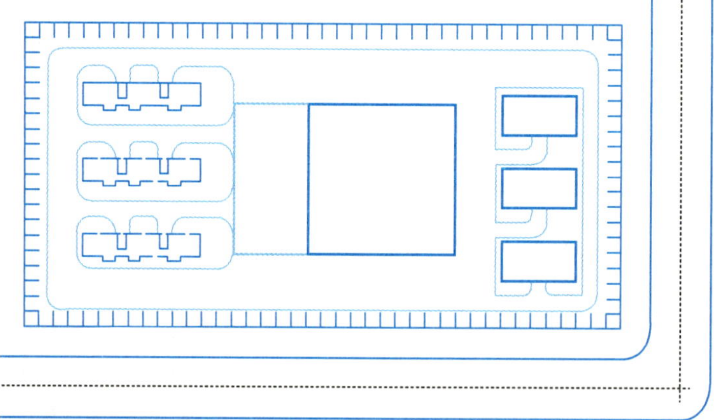

图 1.3-21

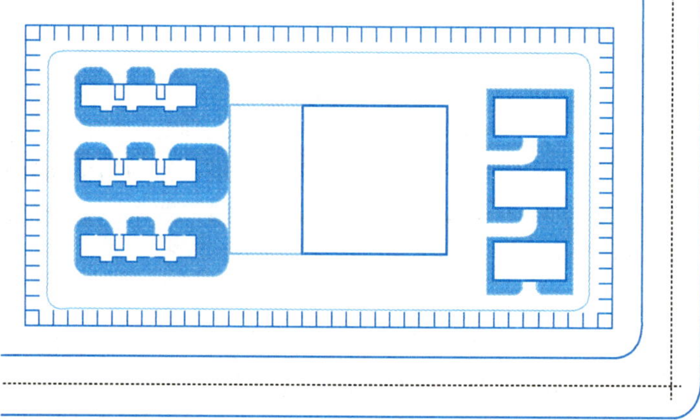

图 1.3-22

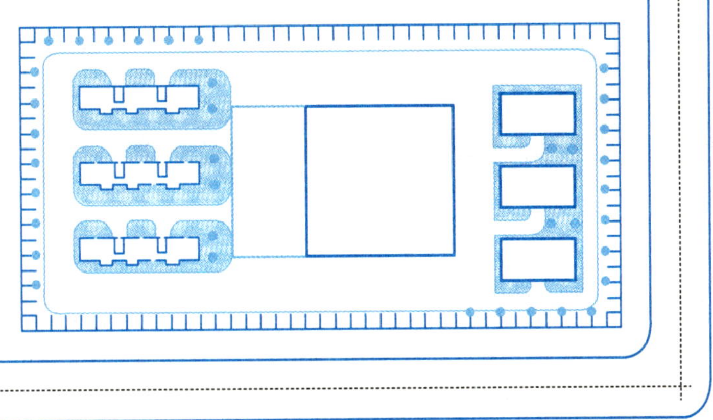

图 1.3-23

标注尺寸和文字：在“图层”下拉列表中选择“标注”图层作为当前层。利用“线性标注”命令对图形进行标注。

在原有建筑的轮廓线内标注“原有建筑”，在新建建筑的轮廓线内标注“新建建筑”，在拟建建筑的轮廓线内标注“拟建建筑”，在活动区的轮廓线内标注“活动区”，文字大小为“2500”。最后标注图名“建筑总平面图 1∶1000”，图名文字大小为“7000”，完成图详见附录。

添加图框、标题栏操作详见任务 1.2。

任务 1.4　识读与绘制建筑平面图

知识目标

1. 掌握建筑平面图的形成与分类。
2. 掌握建筑平面图的图示内容与制图标准。
3. 掌握建筑平面图的识读方法。
4. 掌握建筑平面图的绘制方法。

能力目标

1. 能识读建筑平面图。
2. 能绘制建筑平面图。

素质目标

1. 培养学生认真倾听，独立操作能力。
2. 培养学生作为工程技术人员应有的严谨、科学的工作态度。

任务介绍

用 CAD 命令绘制建筑平面图。
1. 绘制出轴网。
2. 绘制出墙和柱。
3. 绘制出门窗。
4. 绘制出入口台阶。

任务分析

通过识读平面图绘制建筑平面图，根据不同的构件设置不同的图层。
1. 用单点长画线绘制轴网。
2. 用多段线绘制墙，用矩形绘制柱。
3. 用多段线绘制窗，用圆弧绘制门。
4. 用多段线绘制台阶。
5. 建立合适的图层。
6. 在绘图中灵活使用各种命令。

1.4.1 识读建筑平面图

识读建筑平面图（详见附录）。

（1）读图名、比例。在平面图下方应注明图名和比例，通过识读建筑平面图可知是 8 号教工宿舍楼的一层平面图，比例为 1∶100。

（2）读指北针，了解建筑物的方位和朝向。图中所示建筑正面朝西北，背面朝东南。

（3）读定位轴线及编号，了解各承重墙、柱的位置。图中有 17 根横向定位轴线，4 根纵向定位轴线。

（4）识读房屋的内部平面布置和外部设施，了解房间的分布、用途、数量及相互关系。

图中平面形状为矩形，主要出入口在西北面中间楼梯间处，楼梯间上行的梯段被水平剖切面剖断，用 45°倾斜折断线表示。其中 1 单元为一梯两户左右对称住宅（户型 A），2 单元为一梯一户住宅（户型 B）。户型 A、B 均为三室两厅、一厨一卫和一个阳台。房屋四周设有散水，散水宽度 1000mm，散水外侧设有暗沟，暗沟宽度 300mm。

（5）识读门、窗及其他构配件的图例和编号，了解它们的位置、类型和数量等情况。

门、窗代号分别为M、C（汉语拼音首写字母大写）。施工图中对于门窗型号、数量、洞口尺寸及选用标准图集的编号。图中门的类型有普通门M0721、M0921、M1021，如M0921表示门宽900mm，门高2100mm；推拉门TLM2424，表示门宽2400mm，门高2400mm。C1515为普通窗，TC1518、TC1818为凸窗，GC0909为高窗，如TC1518表示窗宽1500mm，窗高1800mm。

（6）识读尺寸和标高，可知房屋的总长、总宽、开间、进深和构配件的型号、定位尺寸及室内外地坪的标高。建筑平面图中，外墙一般要标注三道尺寸，最外一道为建筑物的总长和总宽，中间一道是轴线间尺寸，即表示房屋的开间和进深，最里面一道为细部尺寸。如图中房屋总长39600mm，总宽7400mm。房间开间进深：如户型A中主卧开间5000mm，进深3200mm。此外还应注出必要的内部尺寸和某些局部尺寸，墙体厚度为200mm、100mm等；建筑平面图中还应注明楼地面的标高，如图中地面标高±0.000，室外地坪标高－0.300等。

拓展知识

1. 图纸幅面

A4图纸幅面是210mm×297mm，A3图纸幅面是297mm×420mm，A2图纸幅面是420mm×594mm，A1图纸幅面是594mm×841mm，其图框的尺寸见相关的制图标准。

2. 图名及比例

建筑平面图的常用比例是1∶50、1∶100、1∶150、1∶200、1∶300，图样下方应注写图名，图名下方应绘一条短粗实线，右侧应注写比例，比例字高宜比图名的字高小一号或二号。

3. 图线

图线的基本宽度 b 可从下列线宽系列中选取：0.18mm、0.25mm、0.35mm、0.5mm、0.7mm、1.0mm、1.4mm、2.0mm。

当用户选用A2图纸时，建议选用 b＝0.7mm（粗线）、0.5b＝0.35mm（中线）、0.25mm（中线）、0.25b＝0.18mm（细线），当用户选用A3图纸时，建议选用 b＝0.5mm（粗线）、0.5b＝0.25mm（中线）、0.25b＝0.13mm（细线）。

在CAD中，实线为“Continuous”，虚线为“ACAD _ ISO02W100”或“DASHED”，单点长画线为“ACAD _ ISO04W100”或“CENTER”，双点长画线为“ACAD _ ISO05W100”或“PHANTOM”。

4. 字体

汉字字型优先考虑采用“hztxt. shx”和“hzst. shx”；西文优先考虑“romans. shx”和“simplex”或“txt. shx”。

5. 尺寸标注

尺寸界限应用细实线绘制，一般应与被注长度垂直，其一端应离开图样轮廓线不小于2mm，另一端宜超出尺寸线2～3mm。

尺寸起止符号一般用中粗（0.5b）斜短线绘制，其斜度方向与尺寸界线成顺时针45°，长度宜为 2～3mm。半径、直径、角度与弧长的尺寸起止符号，宜用箭头表示。

互相平行的尺寸线，应从被注写的图样轮廓线由近向远整齐排列，应将大尺寸标在外侧，小尺寸标在内侧。尺寸线距图样最外轮廓之间的距离不宜小于 10mm。平行排列的尺寸线的间距宜为 7～10mm，并应保持一致。其所有注写的尺寸数字应离开尺寸线约 1mm。

6. 剖切符号

剖切位置线长度宜为 6～10mm，投射方向线应与剖切位置线垂直，画在剖切位置线的同一侧，长度应短于剖切位置线，宜为 4～6mm。为了区分同一形体上的剖面图，在剖切符号上宜用字母或数字，并注写在投射方向线一侧。另外其剖切符号只标注在底层平面图中。

7. 指北针

指北针是用来指明建筑物朝向的。圆的直径宜为 24mm，用细实线绘制，指针尾部的宽度宜为 3mm，指针头部应标示“北”或“N”。需用较大直径绘制指北针时，指针尾部宽度宜为直径的 1/8。

剖切符号、指北针只在底层平面图中标注。

8. 详图索引符号

图样中的某一局部或构件，如需另见详图，应以索引符号标出。索引符号是由直径为 10mm 的圆和水平直径组成，圆及水平直径均以细实线绘制。详图的位置和编号，应以详图符号表示。详图符号的圆应以直径为 14mm 的粗实线绘制。

9. 引出线

引出线应以细实线绘制，宜采用水平方向的直线，与水平方向成 30°、45°、60°、90°的直线，或经上述角度再折为水平线。文字说明宜注写在水平线的上方，也可注写在水平线的端部。

10. 高程

高程符号用以细实线绘制的等腰直角三角形表示，其高度控制在 3mm 左右。在模型控件绘图时，等腰直角三角形的高度值应是 30mm 乘以出图比例的倒数。

高程符号的尖端指向被标注高程的位置。高程数字写在高程符号的延长线一端，以“m”为单位，注写到小数点的第三位。零点高程应写成“±0.000”，正数高程不用加“+”，但负数高程应注上“－”。

11. 定位轴线

定位轴线应用细单点长画线绘制，定位轴线一般应编号，编号应注写在轴线端部的圆圈内，字高大概比尺寸标注的文字大一号。圆应用细实线绘制，直径为 8～10mm，定位轴线圆的圆心，应在定位轴线的延长线上。

横向编号应用阿拉伯数字，从左至右顺序编写；竖向编号应用大写拉丁字母，从下至上顺序编写，但“I、O、Z”字母不得用作轴线编号。

12. 常用图例，见表 1.4-1。

常用图例 表 1.4-1

序号	名称	图例	备注
1	墙体	⊢══⊣	应加注文字或填充图例表示墙体材料，或在项目建筑设计说明中给予说明

续表

序号	名称	图例	备注
2	坡道	下 下	上图为长坡道，下图为门口坡道
3	平面高差	××	适用于高差小于 100mm 的两个地面或楼面相接处
4	孔洞		—
5	坑槽		—
6	空门洞	h=×××	h 为门洞高度
7	竖向卷帘门		1. 门的名称代号用 M。 2. 图例中剖面图左为外、右为内，平面图下为外、上为内。 3. 立面形式按实际情况绘制

续表

<table>
<tr><th>序号</th><th>名称</th><th>图例</th><th>备注</th></tr>
<tr><td>8</td><td>单扇门
（包括平开或单面弹簧）</td><td> 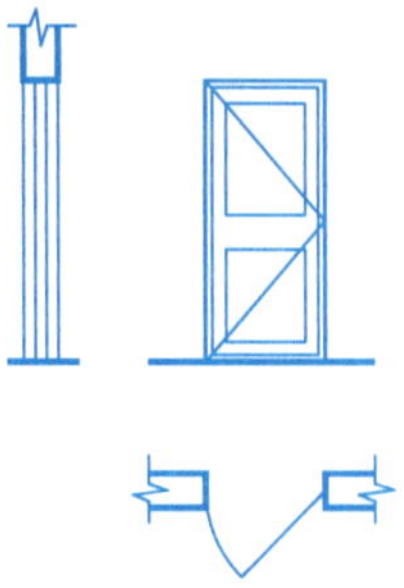</td><td rowspan="4">1. 立面图上开启方向线交角的一侧为安装合页的一侧，实线为外开、虚线为内开。
2. 平面图上门线应 90°或 45°开启，开启弧线宜画出。
3. 立面图上的开启线在一般设计图中可不表示，在详图或室内设计图上应表示。
4. 立面形式按实际情况绘制</td></tr>
<tr><td>9</td><td>双扇门
（包括平开或单面弹簧）</td><td> 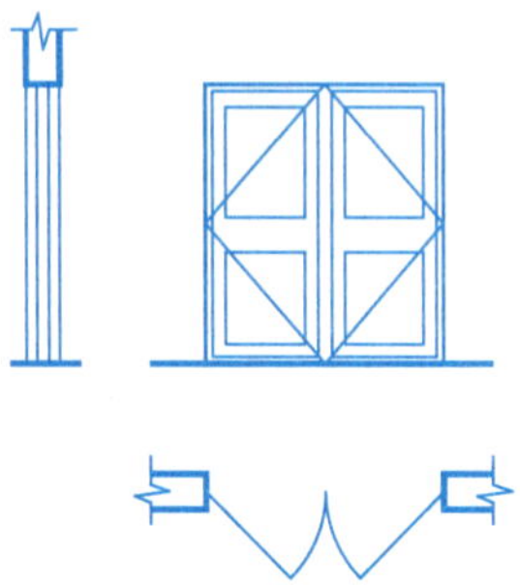</td></tr>
<tr><td>10</td><td>单扇双面弹簧门</td><td> 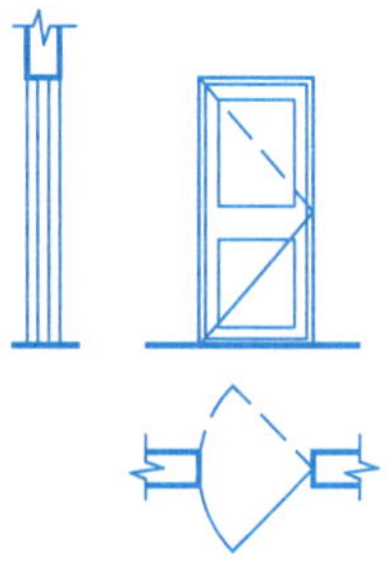</td></tr>
<tr><td>11</td><td>双扇双面弹簧门</td><td> 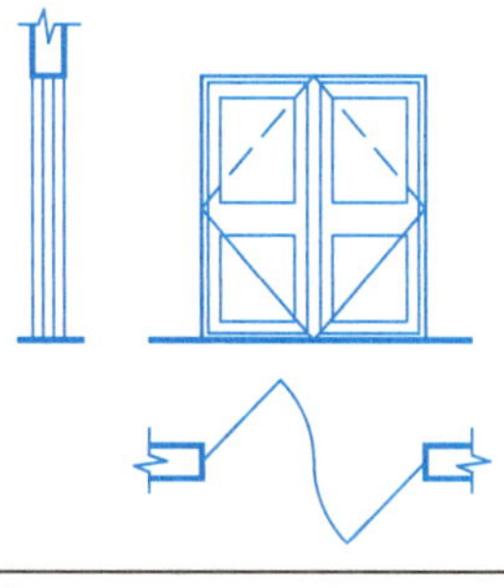</td></tr>
<tr><td>12</td><td>新建窗</td><td> 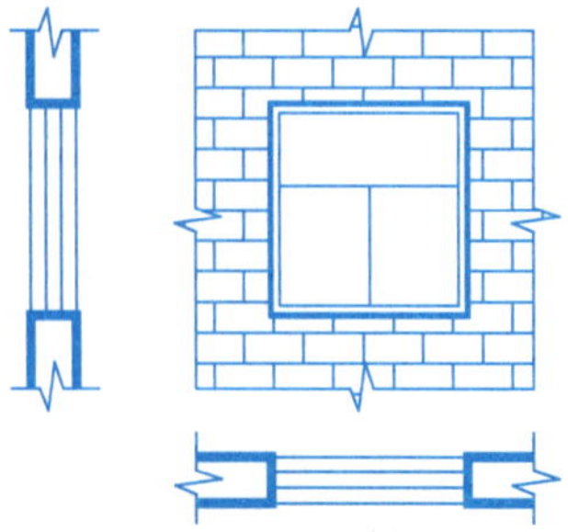</td><td>1. 本图以小型砌块为图例，绘图时应按所用材料的图例绘制，不易以图例绘制的，可在墙面上以文字或代号注明。
2. 小比例绘图时，平、剖面窗线可用单粗实线表示</td></tr>
</table>

1.4.2　绘制建筑平面图

1. 绘制轴网

（1）新建文件

点击 CAD 界面中左上方快速启动栏中的“新建”按钮或“Ctrl+n”，在弹出的选择样本对话框中默认打开的图形样板为“acadiso.dwt”文件，直接点击“打开”按钮（图 1.4-1）。

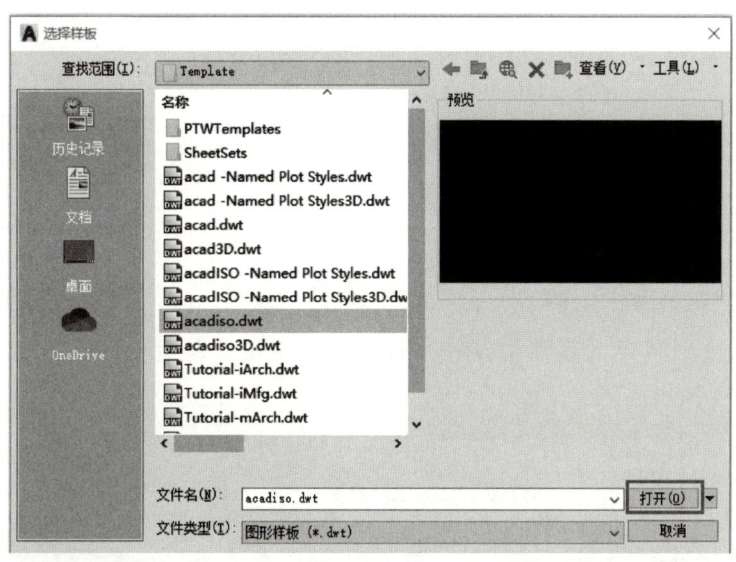

图 1.4-1

（2）设置绘图环境

第一步：绘图单位设置：键盘输入“UN”命令，将精度设置为“0”其余参数为默认值。

第二步：对象捕捉设置：键盘输入“SE”命令，选择“对象捕捉”选项卡，将“启用对象捕捉”和“启用对象捕捉追踪”两个复选框选中，并在“对象捕捉模式”选项组中点击全部选择，如图 1.4-2 所示。完成后单击“确定”按钮。

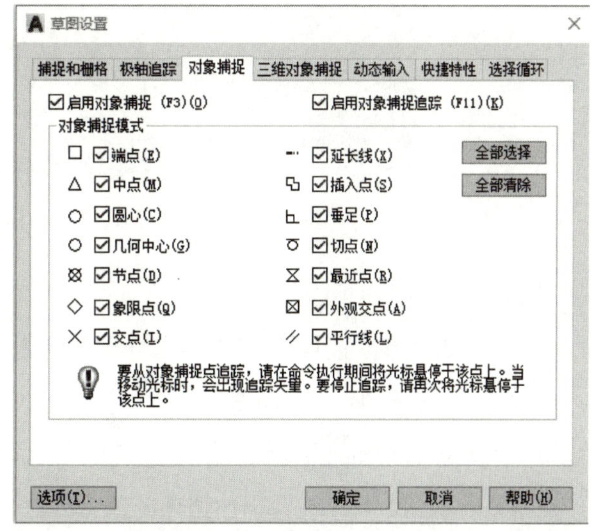

图 1.4-2

第三步：坐标位置设置：“菜单”→“工具”，选择“命名 UCS”选项卡，将“设置”中“显示于 UCS 原点”前面的“勾”去掉，完成后单击“确定”按钮（图 1.4-3）。

第四步：保存文件：点击 CAD

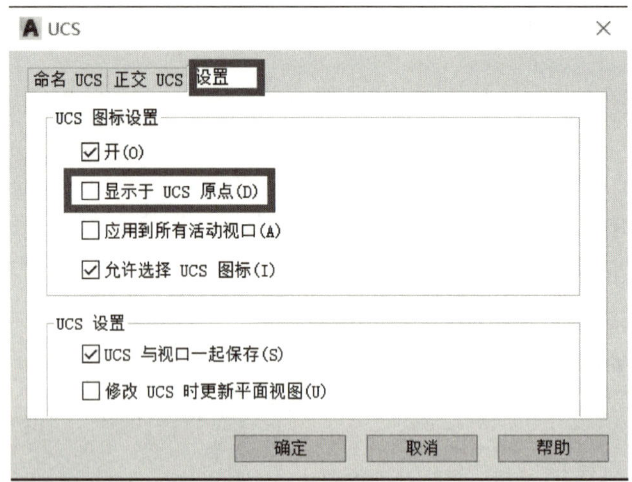

图 1.4-3

界面中左上方快速启动栏中的“保存”按钮（或“Ctrl+s”或键盘输入“QS”命令），在弹出的图形另存为话框中设置文件保存的路径、名称和文件类型（姓名+平面图），如图 1.4-4 所示。

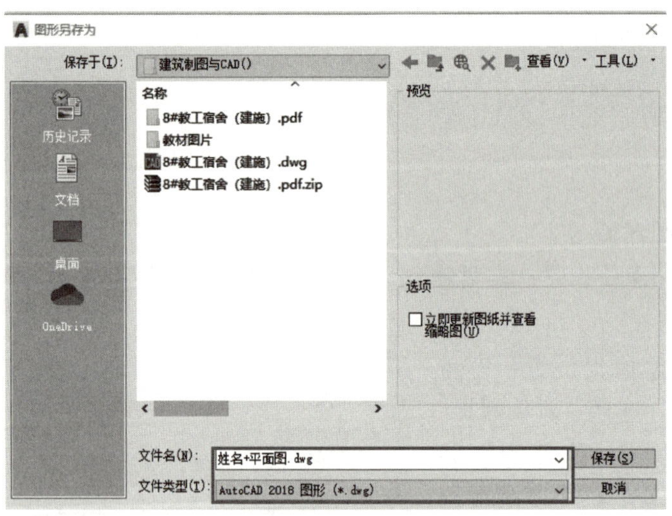

图 1.4-4

（3）新建“轴网”图层

第一步：使用命令“LA”（Layer，图层管理器），或者点击按钮，进入图层管理器，可看到已经有一个“0”图层。

第二步：点击按钮新建图层，将名称改为“轴网”。

点击该行中颜色块，在弹出的选择颜色对话框中选择红色（或输入 1）。

点击线型下的“Continuous”文字，在“选择线型”对话框中“加载”，将其加载为

"CENTER"单点长画线，点击确定。

点击该行中线宽，选择 0.15mm。选择"轴网"图层，点击置为当前层（图 1.4-5）。

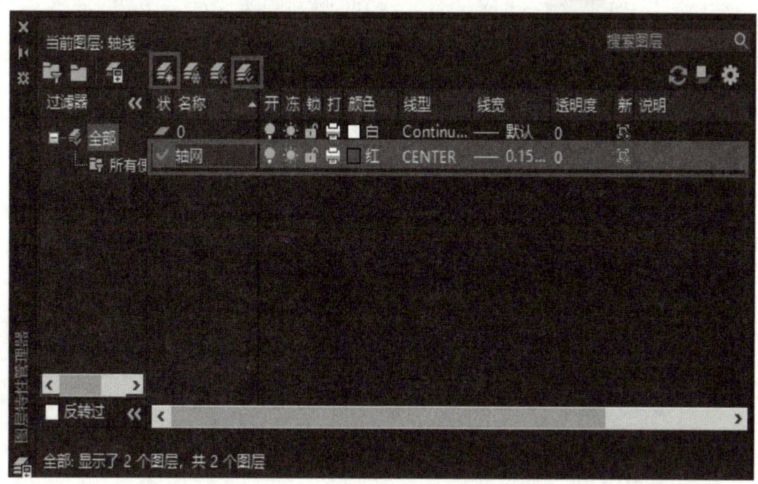

图 1.4-5

（4）绘制轴网

第一步：用"直线"（L）绘制垂直长度为 3200mm 的①轴线（Ⓐ～Ⓒ段）。

第二步：将 1 轴线（Ⓐ～Ⓒ段）依次向右"偏移"（O）（下开间尺寸）5000mm、1800mm、3800mm、2400mm、2400mm、3800mm、1800mm、5000mm、2600mm、4200mm、1800mm、4800mm。

第三步：用"直线"（L）绘制一条垂直长度为 4000mm 的 1 轴线（Ⓒ～Ⓓ段）。

第四步：将 1 轴线（Ⓒ～Ⓓ段）依次向右"偏移"（O）（上开间尺寸）3500mm、3300mm、4900mm、2600mm、4900mm、3300mm、3500mm、2600mm、4200mm、3300mm、3300mm。

第五步：连接最下方直线，依次向上"偏移"（O）2300mm、900mm、4000mm。

轴网绘制如图 1.4-6 所示。

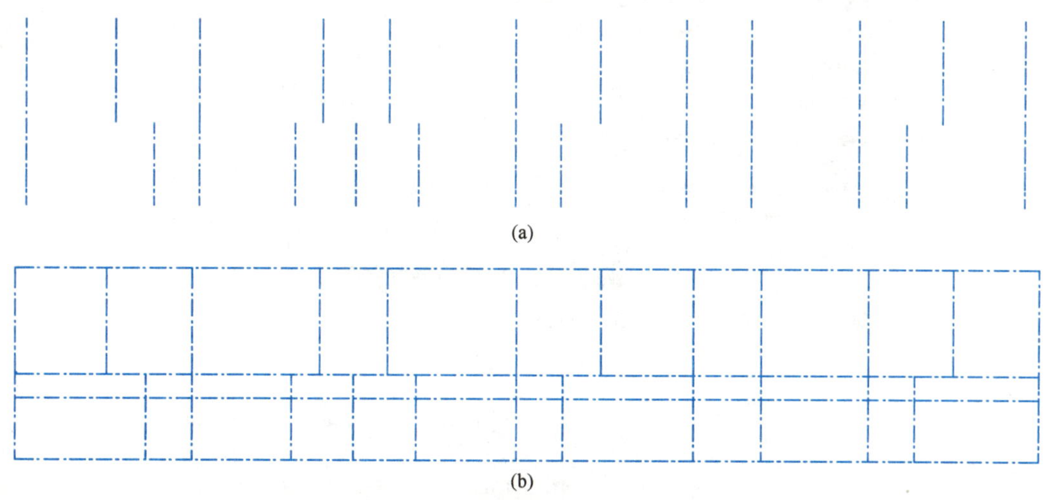

(a)

(b)

图 1.4-6

（a）绘制横向定位轴线；（b）绘制纵向定位轴线

2. 尺寸标注

（1）编辑尺寸样式

第一步：键盘输入“D”（标注样式），打开“标注样式管理器”对话框，点击样式列表下的“Standard”，然后点击“新建”按钮，将新样式命名为“标注 100”（图 1.4-7）。

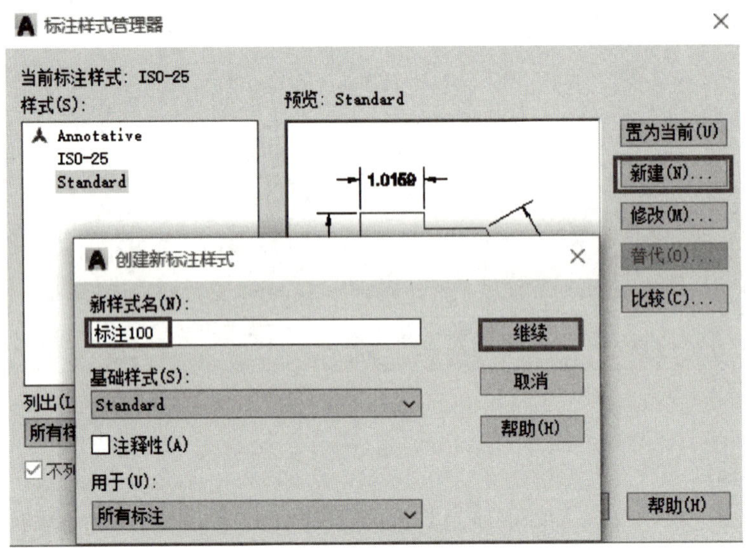

图 1.4-7

第二步：在“线”选项卡中，将“超出尺寸线”设为“2”，将“起点偏移量”设为“5”（可根据具体情况调整），如图 1.4-8 所示。

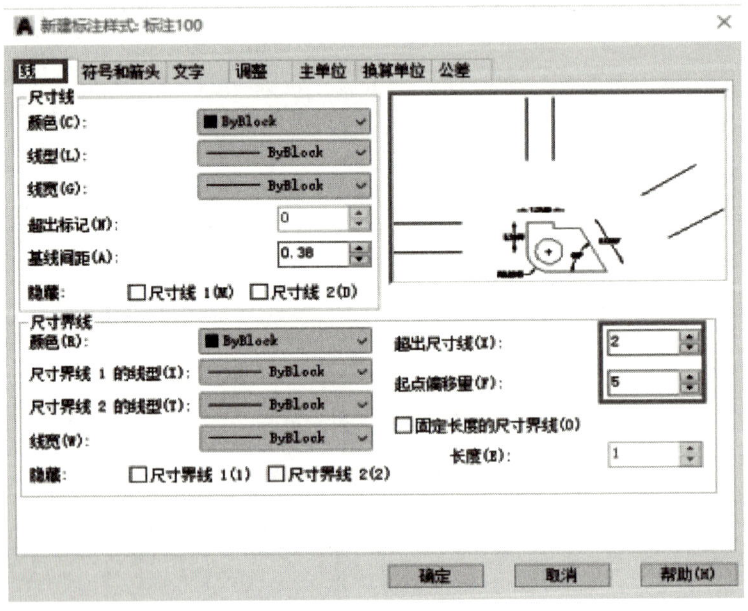

图 1.4-8

第三步：在“符号和箭头”选项卡中将“第一个”和“第二个”箭头都选择为“建筑标记”，“箭头大小”为“1.2”（图 1.4-9）。

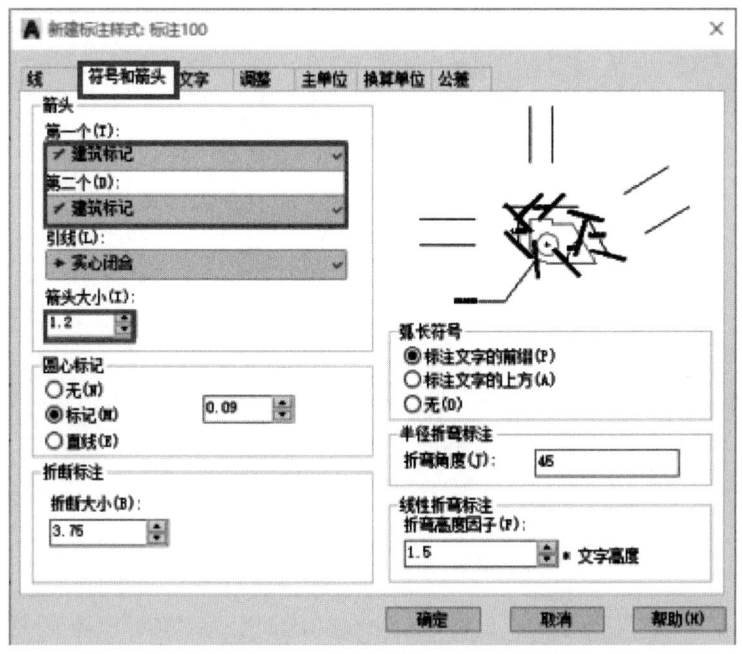

图 1.4-9

第四步：在“文字”选项卡中设置“文字样式”为“标注”，将“文字高度”设为“3.5”，“文字位置”中“垂直”选择“上”，“水平”选择“居中”，“尺寸线偏移”为“1.5”，文字对齐选择“与尺寸线对齐”（图 1.4-10）。

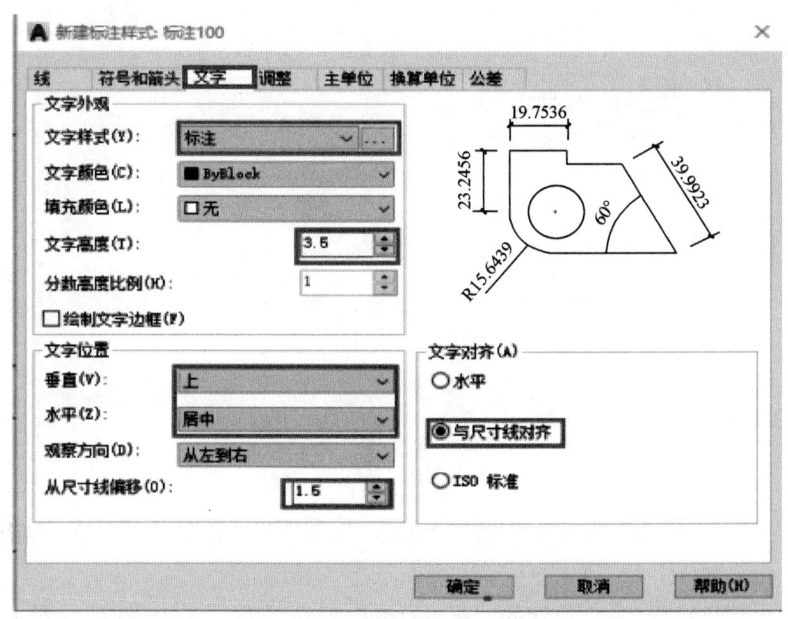

图 1.4-10

设置“文字样式”如图 1.4-11 所示。

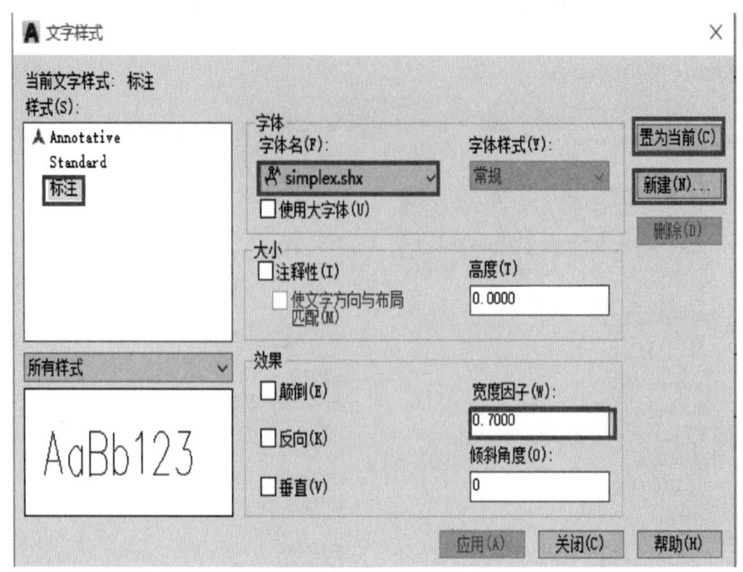

图 1.4-11

第五步：在“调整”选项卡中设置“使用全局比例”为“100”（本任务中平面图的比例为 1∶100），如图 1.4-12 所示。

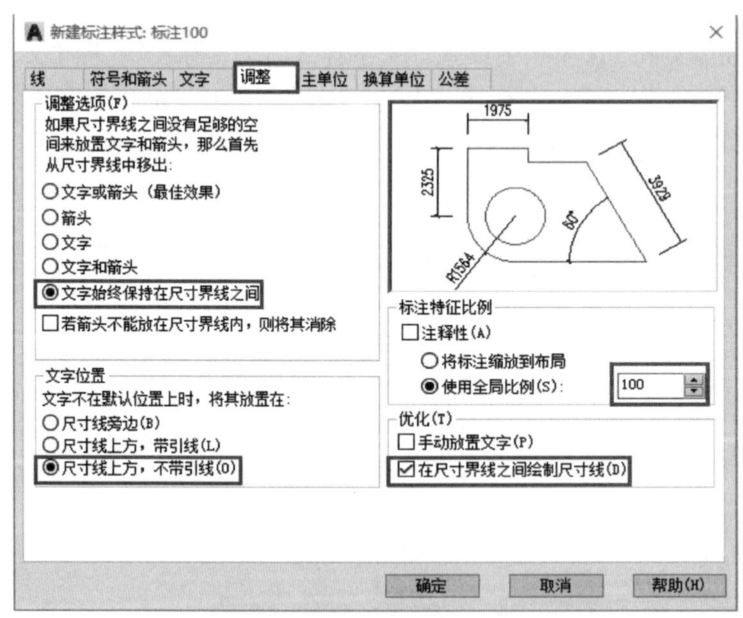

图 1.4-12

第六步：在“主单位”选项卡中将“精度”设为“0”，即尺寸标注数字精确到个位数（图 1.4-13）。

第七步：点击确定，将刚新建的“标注 100”标注样式“置为当前”（图 1.4-14）。

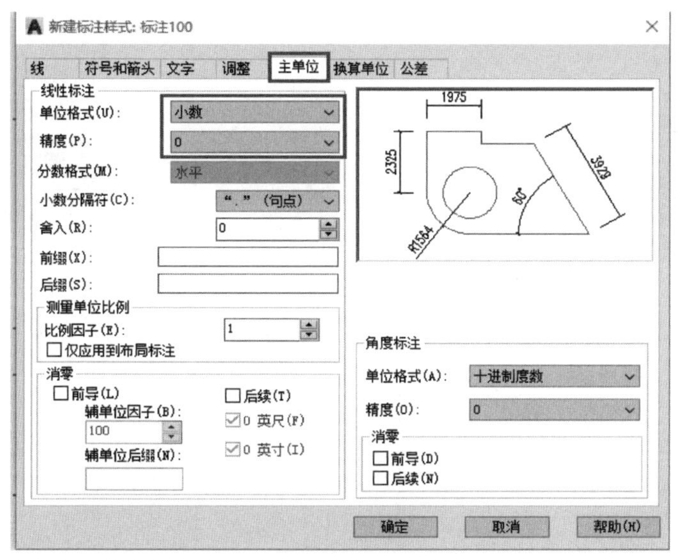

图 1.4-13

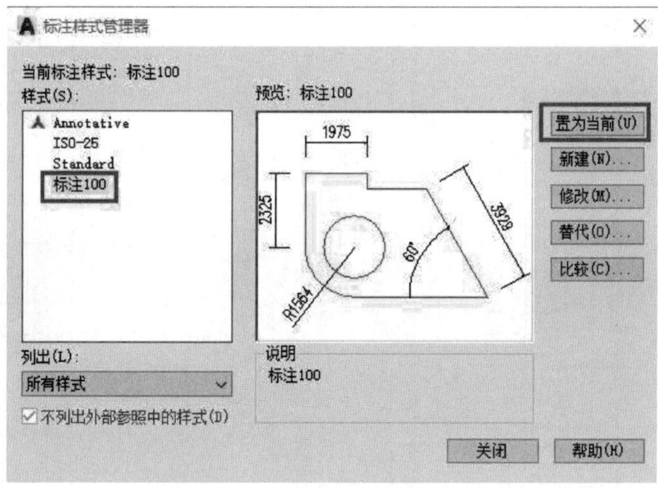

图 1.4-14

（2）进行尺寸标注

第一步：新建“尺寸标注”图层，颜色绿色（3），实线，线宽“0.15”，选择“置为当前”。

第二步：绘制辅助矩形用于确定尺寸标注的位置（图 1.4-15），沿轴线外轮廓绘制“矩形”（REC），分别向外偏移（O）4000mm、800mm、800mm，再删除轴线上的辅助矩形。

第三步：输入“QD”（QDIM，快速标注），分别选择上下、左右方向的起始终止轴线，并将尺寸标注定位于最外侧的矩形上，为总尺寸；选择上下、左右开间进深轴线，并将尺寸标注定位于第二个矩形上，为轴线尺寸。

第四步：删除已标注好尺寸上的辅助矩形。

轴网尺寸标注效果如图 1.4-16 所示。

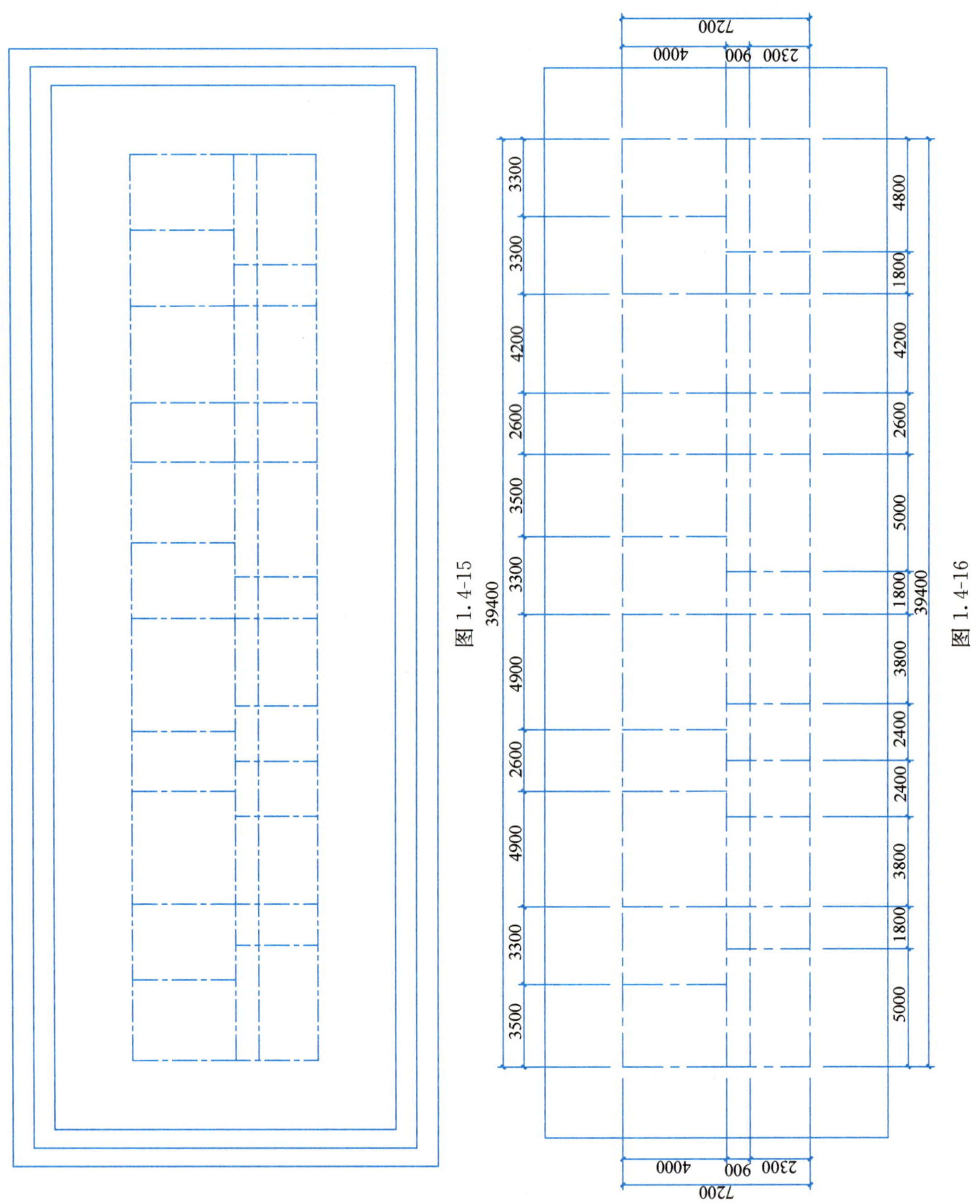
3300
3300
4200
2600
3500
3300
39400
4900
2600
4900
3300
3500
7200
4000
900
2300
4800
1800
4200
2600
5000
1800
39400
3800
2400
2400
3800
1800
5000
4000
900
2300
7200

图 1.4-15

图 1.4-16

3. 轴号标注

第一步：添加轴号圆圈，圆圈半径 400mm，直线长度 1500mm（图 1.4-17）。

第二步："ST" 文字样式设置，新建 "长仿宋体" 文字样式，字体选择 "长仿宋体"（图 1.4-18），宽度因子设为 "0.7000"，并将其 "置为当前"（图 1.4-19）。

第三步：在圆圈中添加轴号，多行文字（DT）——对正（J）——中间（M）——鼠标选择圆心为中心点—指定高度 500mm——旋转角度（RO）——输入轴号 1。

第四步：以轴号直线下端作为基点，移动轴号，定位到轴线尺寸线上。

第五步：运行复制（CO）、旋转（RO），依次完成其他轴号（图 1.4-20）。

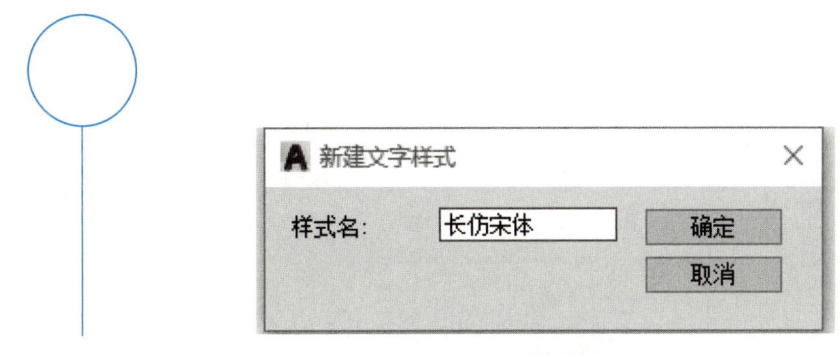

图 1.4-17　　　　图 1.4-18

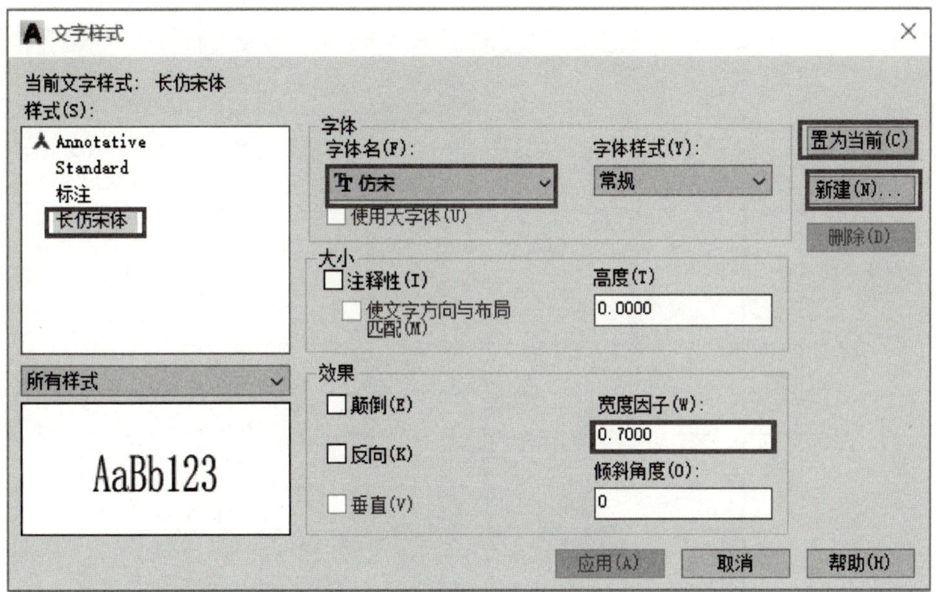

图 1.4-19

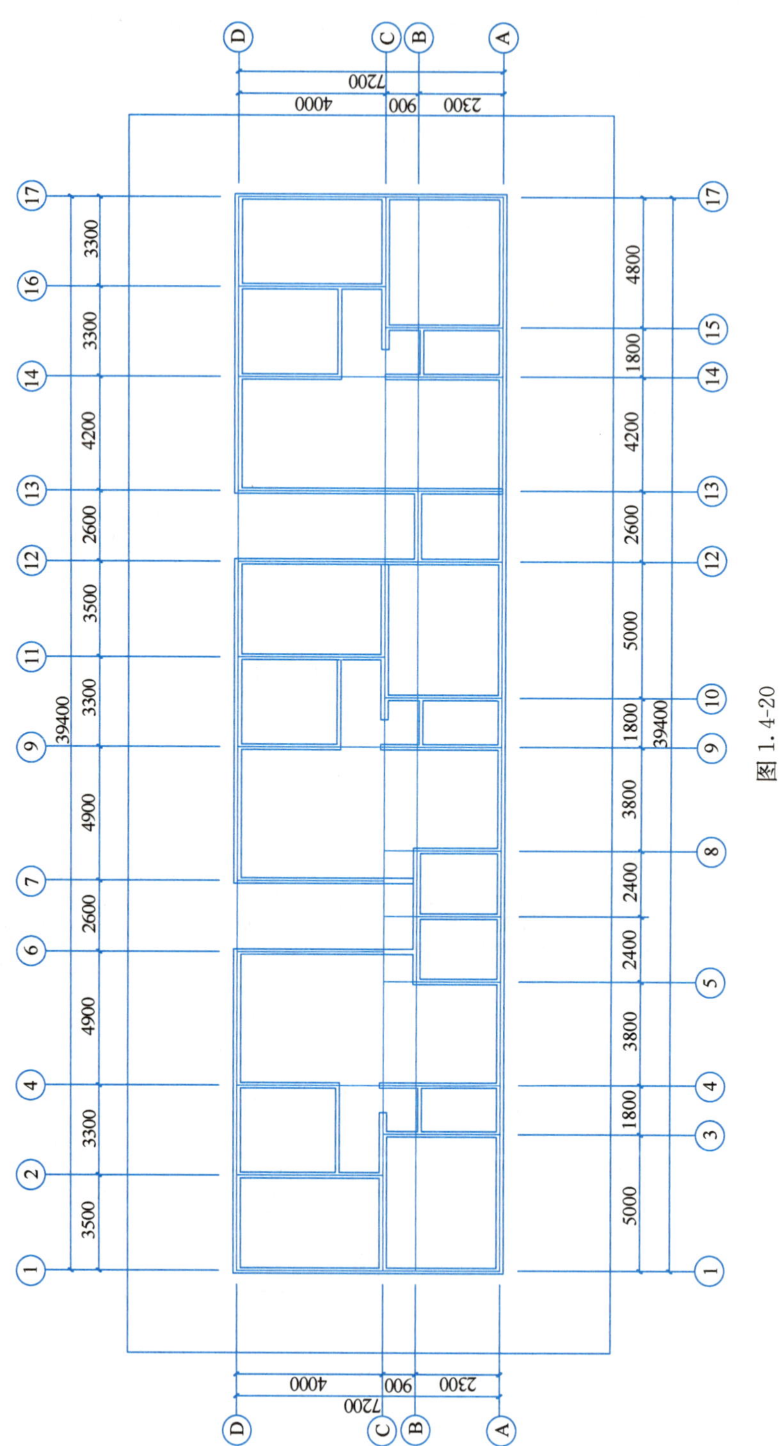
D
C
B
A
7200
4000
900
2300
1
2
3
4
5
6
7
8
9
10
11
12
13
14
15
16
17
3500
3300
4900
2600
4900
3300
3500
2600
4200
3300
3300
39400
5000
1800
3800
2400
2400
3800
1800
5000
2600
4200
1800
4800
39400

图 1.4-20

4. 绘制墙柱

第一步：新建“墙柱”图层，颜色为白色（7），线型为实线，线宽为“0.5”。

第二步：“ML”（Mlstyle，多线样式），当前多线样式为“SDANDARD”的预览窗口中显示有两条线。

第三步：编辑多线样式，新建样式“墙体”，墙体两端直线封口，图元偏移分别为“0.5”和“－0.5”，即假设墙厚为“1”，则参考线两侧各“0.5”，“置为当前”后确定（图 1.4-21和图 1.4-22）。

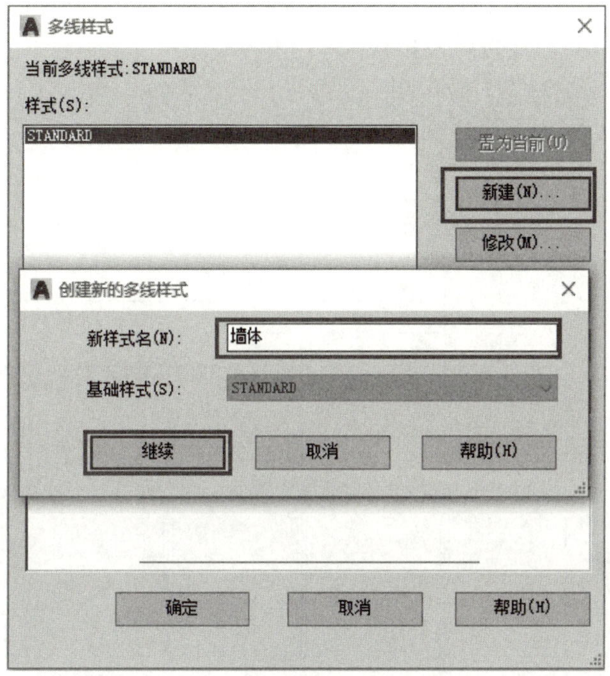

图 1.4-21

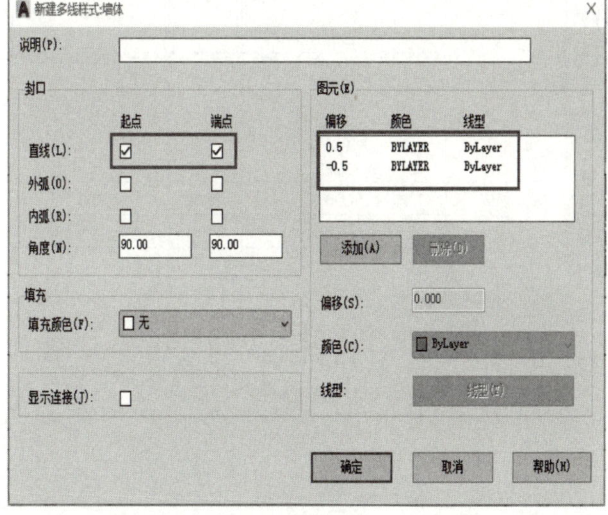

图 1.4-22

第四步：

（1）绘制 200mm 厚墙体，“ML”进入多线命令，在出现以下提示时，依次输入“Z”“S”（每次输入字母后按“Enter”键确认），进行以下设置：

指定起点或[对正(J)/比例(S)/样式(ST)]：J；

输入对正类型[上(T)/无(Z)/下(B)]＜上＞：Z；

指定起点或[对正(J)/比例(S)/样式(ST)]：S；

输入多线比例＜20.00＞：200。

依次点击墙体的起点、端点（注：墙体相交处按“T 形”“L 形”“十形”布置）。

（2）绘制 100mm 厚墙体，“ML”进入多线命令，进行以下设置：

指定起点或[对正(J)/比例(S)/样式(ST)]：S；

输入多线比例＜20.00＞：100。

绘制效果如图 1.4-23 所示。

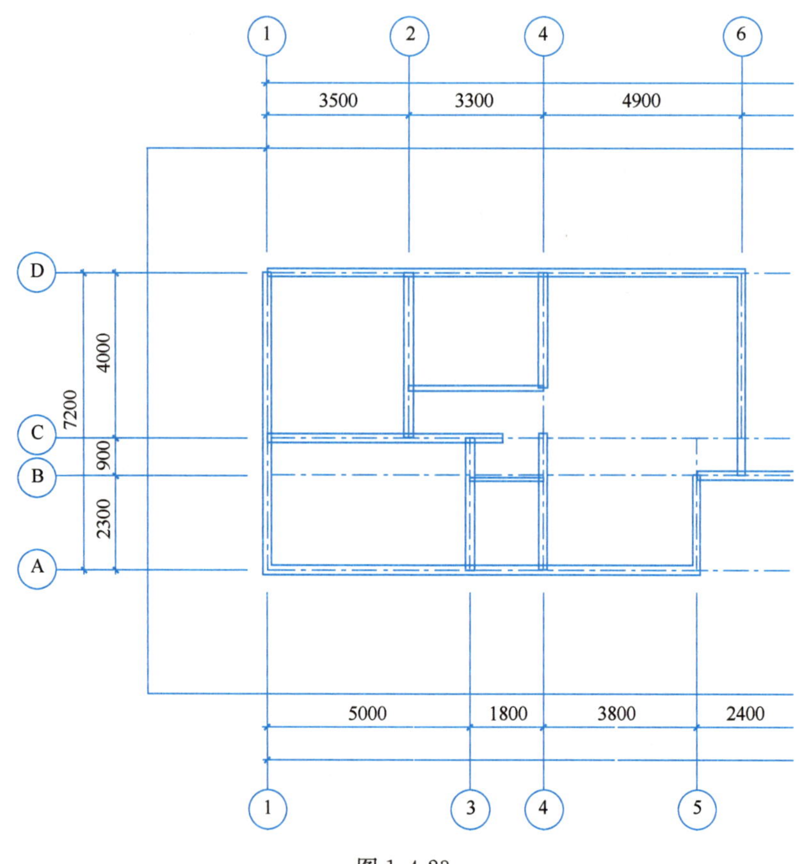

图 1.4-23

第五步：编辑墙体多线

双击已绘制好的多线，在弹出的窗口点击“角点结合”或“T 形打开”按钮（图 1.4-24和图 1.4-25）。

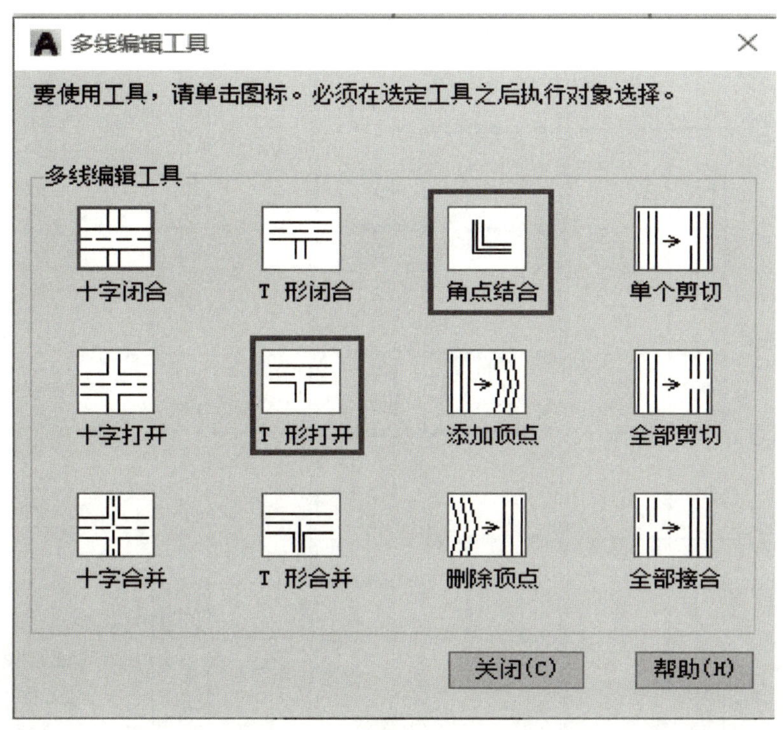

图 1.4-24

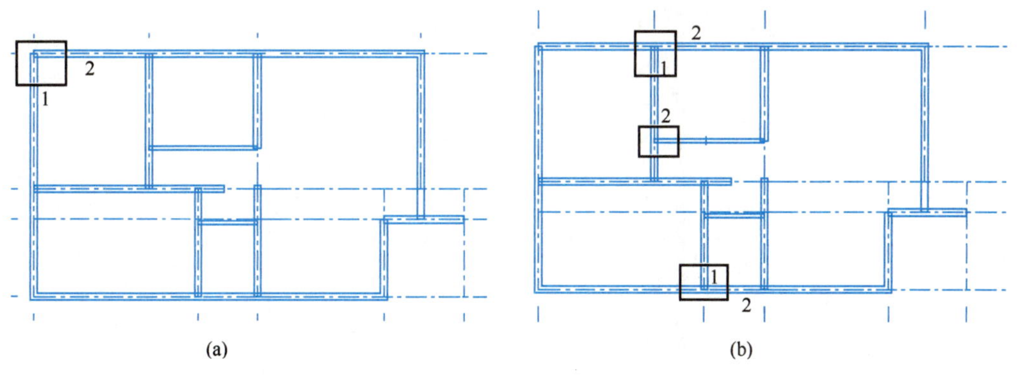

图 1.4-25

（a）角点结合；（b）T 形打开

一层平面图完整墙体如图 1.4-26 所示。

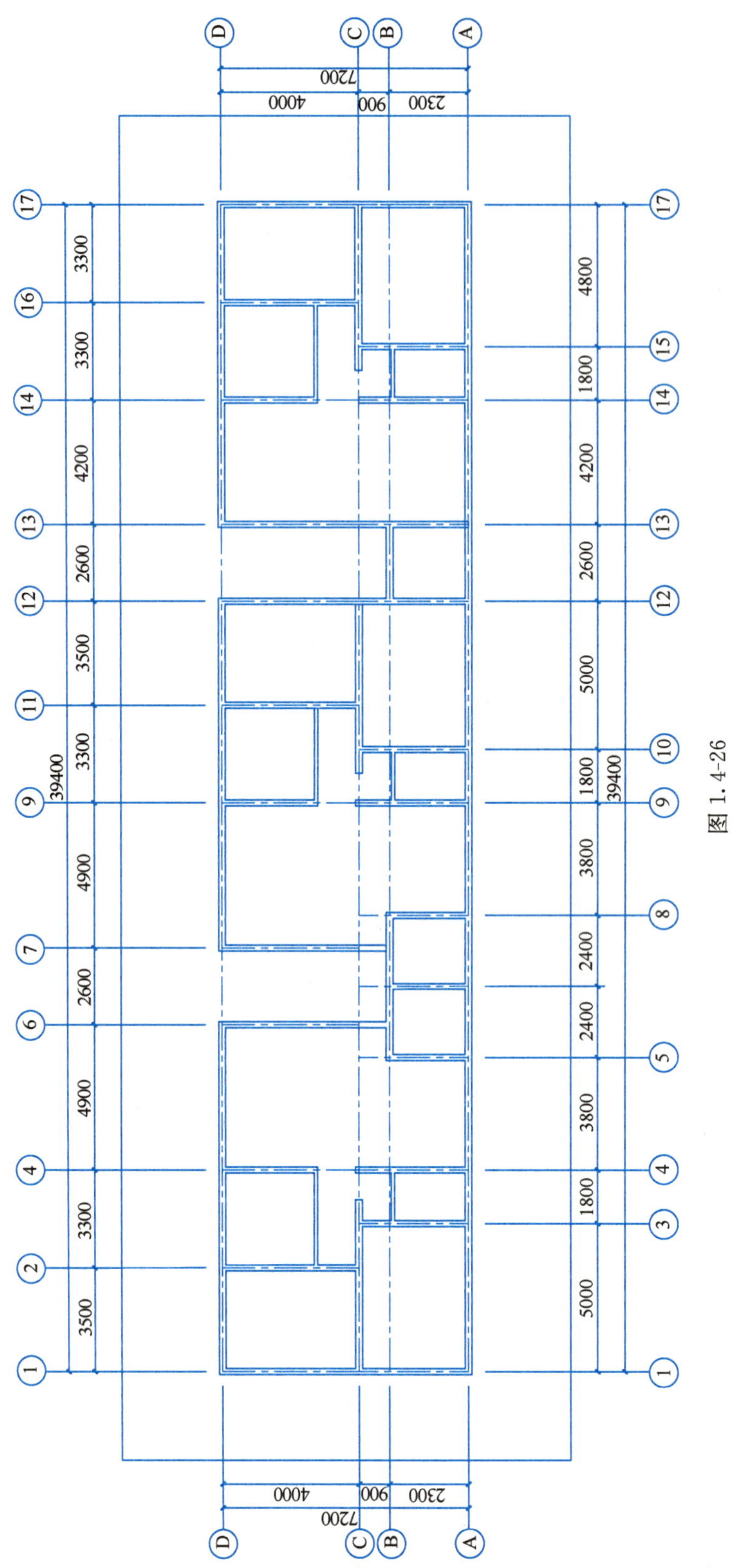
D
C
B
A
7200
4000
900
2300
17
16
15
14
13
12
11
10
9
8
7
6
5
4
3
2
1
3300
3300
4200
2600
3500
3300
4900
2600
4900
3300
3500
39400
4800
1800
4200
2600
5000
1800
3800
2400
2400
3800
1800
5000
39400

图 1.4-26

5. 绘制柱子

第一步：识读柱尺寸（根据施工图纸）：①轴与Ⓐ轴相交处柱 300mm×450mm，①与Ⓒ轴相交处柱 350mm×350mm，④轴与Ⓐ轴 相交处柱尺寸 350mm×400mm，⑥轴与Ⓓ轴相交处柱尺寸 300mm×400mm。

第二步：绘制①轴与Ⓐ轴相交处柱，输入“REC”，按“Enter”确定。用十字光标点击左下墙角作为第一点，输入“@300，450”，在第一点右侧点击，即绘制矩形柱。

第三步：键盘输入“H”，按“Enter”确定，选择第一步已绘制好的矩形，单击在上侧工具栏处更换图案为“SOLID”。

第四步：绘制①轴与Ⓒ轴相交处柱，键盘输入“REC”，按“Enter”确定。用十字光标点击Ⓒ轴与①轴交点作为第一点，输入“@350，350”，在第一点右侧点击，即绘制矩形柱。

第五步：选择第三步绘制好的矩形，键盘输入“M”（move，移动），按“Enter”确定。用十字光标点击Ⓒ轴与①轴交点作为第一点，输入“@－100，－100”，再重复第三步进行图案填充。

绘制柱子如图 1.4-27 所示。

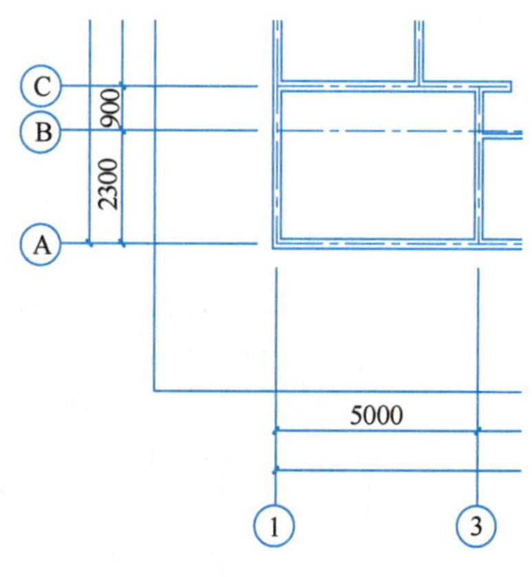

图 1.4-27

第六步：绘制④轴与Ⓐ轴相交处柱 350mm×400mm，⑥轴与Ⓓ轴相交处柱 300mm×400mm。

第七步：按照图中位置将柱复制到各点，选择已绘制好的一个柱，输入“CO”（copy，复制），选择该柱上一点作为基点，再点击新位置上一点，即完成复制（图 1.4-28）。

6. 绘制窗

第一步：通过识图可知：图中窗类型有普通窗 C1515，高窗 GC0909，凸窗 TC1518、TC1818 四种类型。

第二步：修剪Ⓓ轴上①～②轴间窗洞，偏移①、②轴线 1000mm，“TR”剪切出窗洞，然后“QD”进行尺寸标注，最后删除偏移轴线。

第三步：按第一步完成其他窗洞及尺寸标注，再删除尺寸线上的辅助矩形框（图 1.4-29）。

第四步：“新建多线样式：窗”。两端直线不封口，添加两条图元，偏移为“0.167”和“－0.167”。点击“确定”并“置为当前”（图 1.4-30）。

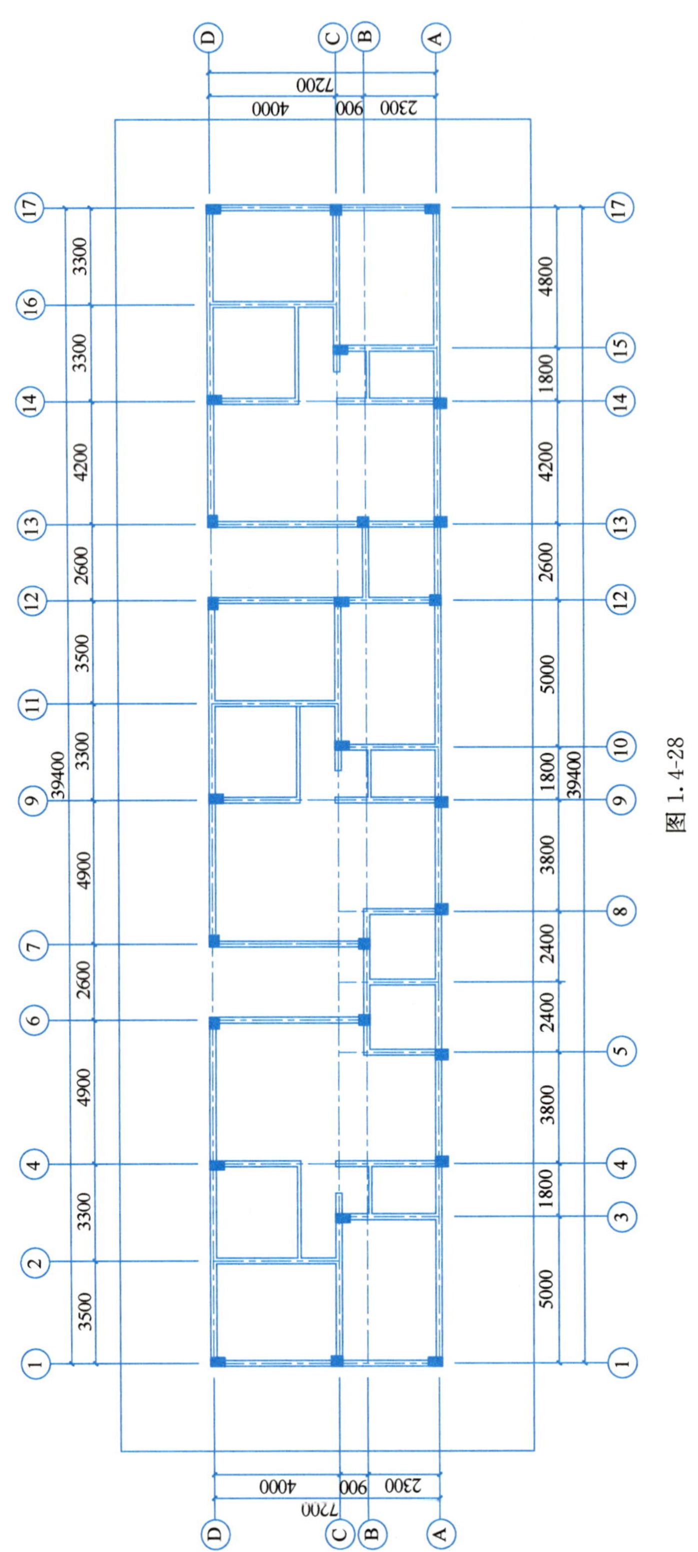
A
B
C
D
1
2
3
4
5
6
7
8
9
10
11
12
13
14
15
16
17
7200
4000
900
2300
3500
3300
4900
2600
4900
3300
3500
2600
4200
3300
3300
39400
5000
1800
3800
2400
2400
3800
1800
5000
2600
4200
1800
4800
39400

图 1.4-28

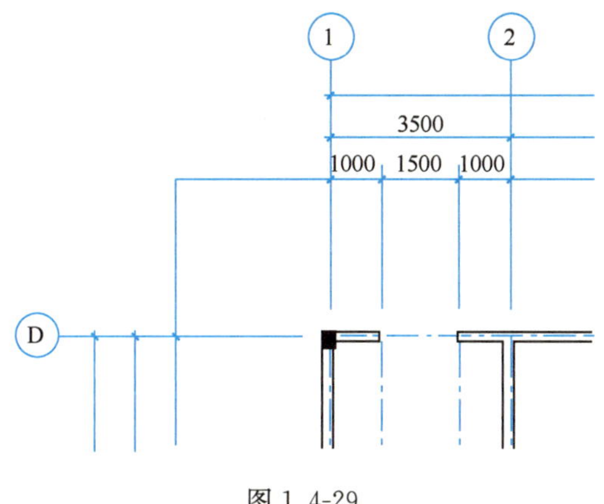

图 1.4-29

新建多线样式:窗

说明(P):

封口

	起点	端点
直线(L):	☐	☐
外弧(O):	☐	☐
内弧(R):	☐	☐
角度(N):	90.00	90.00

填充

填充颜色(F): 无

显示连接(J): ☐

图元(E)

偏移	颜色	线型
0.5	BYLAYER	ByLayer
0.167	BYLAYER	ByLayer
-0.167	BYLAYER	ByLayer
-0.5	BYLAYER	ByLayer

添加(A)　删除(D)

偏移(S): -0.167

颜色(C): ByLayer

线型: 线型(Y)...

确定　取消　帮助(H)

图 1.4-30

第五步：新建图层，名称“门窗”，颜色青色（4），线型实线，线宽“0.25”，“置为当前”。

第六步：绘制窗 C1515，输入“ML”，在多线命令中将“对正（J）”设为“无（Z）”，将“比例（S）”设为“200”，绘制时点击墙端线的中点作为参考点，并用“DT”（多行文字）添加编号（图 1.4-31）。

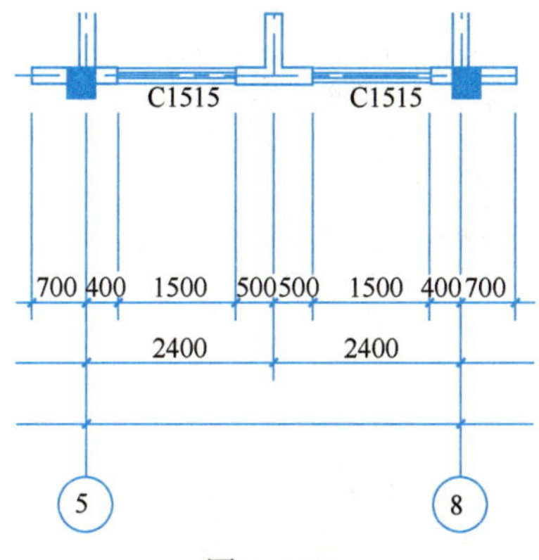

图 1.4-31

第七步：绘制高窗 GC0909，新建多线样式“高窗”。其他设置同第三步，分别选中中间两条线，将线型设置为“DASHED”。点击“确定”并“置为当前”（图 1.4-32）。

第八步：绘制 GC0909，同第七步（图 1.4-33）。

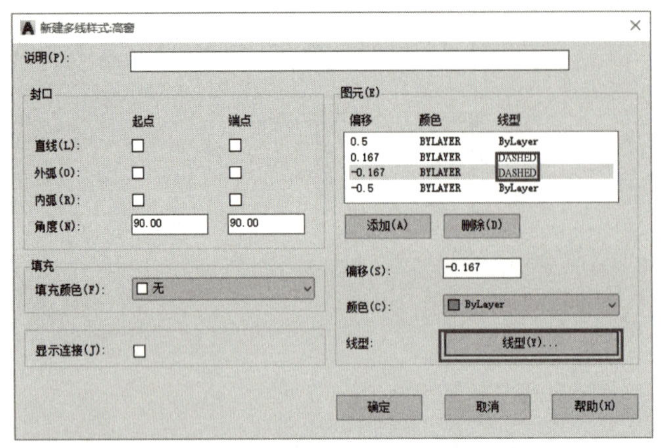

图 1.4-32

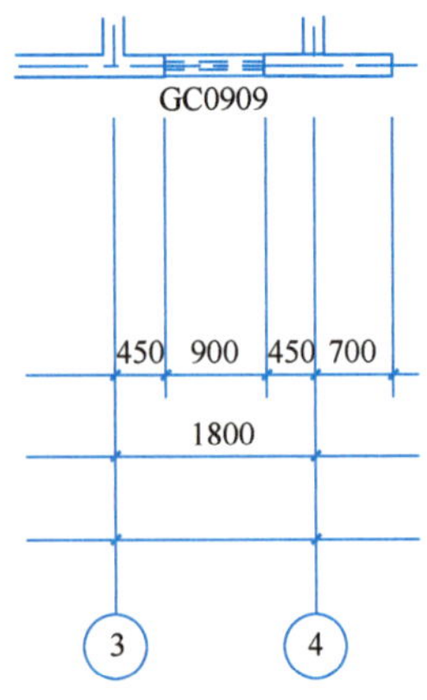

图 1.4-33

第九步：绘制凸窗，新建多线样式“凸窗”。其他设置同第四步，删除“0.167”图元。点击“确定”并“置为当前”（图 1.4-34）。

第十步：输入“ML”，在多线命令中将“对正（J）”设为“下（B）”，将“比例（S）”设为“120”，绘制时点击窗左边外墙角作为参考点，窗外挑 530mm，直线绘制窗边线，并添加编号（图 1.4-35）。

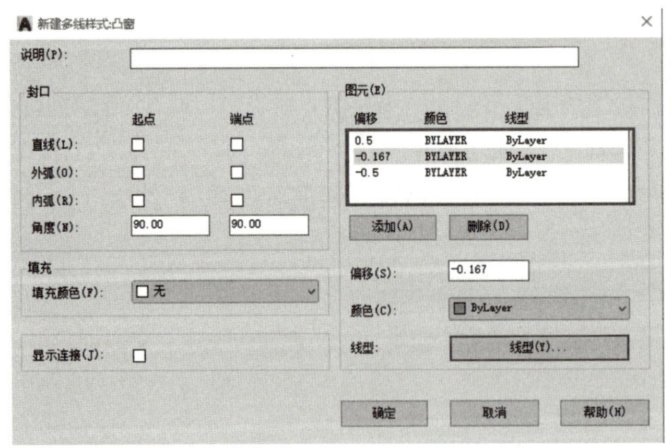

图 1.4-34

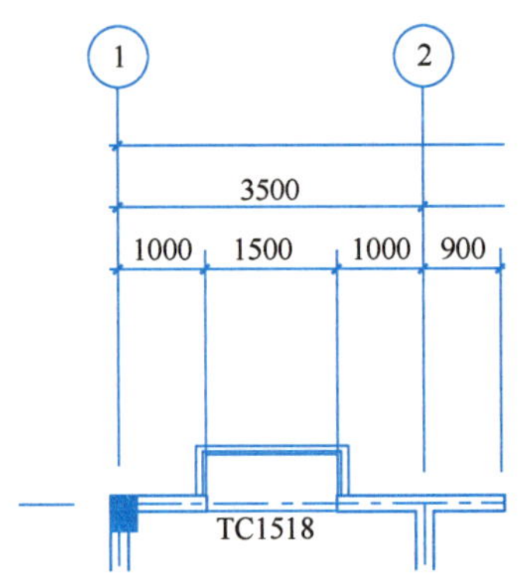

图 1.4-35

第十一步：完成所有窗绘制（图 1.4-36）。

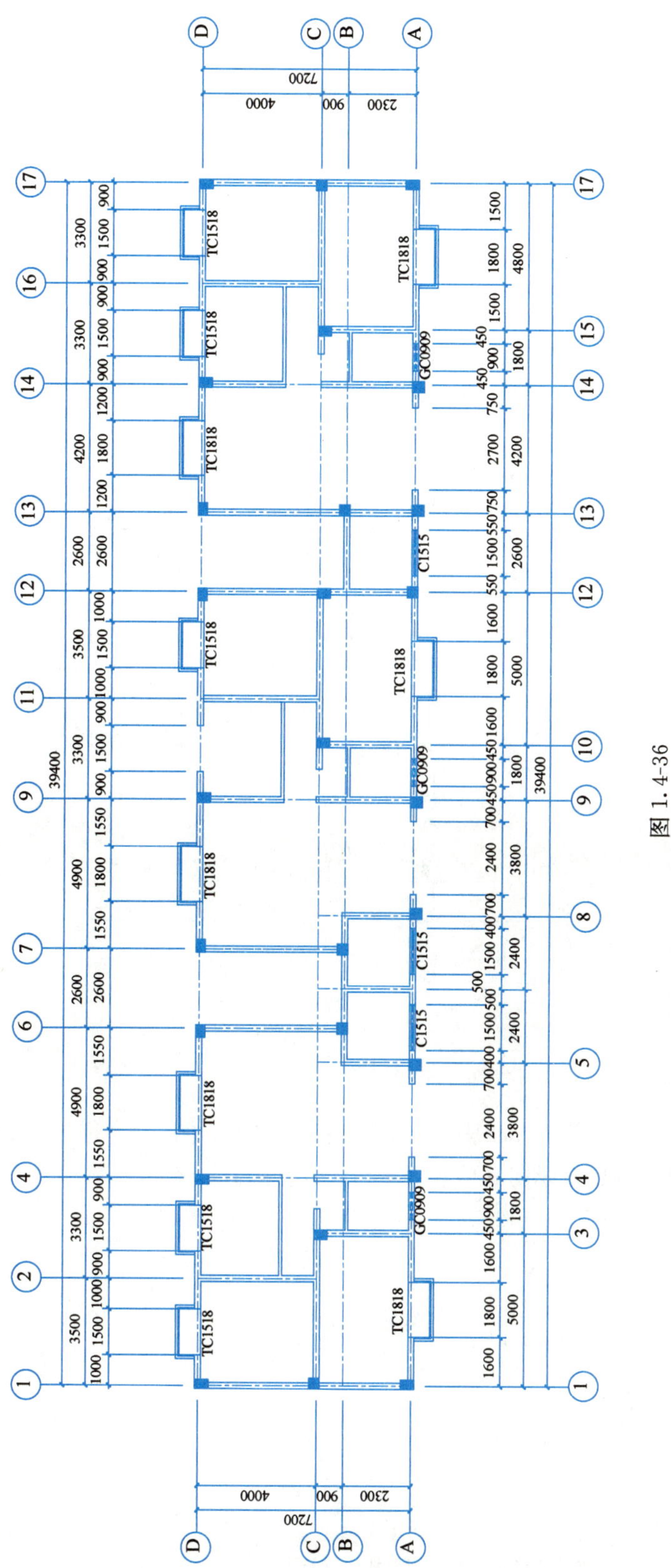

图 1.4-36

7. 绘制门

第一步：通过识图可知图中门类型有单开门 M1021、M0921、M0721、TLM2424 四种类型，门的位置有三种：门垛净尺寸为 100mm；贴柱边；墙段中间。

第二步：修剪出各处的门洞。如 M0921，M0721 门垛净尺寸为 100mm，则从轴线偏移距离为 200mm，再偏移 900mm、700mm 为门宽；如 M1021，贴柱边，则从轴线偏移距离为 250mm，再偏移 1000mm 为门宽；如 TLM2424，墙段中间，则从两边轴线偏移距离 700mm（图 1.4-37）。

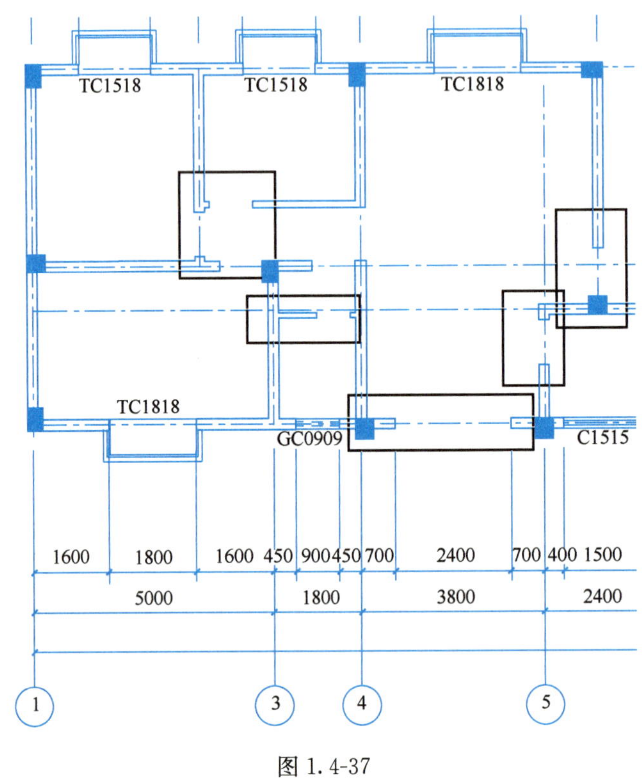

图 1.4-37

第三步：在空白处绘制单开门 M1021。键盘输入“C”（圆），半径 1000mm，从圆心画出两条垂直的直线，将竖直线向右偏移 50mm，进行修剪（图 1.4-38）。

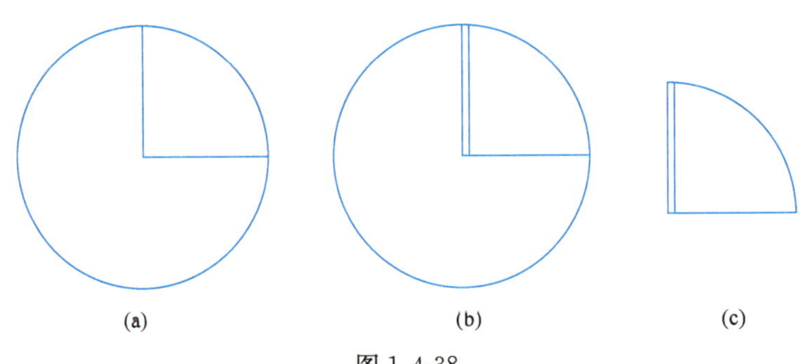

图 1.4-38

（a）绘制圆；（b）竖直线向右偏移；（c）修剪

第四步：键盘输入“B”（创建块），将画好的门创建成块，命名为门，设置基点：将图块基点选择圆心处，选择对象（选择已绘制好的门作为对象）。

第五步：键盘输入“I”（插入块），选择门图块（原图块门宽度为1000mm，若插入门尺寸为700mm，则 X、Y 方向比例输入“0.7”，若插入门宽度为900mm，则 X、Y 方向比例输入“0.9”，如插入门宽度为1000mm的门，则不修改比例），输入“RO”（旋转），调整门的方向（逆时针为正）。方向不对时，可先确定再镜像，编写门编号（图1.4-39）。

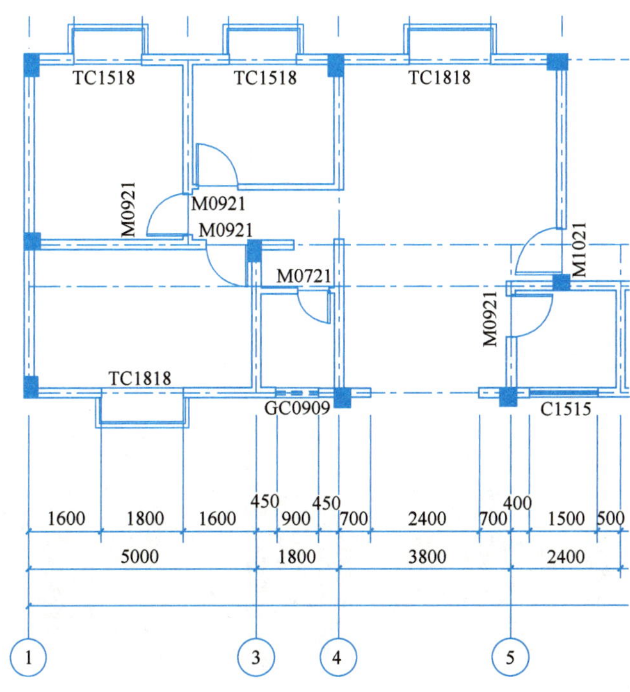

图1.4-39

第六步：绘制推拉门TLM2424。运用“直线”“矩形”命令绘制，再进行适当的“移动”“镜像”（图1.4-40）。

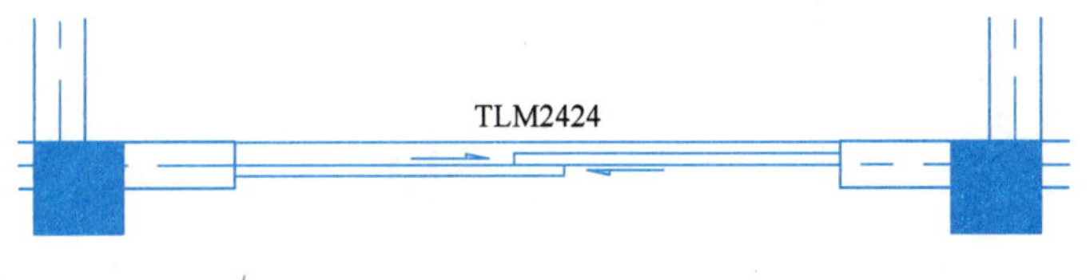

图1.4-40

第七步：完整绘制图中所有的门（图1.4-41）。

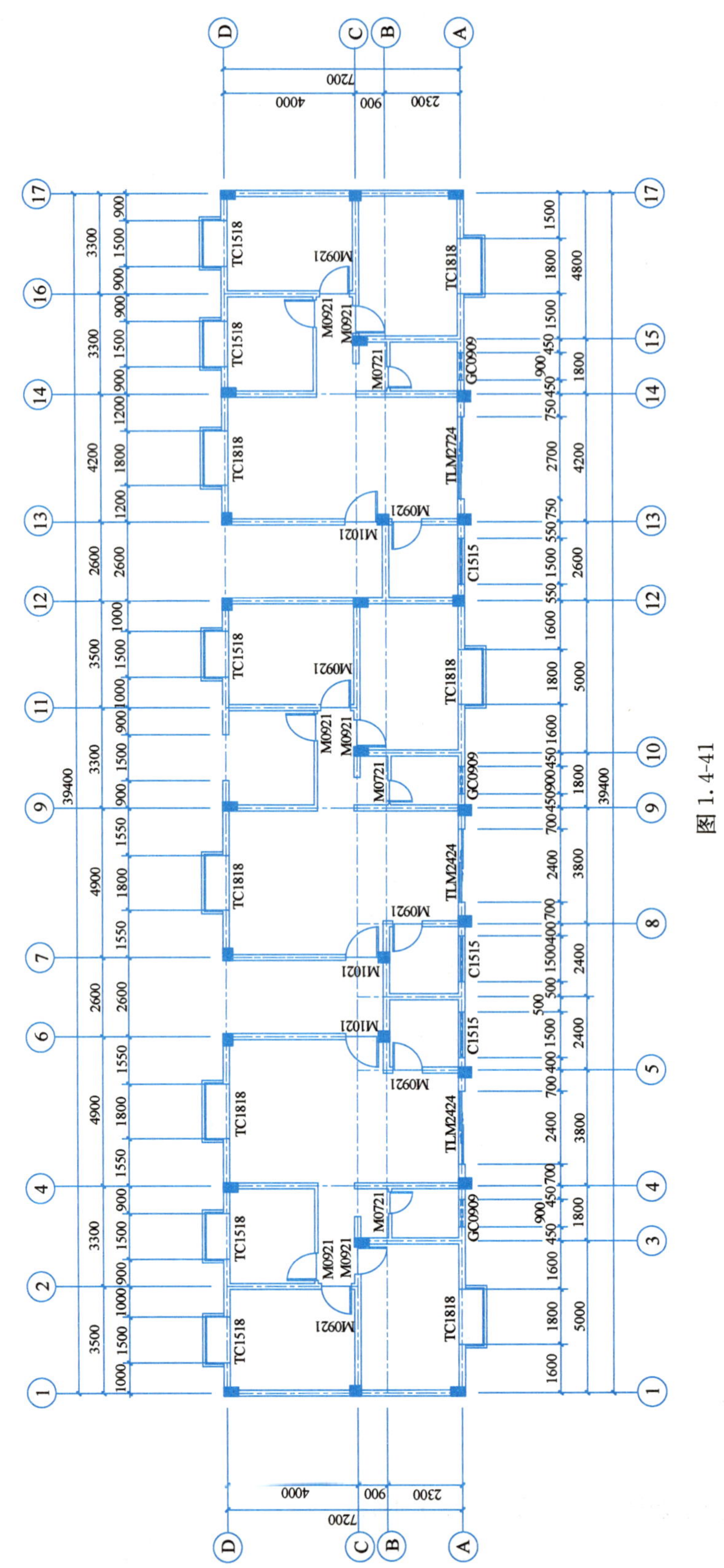

TC1518
TC1818
M0921
M1021
M0721
GC0909
TLM2724
TLM2424
C1515
39400
7200
4000
900
2300

图 1.4-41

8. 绘制阳台

第一步：设置“阳台”图层，颜色洋红（6），线型连续，线宽“0.25”“置为当前”。

第二步：键盘输入“PL”，绘制④～⑤轴间阳台，以④轴柱墙交点为起点，向下尺寸为 1500mm，向右尺寸为 4000mm，向上 1500mm，“Enter”确定。

第三步：将第二步绘制的多段线向内外各偏移 100mm，将内侧偏移与柱相交处修剪，将外侧偏移线切换到图层作为阳台板边线（图 1.4-42）。

第四步：完成其他位置阳台。

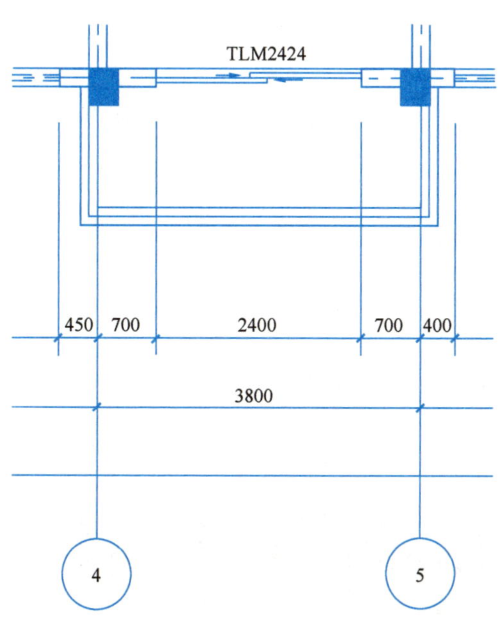

图 1.4-42

9. 绘制室外构件

第一步：设置“室外构件”图层（包括台阶、散水、暗沟），颜色蓝色（5），线型连续，线宽“0.25”，“置为当前”。

第二步：键盘输入“PL”，绘制⑥～⑦轴间台阶，以⑥轴柱墙交点为起点，向上尺寸为 1500mm，向右尺寸为 3200mm，向下 1500mm，“Enter”确定，作为台阶平台。

第三步：将第二步绘制的多段线向外侧偏移 300mm，作为踏步宽。

第四步：完成其他位置台阶。

第五步：绘制散水、暗沟，散水距外墙外表面为 1000mm，键盘输入“REC”沿外墙外表面绘制辅助矩形，将其向外偏移 1000mm 和 300mm，分别为散水、暗沟。

第六步：选中暗沟线，将其线型设置为“DASHED”。

第七步：删除外墙外表面的辅助矩形，修剪散水、暗沟与阳台、台阶重合之处。

完整的阳台、台阶、散水和暗沟绘制如图 1.4-43 所示。

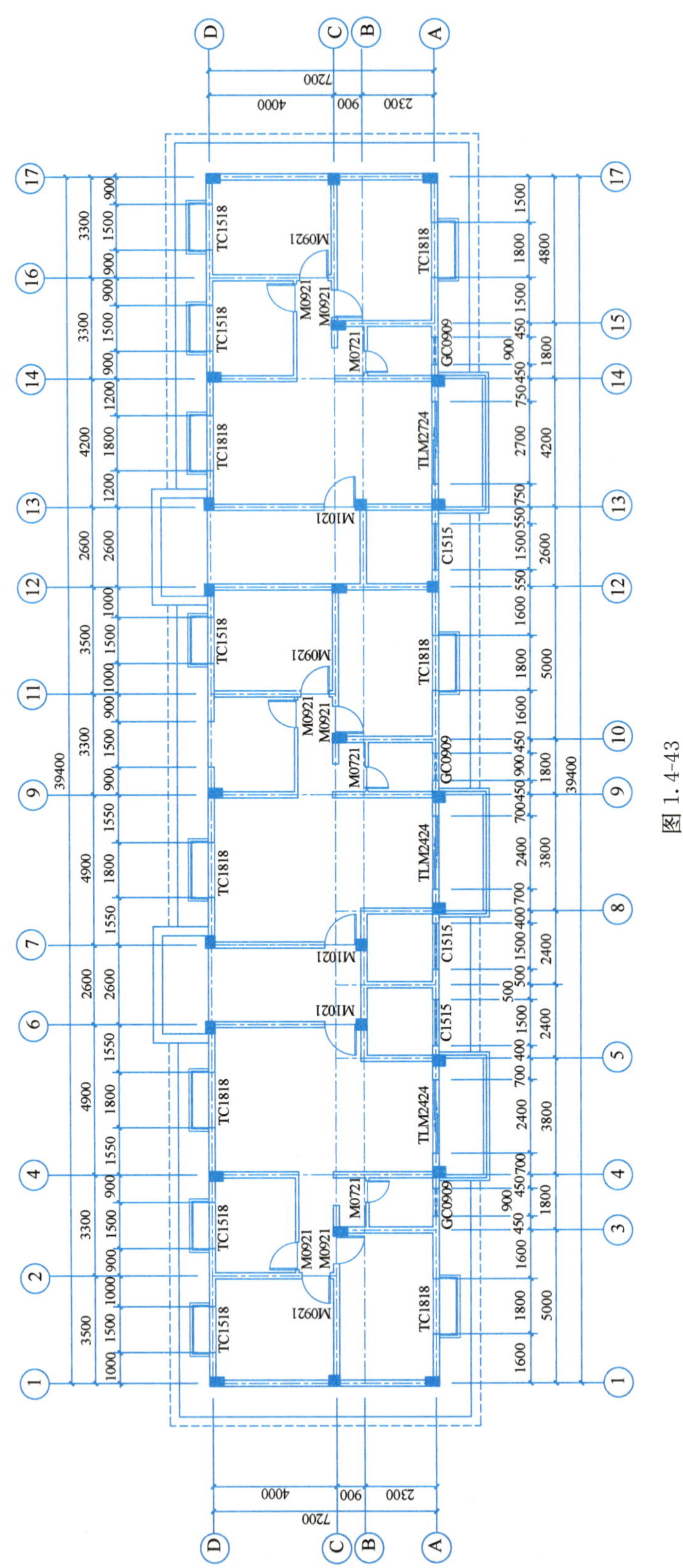
D
C
B
A
7200
4000
900
2300
39400
TC1518
TC1818
M0921
M0721
M1021
GC0909
TLM2724
TLM2424
C1515

图 1.4-43

10. 添加标高（图 1.4-44）

第一步："尺寸标注"图层"置为当前"，键盘输入"C"，绘制半径 300mm 的辅助圆。

第二步：键盘输入"L"，直线逆时针连接圆的左、下、右三个象限点，以左象限点为起点绘制水平线长度 1500mm。

第三步：删除辅助圆。

第四步：键盘输入"DT"，书写标高数字，高度 300mm（注：正负号输入"%%P"）。

11. 绘制剖切符号（图 1.4-45）

第一步：在⑫～⑬轴之间靠左侧绘制剖切符号，输入"PL"，水平投影方向线长 600mm，竖向剖切位置线长 1000mm。

第二步：选择剖切符号线，将线宽设置为"0.5"粗实线。

第三步：书写编号 1，镜像到对称另一侧。

12. 绘制箭头（图 1.4-46）

第一步：输入"PL"；

指定起点：点取箭头端点；

指点下一点或[圆弧(A)/半宽(H)/长度(L)/放弃(U)/宽度(W)]：W；

指定起点宽度："0"；

指定端点宽度："50"；

指点下一点或[圆弧(A)/半宽(H)/长度(L)/放弃(U)/宽度(W)]："300"(可根据实际情况确定长度)；

指点下一点或[圆弧(A)/半宽(H)长度(L)/放弃(U)/宽度(W)]：W；

指定起点宽度："0"；

指定端点宽度："0"；

指点下一点或[圆弧(A)/半宽(H)/长度(L)/放弃(U)/宽度(W)]："500"(可根据实际情况确定长度)。

第二步：书写坡度数字，根据图纸位置旋转即可。

13. 绘制指北针（图 1.4-47）

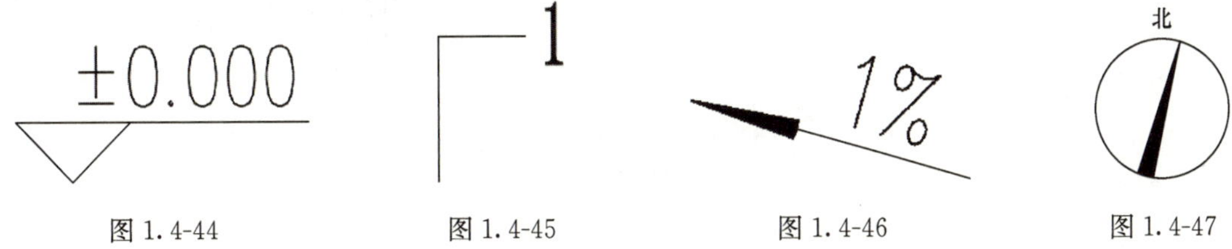

图 1.4-44　　图 1.4-45　　图 1.4-46　　图 1.4-47

第一步：输入"C"，绘制半径 1200mm 的圆。

第二步：输入"L"连接上、下象限点，输入"RO"将直线旋转−15°。

第三步：输入"PL"；

指定起点：点取直线上端点；

指点下一点或[圆弧(A)/半宽(H)/长度(L)/放弃(U)/宽度(W)]：W；

指定起点宽度："0"；

指定端点宽度："300"；

指点下一点或[圆弧(A)/半宽(H)/长度(L)/放弃(U)/宽度(W)]：点取直线下端点。

第四步：书写“北”。

14. 添加索引符号

第一步：键盘输入“L”，过圆的左、右象限点绘制一条水平线和一条与该线垂直的线，长度根据实际情况而定（指向索引在竖线端部加小圆圈，剖切索引在竖线剖切侧加短竖线，如图 1.4-48 所示）。

第二步：键盘输入“C”，绘制半径 400mm 的圆。

第三步：键盘输入“DT”，书写文字，高度“300”（注：书写汉字时，将长仿宋体“置为当前”）。

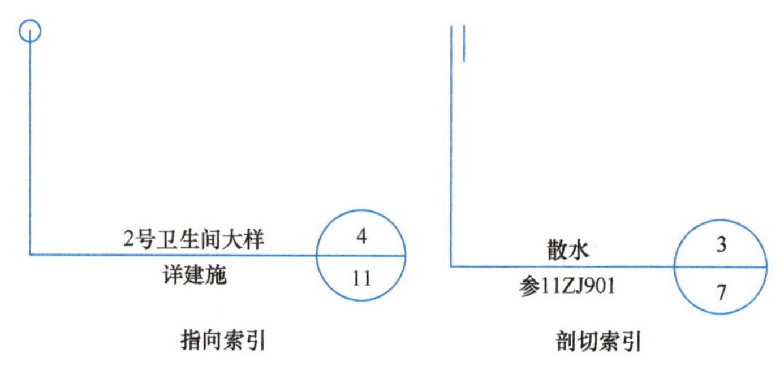

图 1.4-48

15. 添加图名和文字

第一步：图名高 1000mm，下面画双线，上线“0.5”粗实线，下线“0.15”细实线，双线间距 50mm。比例数字高 500mm。文字高度 700mm（图 1.4-49）。

第二步：键盘输入“DT”，书写文字（注：书写汉字时，将长仿宋体“置为当前”），如图 1.4-50 所示。

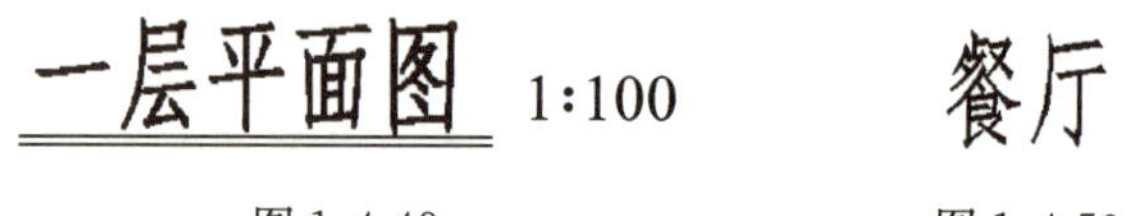

图 1.4-49　　图 1.4-50

16. 完善图形（详见附录）

第一步：键盘输入“DA”，补全图形尺寸标注。

第二步：键盘输入“LW”，勾选显示线宽。

任务 1.5 识读与绘制建筑立面图

知识目标

1. 掌握立面图的命名原则，了解常用比例。

2. 了解立面图的形成过程，能进行形体分析。
3. 掌握立面图与平面图的对应关系。
4. 掌握建筑标高的含义和绘制方法。

能力目标

1. 能识读建筑立面图。
2. 能绘制立面轴网。
3. 能绘制立面图的地坪线和轮廓线。
4. 能绘制门窗等构件。
5. 能绘制标高及尺寸文字标注。

素质目标

1. 培养三维空间想象能力和独立思考能力。
2. 培养学生合作精神，在工作中能够良好的沟通。

任务介绍

1. 识读建筑立面图。
2. 用 CAD 绘制立面轴网。
3. 绘制立面图的地坪线和轮廓线。
4. 绘制门窗等构件。
5. 绘制标高及尺寸文字标注。

任务分析

根据三视图的三等关系，找到立面图与平面图间的对应关系，从而确定立面图构件的尺寸。

1.5.1　识读建筑立面图

识读建筑①～⑰轴立面图（图 1.5-1）。

1. ①～⑰轴立面图由从南侧向北侧投影形成，左侧为①轴，右侧为⑰轴。

2. 建筑立面图沿高度方向的三道尺寸：建筑物总高度、分层高度和细部高度。本建筑总高度为室外地坪到屋面标高，为 18.000＋0.300＝18.300m。

3. 该建筑共有六层，每层层高为 3.0m。

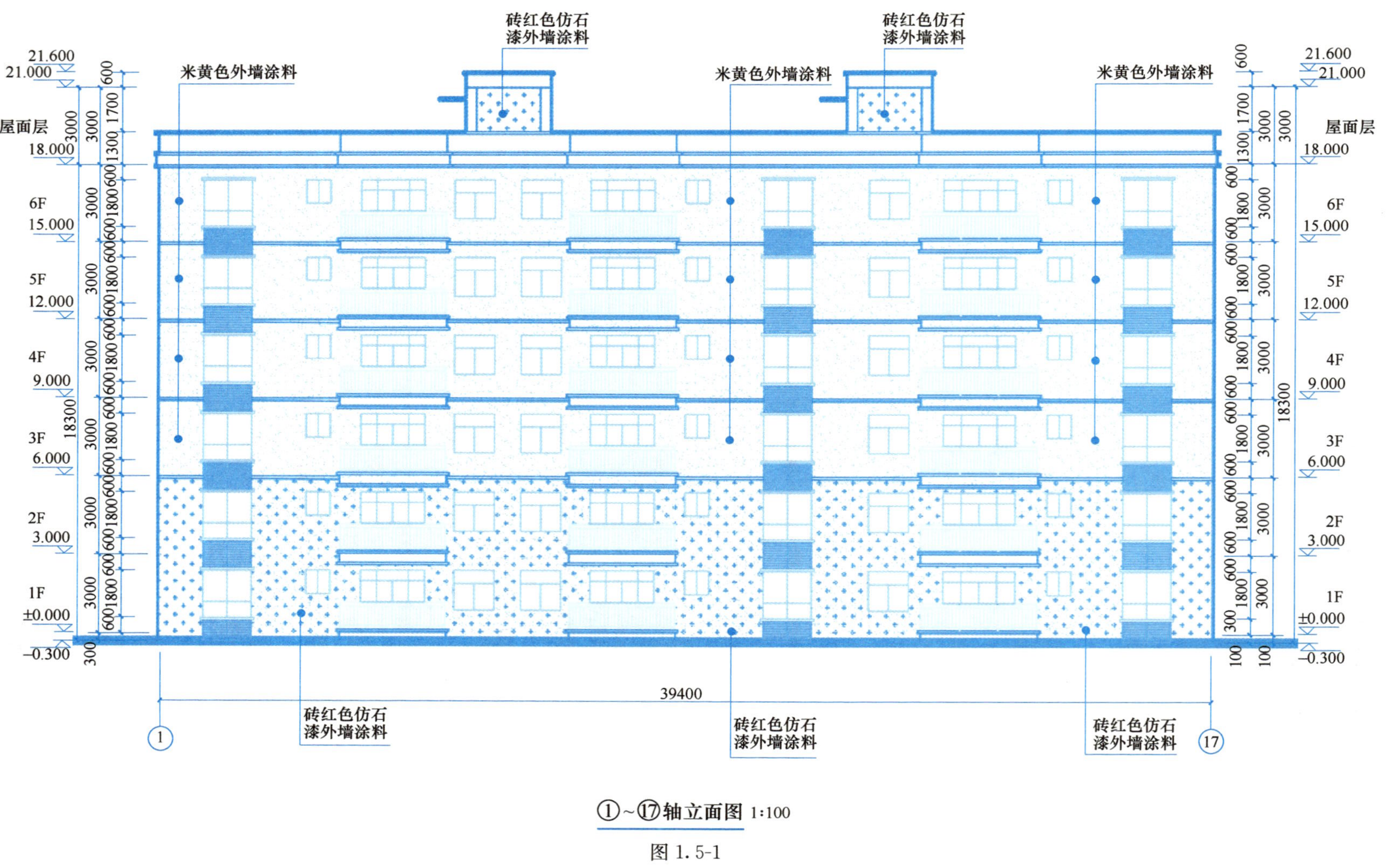

①~⑰轴立面图 1:100

图 1.5-1

4. 一层地面标高为±0.000，室外地面标高−0.300，建筑室内外高差300mm。

5. 各层房间窗户为TC1515，窗台距楼地面高度为600mm，窗高1800mm；卫生间窗户为GC0909，窗台距楼地面高度为1500mm，窗高900mm；厨房窗户为C1515，窗台距楼地面高度为900mm，窗高1500mm。房间窗户上下层之间设置空调外机位，一层高度为900mm，其他层高度为1200mm。

6. 阳台栏杆有两组尺寸，开间3800mm，对应的栏杆长度是4000mm，对应的推拉门是TLM2424；开间4200mm，对应的栏杆长度是4400mm，对应的推拉门是TLM2724。

7. 1～2层外墙面采用砖红色仿石漆外墙涂料；3～6层采用米黄色外墙涂料；屋顶楼梯间外墙面采用砖红色仿石漆外墙涂料；分层装饰线、女儿墙及阳台底部采用白色乳胶漆涂料。

拓展知识

建筑立面图：

1. 概念、形成和图名

（1）概念

建筑立面图是在与房屋立面相平行的投影面上所作的正投影，主要反映房屋的外貌和立面装修的一般做法。表示房屋的体型和外貌、外墙装修、门窗的位置与形式以及遮阳板、窗台、窗套、屋顶水箱、檐口、阳台、雨水管、勒脚、平台等构造和配件各部位的标高和必要的尺寸。

（2）形成

用直接正投影法将建筑各侧面投射到基本投影面而成。

（3）图名

以建筑两端的定位轴线命名，如“①～⑦立面图”；

以建筑各墙面的朝向命名，如北立面图；

以建筑墙面的特征命名，如正立面图、侧立面图、背立面图（建筑的主要出入口所在墙面的立面图为正立面图）。

国家相关标准规定，有定位轴线的建筑物，宜根据两端轴线编号标注立面图的名称。

2. 建筑立面图用途

（1）表达建筑的外部造型、装饰，如门窗位置及形式、雨篷、阳台、外墙面装饰及材料和做法等。

（2）在施工中，建筑立面图是外墙面造型、装修工程概预算、备料、工程验收等的依据。

3. 图示内容

（1）表示房屋外形上可见部分的全部内容：室外地坪线、台阶、花池、门、窗、雨篷、阳台、墙面分割线、挑檐、女儿墙等。

（2）建筑立面图中最两端的定位轴线必须标出。

粗线：外围轮廓线；

加粗线：地坪线；

中线：门窗、柱、阳台等结构构件；

细线：其他。

（3）标高：标高要注明室外地面、入口处地面、勒脚、各层的窗台、门窗顶、阳台、檐口、女儿墙等标高。

（4）立面上标注局部详图索引：用索引及文字说明直接标注在装修部位的附近。

（5）建筑立面图的外墙表面分格线应表示清楚，应用图例或文字说明外墙面的建筑材料、装修做法。

4. 图示特点

（1）比例

建筑立面图比例有 1∶50、1∶100、1∶150、1∶200、1∶300，一般同相应建筑平面图。

（2）定位轴线

在建筑立面图中，一般只绘制两端的轴线及编号，以便和建筑平面图对照确定建筑立面图的观看方向。

（3）图例

相同的构件和构造如门窗、阳台、墙面装修等可局部详细图示，其余简化画出。如相同的门窗可只画一个代表图例，其余的只画轮廓线。

5. 线型

（1）粗实线（b）：立面图的外轮廓线。

（2）中实线（$0.5b$）：突出墙面的雨篷、阳台、门窗洞口、窗台、窗楣、台阶、柱、花池等投影。

（3）细实线（$0.25b$）：其余如门窗、墙面等分格线、落水管、材料符号引出线及说明引出线等。

（4）特粗实线（$1.4b$）：地坪线，两端适当超出立面图外轮廓（习惯用法）。

6. 尺寸标注

（1）竖直方向

应标注建筑物的室内外地坪、门窗洞口上下口、台阶顶面、雨篷、房檐下口、屋面、墙顶等处的标高，并应在竖直方向标注三道尺寸。外部三道尺寸，是指高度方向总尺寸、定位尺寸（两层之间楼地面的垂直距离，即层高）和细部尺寸（楼地面、阳台、檐口、女儿墙、台阶、平台等部位）。

（2）水平方向

建筑立面图水平方向一般不注尺寸，但需要标出最外两端墙的轴线及编号。

（3）其他标注

建筑立面图上可在适当位置用文字标出其他必要标注。

7. 标高标注

标高标注包括楼地面、阳台、檐口、女儿墙、台阶、平台等处。

1.5.2 绘制建筑立面图

1. 设置绘图环境

第一步，绘图单位设置：键盘输入“UN”命令，将精度设置为“0”其余参数为默认值。

第二步，对象捕捉设置：键盘输入“SE”命令，选择“对象捕捉”选项卡，将“启用对象捕捉”和“启用对象捕捉追踪”两个复选框选中，并在“对象捕捉模式”选项组中点击全部选择，完成后单击“确定”按钮（图 1.5-2）。

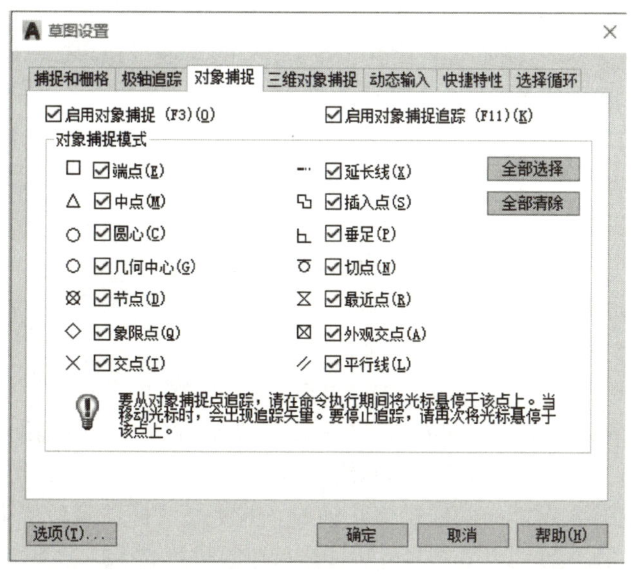

图 1.5-2

第三步，保存文件：键盘输入“QS”命令或“Ctrl+S”，打开“图形另存为”对话框，输入文件名“建筑立面图.dwg”后单击“保存”按钮保存文件。

2. 设置图层及线型

第一步：键盘输入“LA”，在图层管理器中新建图层。

第二步：轴线加载“CENTER”单点长画线线型，轴线用“0.13”，轮廓线用“0.5”，地坪线用“0.7”，门窗等其他用默认，各构件颜色设置如图 1.5-3 所示。

第三步：图层设定好后在绘制相应的图元之前，应选择对应的图层作为当前图层。

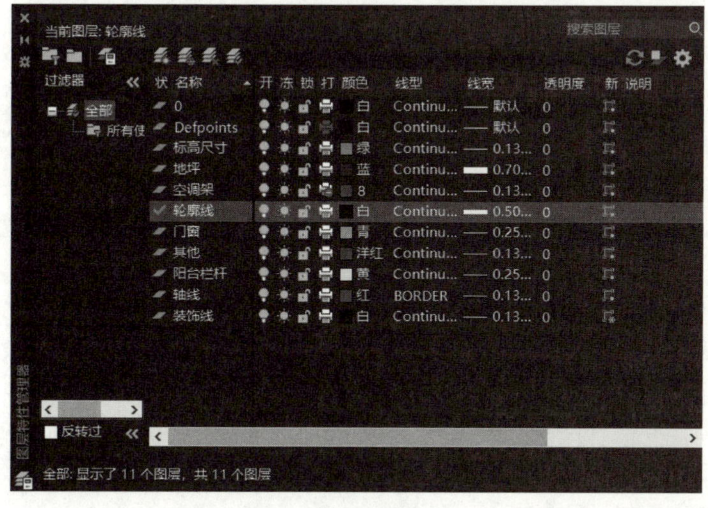

图 1.5-3

说明：图层的设置也可以分开进行，先建一个所需的图层，并将其置为当前图层，然后关闭“图层特性管理器”对话框，在该层上进行图形对象的绘制与编辑操作，当再需要建立新图层时，再建立新的图层并进行相关属性的设置。

3. 绘制轴网（图 1.5-4）

第一步：用“直线”绘制垂直长度为 18300mm 的①轴（18.000＋0.300＝18.300m）。

第二步：将①轴线依次向右“偏移”（开间尺寸）5000mm、1800mm、3800mm、2400mm、2400mm、3800mm、1800mm、5000mm、2600mm、4200mm、1800mm、4800mm。

第三步：连接最下方直线，依次向上偏移 300mm、3000mm（6 次）。

4. 尺寸标注

（1）编辑尺寸样式（同“1.4.2 绘制建筑平面图”）。

（2）进行尺寸标注：

第一步：图层“标高尺寸”置为当前。

第二步：绘制辅助矩形用于确定尺寸标注的位置，键盘“REC”，沿轴线外轮廓绘制矩形，分别向外偏移 1500mm、800mm、800mm，再删除轴线上的辅助矩形。

第三步：“QD”，选择上下水平的起始终止轴线，并将尺寸标注定位于左边最外侧的矩形上，为总高度；选择左右竖向的起始终止轴线，并将尺寸标注定位于下边第二个矩形上，为总长度；选择左右水平轴线，并将尺寸标注定位于左边第二个矩形上，为层高尺寸。

第四步：删除已标注好尺寸上的辅助矩形。

5. 轴号标注（同“1.4.2 绘制平面图”）

第一步：添加轴号圆圈，圆圈半径 400mm，直线长度 1000mm。

第二步：“ST”文字样式设置，新建“长仿宋体”文字样式，字体选择“仿宋”，宽度因子设为“0.7000”，并将其置为当前。

第三步：在圆圈中添加轴号，“DT”（多行文字）→“J”（对正）→“M”（中间）→鼠标选择圆心为中心点→指定高度 500mm→旋转角度“0”→输入轴号①。

第四步：以轴号直线下端作为基点，移动轴号，定位到轴线尺寸线上。

第五步：键盘输入“CO”，完成⑰轴号标注（图 1.5-5）。

6. 绘制建筑轮廓线

（1）绘制垂直轮廓线

由平面图可知，外墙厚度 200mm，左右两侧的外墙外表面各自距轴线为 100mm，故将已绘制的轴线分别向左右偏移 100mm，选中偏移后的线，放到“轮廓线”图层中。

（2）绘制水平轮廓线

绘制地坪线：选中最下面一条水平轴线，放到“地坪”图层中，再将两端拉长至最外侧尺寸线处。

绘制 18.000m～19.300m 屋顶线：

第一步：根据屋顶平面图可知屋顶线端部距左右两端轴线为 300mm。

选中最上面一条水平轴线，放到“轮廓线”图层中，将该线向两端各拉 300mm，再将该线向下偏移 100mm，向上依次偏移 400mm、100mm、700mm、100mm。

第二步：将“轮廓线”置为当前图层，连接左右两端屋顶线端点，再向内侧偏移 2×100mm，最后进行修剪（图 1.5-6）。

图 1.5-4

图 1.5-5

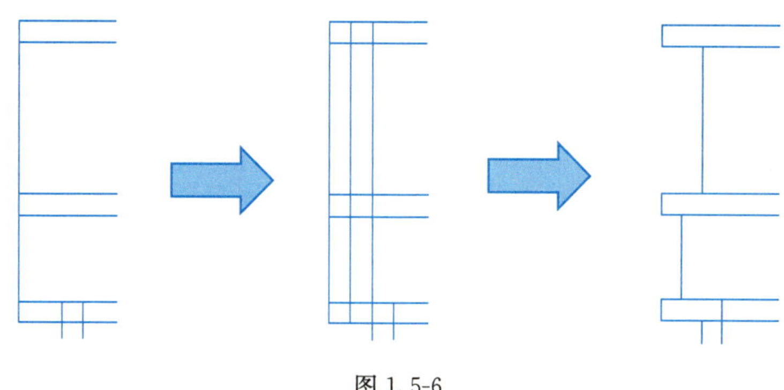

图 1.5-6

第三步：镜像到右侧。

第四步：复制①左侧屋顶的竖向轮廓线，复制间距为①～②轴：6800mm、②～③轴：8600mm、③～④轴：13200mm；复制⑤右侧屋顶的竖向轮廓线，复制间距为⑤～⑥轴：6600mm、⑥～⑦轴：13600mm、⑦～⑧轴：8600mm（图 1.5-7）。

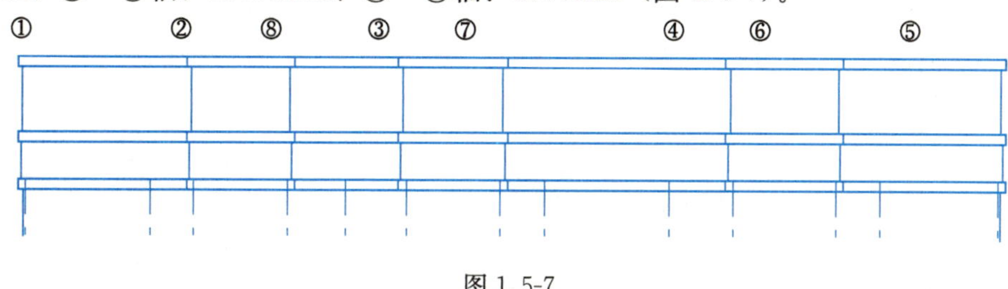

图 1.5-7

绘制 19.300m～21.600m 楼梯间屋顶线：

第一步：根据屋顶平面图可知：1 号楼梯在⑥～⑦轴处，①～⑥轴的距离为 11700mm。将①轴偏移 11700mm 作为⑥轴，在⑥轴的延长线上绘制直线 2300mm（19.300m～21.600m 段）。将该竖线向左偏移 300mm，向右偏移 100mm、2400mm、400mm，再删除原竖线。

第二步：将竖线顶端用水平线连接，水平线两端各拉长 100mm，再向下分别偏移 100mm、500mm。

第三步：修剪并连接两端竖线。

第四步：绘制雨篷 2，距楼梯间屋顶线 1000mm，外伸长度 1000mm，厚度 100mm。

第五步：复制完成 2 号楼梯，间距 14300mm（图 1.5-8）。

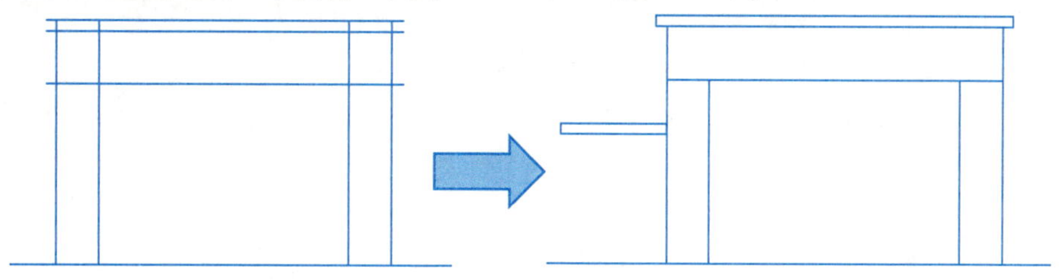

图 1.5-8

立面轮廓如图 1.5-9 所示。

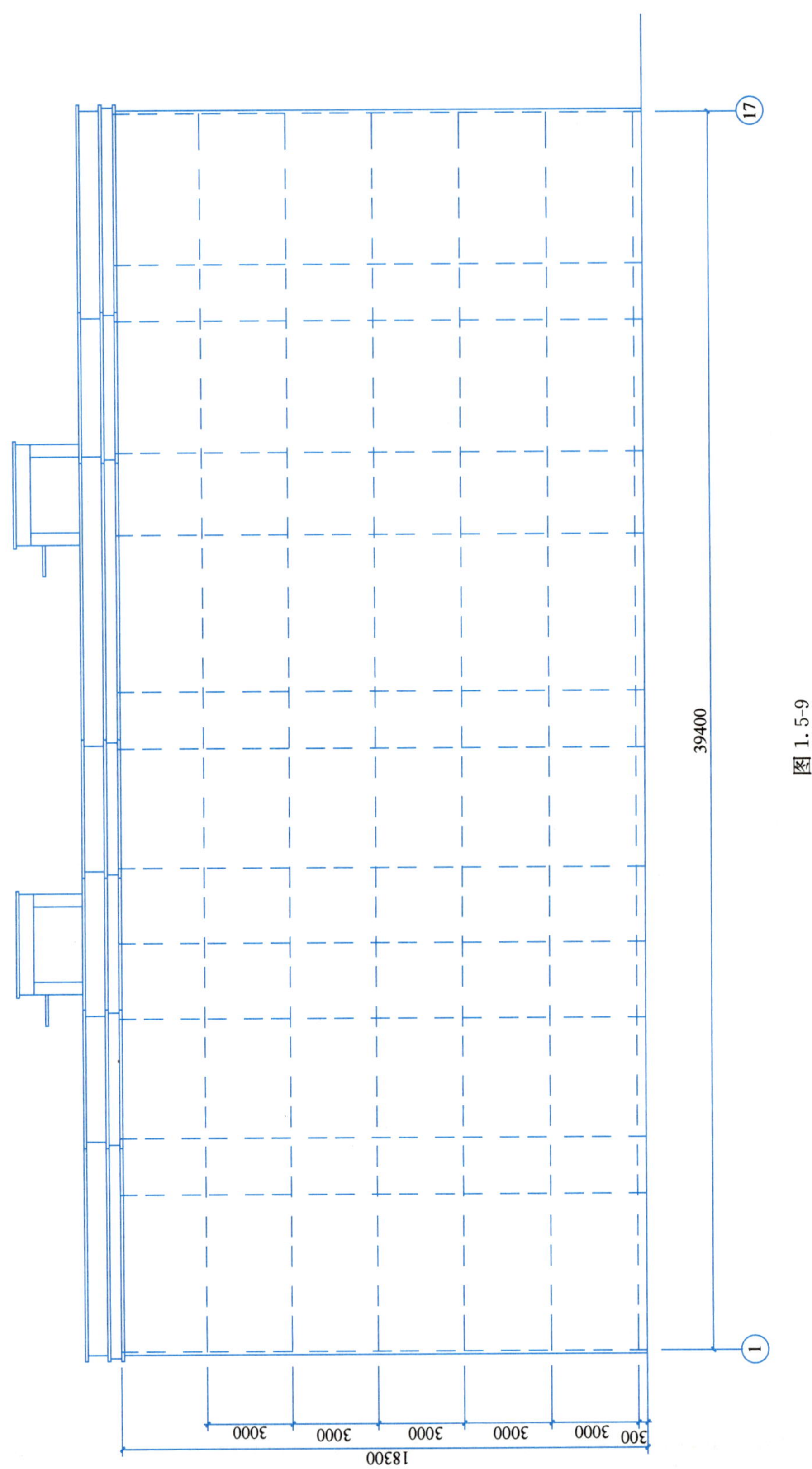

图 1.5-9

7. 绘制窗户

视频9
绘制
立面窗

（1）绘制 TC1818

建筑立面图中一层左下角的第一个窗户 TC1818，从图 1.5-10 可知，左下角起点 A 距地坪线 900mm（窗台高 600mm＋室内外高差 300mm），由建筑平面图可知 A 点距左边轮廓线 1700mm（窗边到①轴 1600mm＋半墙厚 100mm）。

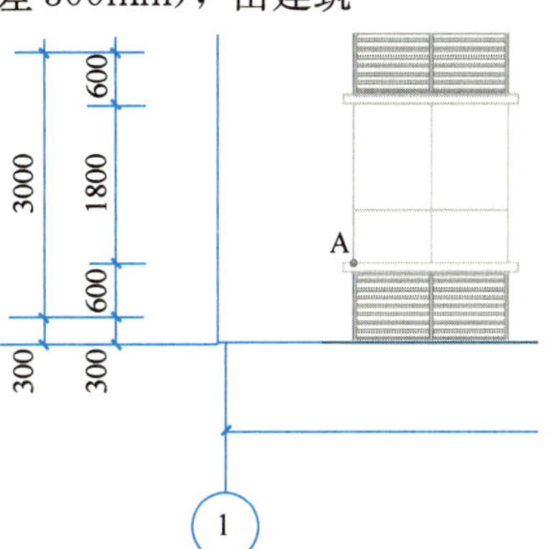

图 1.5-10

第一步：绘制辅助线，将地坪线向上偏移 900mm，左边轮廓线向右偏移 1700mm。

第二步：将“门窗”图层置为当前，以两条辅助线为窗的左下角点，“REC”（@1800，1800）绘制尺寸为 1800mm×1800mm 的窗，删除辅助线。

第三步：分解矩形，窗左边线向右偏移 900mm，下边线向上偏移 600mm。

第四步：绘制上线窗套，下边线向两端各拉长 100mm，再向下偏移 100mm，“直线”连接两端。

第五步：复制到窗顶部。

具体操作如图 1.5-11 所示。

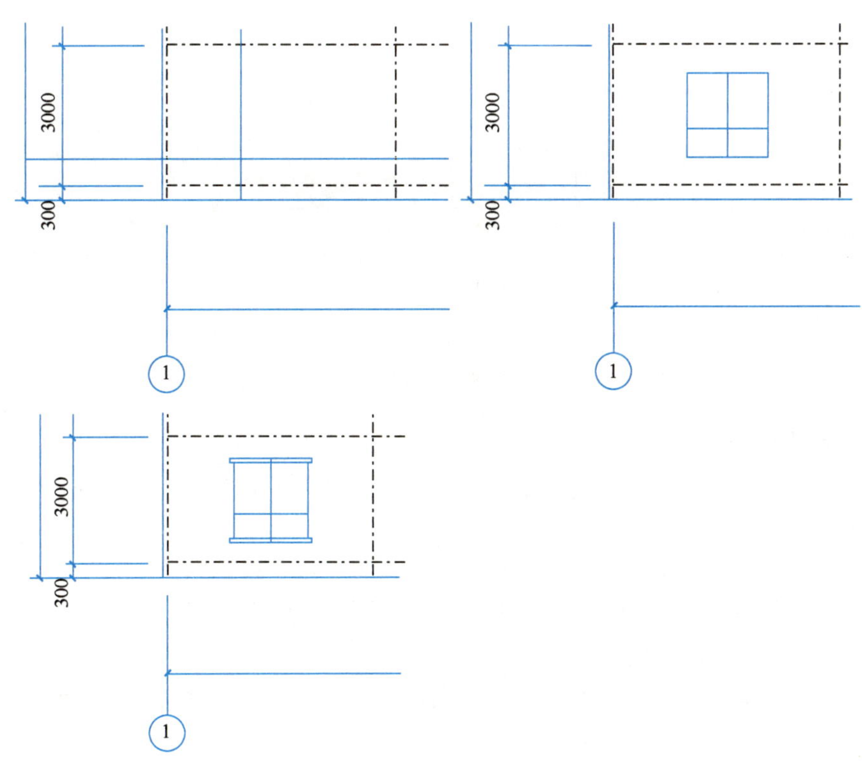

图 1.5-11

第六步：键盘输入“Ar”（阵列命令），选择已绘制窗户，选择矩形，设置列数为“1”，行数为“6”，行数介于“3000”（图 1.5-12）。

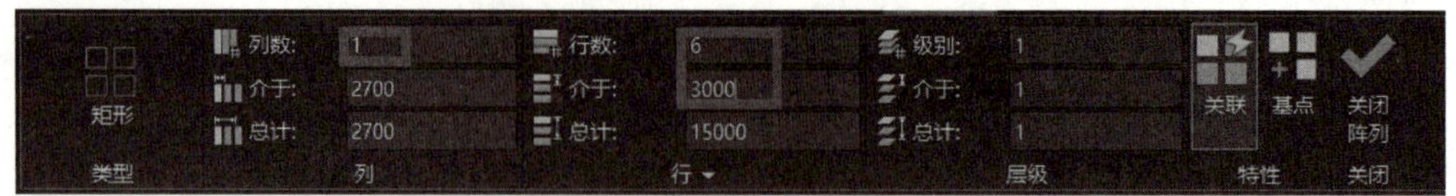

图 1.5-12

阵列绘制同列窗户如图 1.5-13 所示。

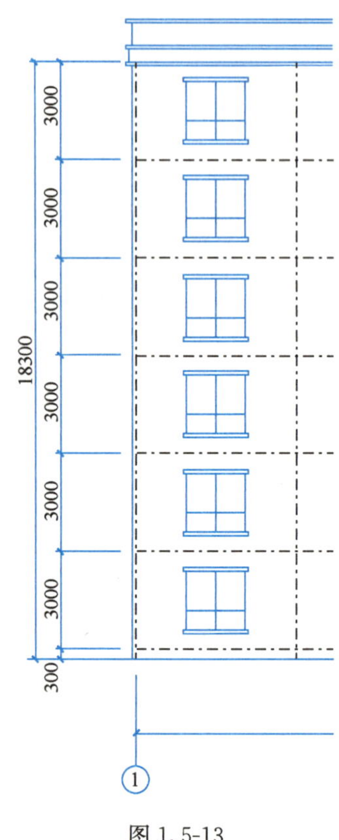

图 1.5-13

（2）绘制空调架

空调架位于窗套的底部，与窗同宽，第一层空调架的高度为 800mm，其他层高度为 1000mm。

第一步：新建“空调架”图层，颜色 8 号，线型连续，线宽默认。

第二步：绘制第一层空调架，以 TC1818 的左下角 A 点为起点，绘制“矩形”（@1800，—800)，再向下移动 100mm（图 1.5-14)。

第三步：已知边框厚度 30mm，将矩形向内偏移 30mm，并绘制中线，再向左右两侧分别偏移 15mm，删除中线（图 1.5-15)。

第四步：填充横条图案，键盘输入“H”填充，按图 1.5-16 输入参数，左键点击填充范围（图 1.5-17)。

第五步：将绘制完成的第一层空调架向上复制 3000mm 到第二层，删除中间的填充，键盘输入“S”(拉伸)，选择外框下面部分，向下拉伸 200mm，再重新进行中间部分填充(图 1.5-18)。

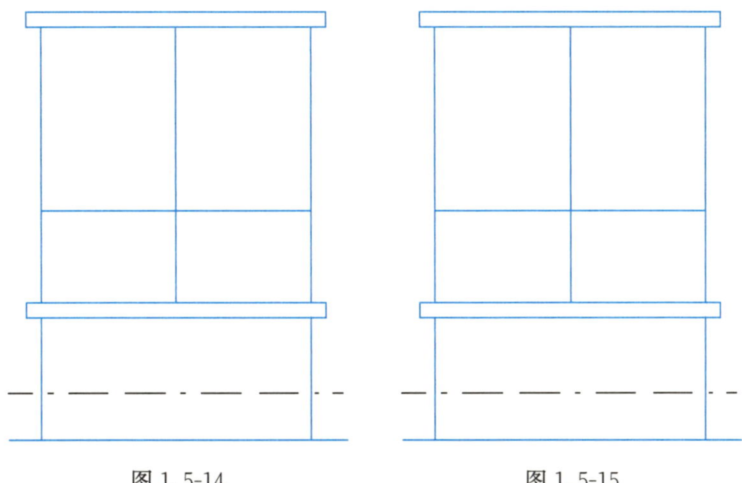

图 1.5-14　　　　图 1.5-15

图 1.5-16

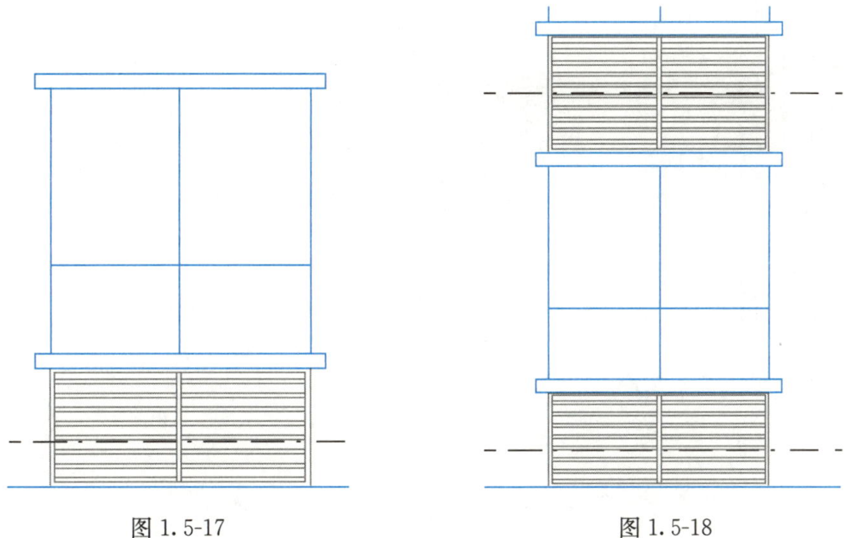

图 1.5-17　　　　图 1.5-18

第六步：将第二层空调架向上阵列，选择矩形，设置列数为“1”，行数为“5”，行数介于“3000”。

第七步：选择①～③轴间已绘制完成的所有窗户和空调架，以 A 点为基点，向右复制距离 21000mm 和 34500mm，完成⑩～⑫轴和⑮～⑰轴间构件的绘制（图 1.5-19）。

第八步：用上面相同方法绘制：GC0909（位于③～④轴、⑨～⑩轴、⑭～⑮轴）和 C1515（位于⑤～⑧轴、⑫～⑬轴），最终效果如图 1.5-20 所示。

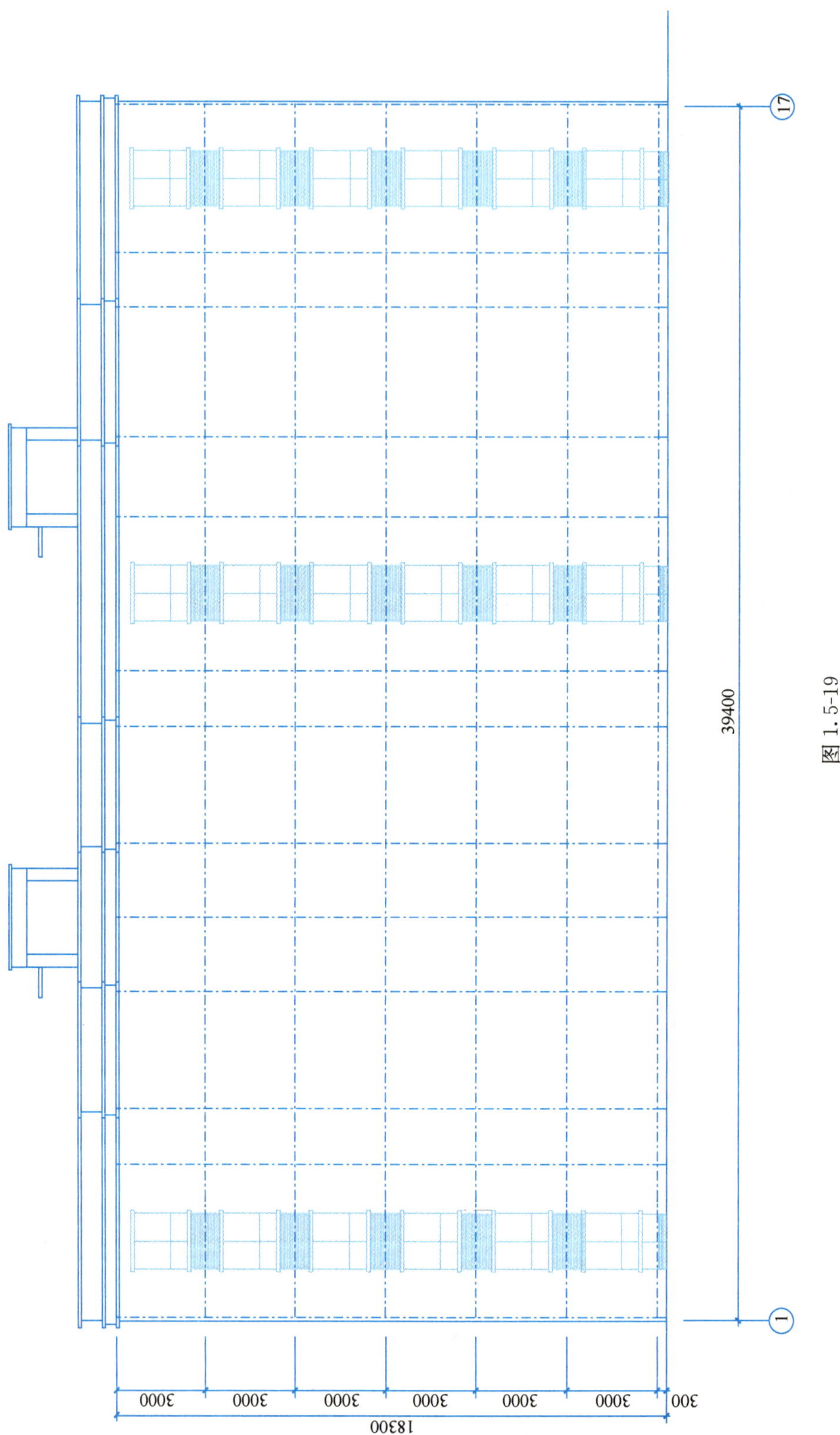

图 1.5-19

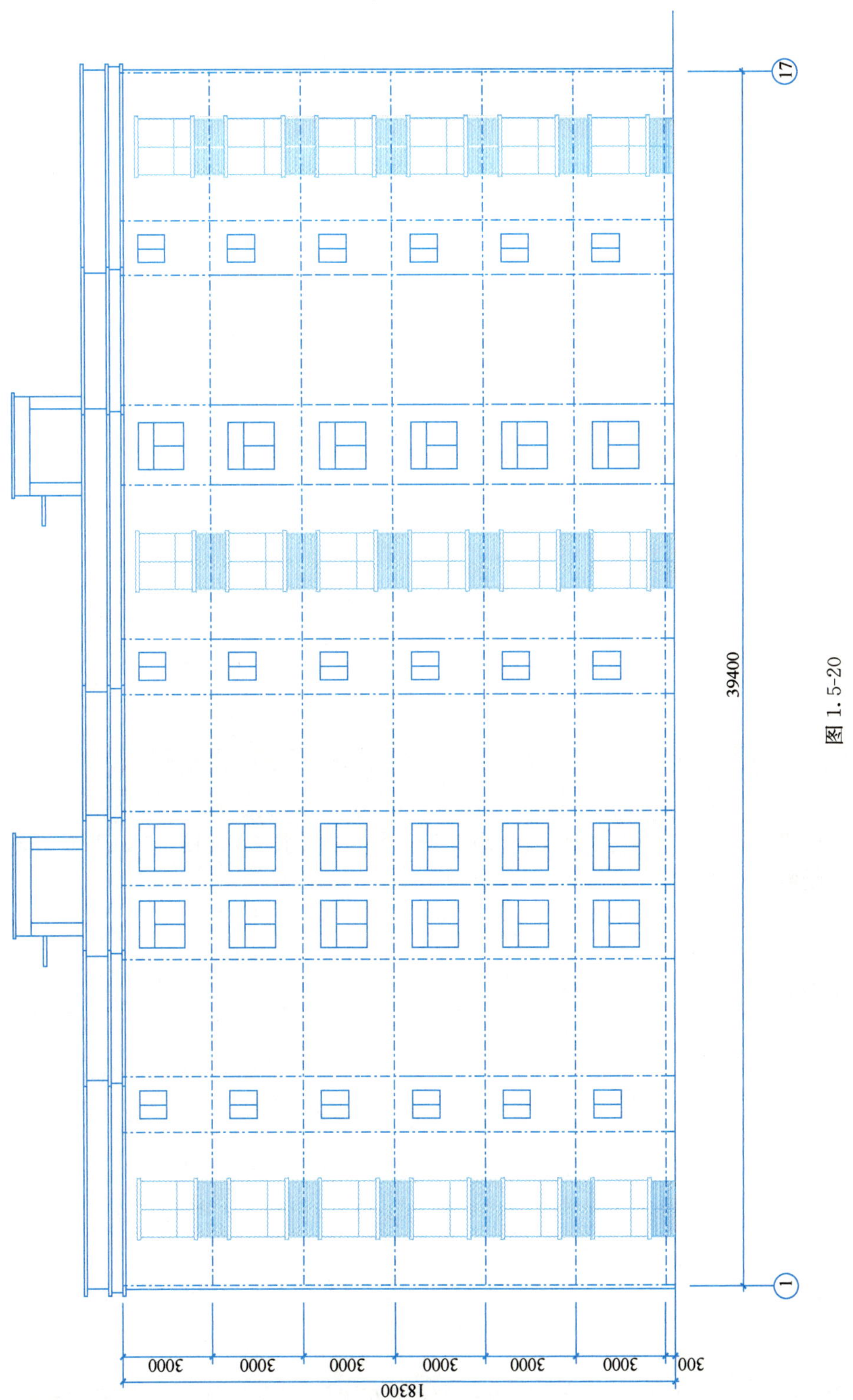

图 1.5-20

8. 绘制阳台及推拉门

（1）绘制阳台栏杆

阳台栏杆详图（详见附录）④～⑤轴、⑧～⑨轴间阳台栏杆长度为 4000mm，⑬～⑭轴间阳台栏杆长度为 4400mm。

第一步：新建图层，阳台栏杆，颜色黄色，线型连续，线宽默认。

第二步：作辅助线，定位栏杆左下角点作为起点，④～⑤轴间距 3800mm，栏杆长 4000mm，所以栏杆左下角可以把标高±0.000 处轴线向上复制 150mm，④轴线向左复制 100mm。

第三步：以辅助线交点为起点，绘制矩形（@4000，1050），作为栏杆外框线，删除辅助线（图 1.5-21）。

图 1.5-21

第四步：运用“分解”“偏移”“修剪”命令完成栏杆 50mm×50mm，30mm×30mm 钢方通绘制（图 1.5-22）。

图 1.5-22

第五步：运用“偏移”“修剪”命令，绘制左边第一条 20mm×20mm 的钢方通，间距 110mm；运用“阵列”“复制”完成其他 20mm×20mm 钢方通绘制（图 1.5-23 和图 1.5-24）。

图 1.5-23

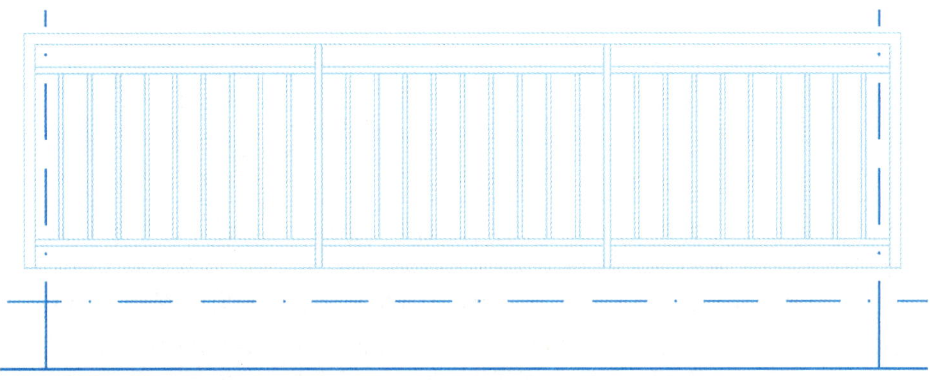

图 1.5-24

第六步：绘制阳台底部，底部比栏杆每边凸出 100mm，以栏杆左下角为起点，绘制“矩形”（@4200，－100），再向左移动 100mm，连接左右边线对齐上部栏杆，线长 350mm（图 1.5-25）。

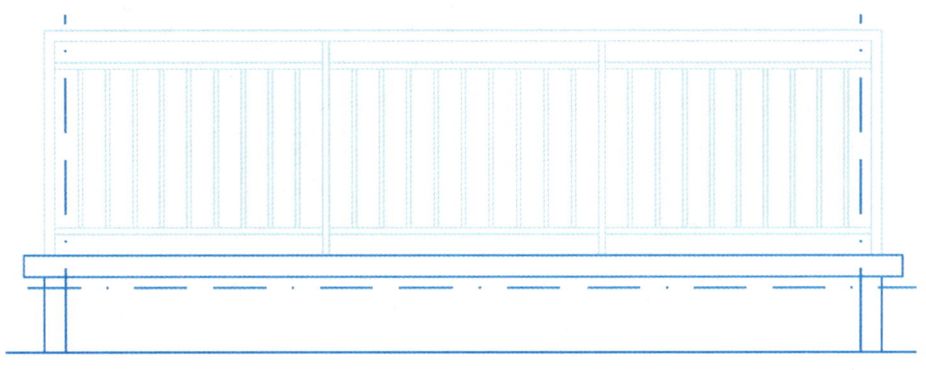

图 1.5-25

(2) 绘制推拉门 TLM2424

推拉门被阳台遮挡了一部分，故可见推拉门尺寸为：宽 2400mm，高 2400mm－1200mm＝1200mm。

第一步："门窗"图层置为当前，将④轴向右偏移 700mm 以栏杆顶部线交点为起点，绘制"矩形"（@2400，1200），作为推拉门边框线，删除 700mm 的辅助线（图 1.5-26）。

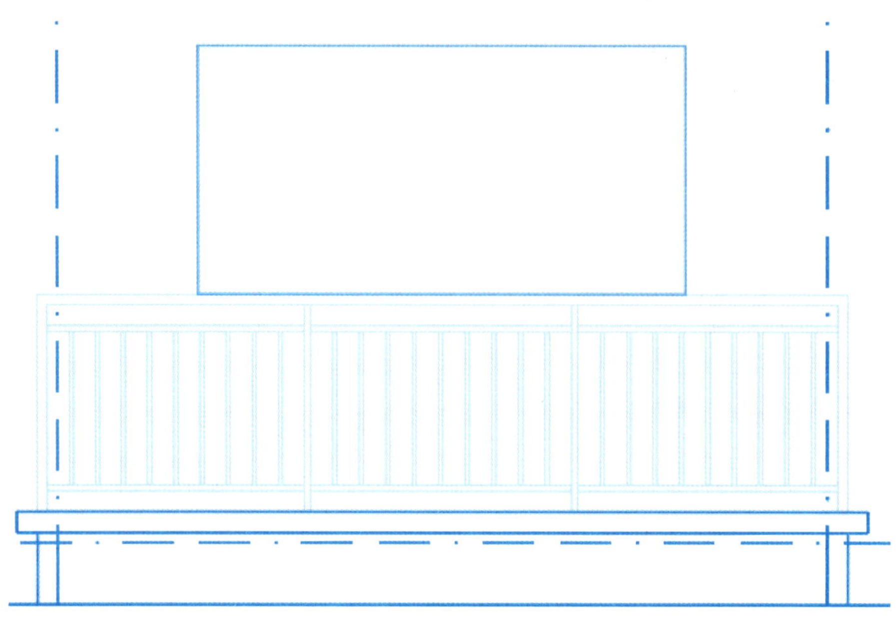

图 1.5-26

第二步：绘制推拉门内部分割线，一般情况门窗上部不可开启的部分为量子，量子为门高的 1/3，左右均分。故该处偏移尺寸为上部 400mm，左右 600mm（图 1.5-27）。

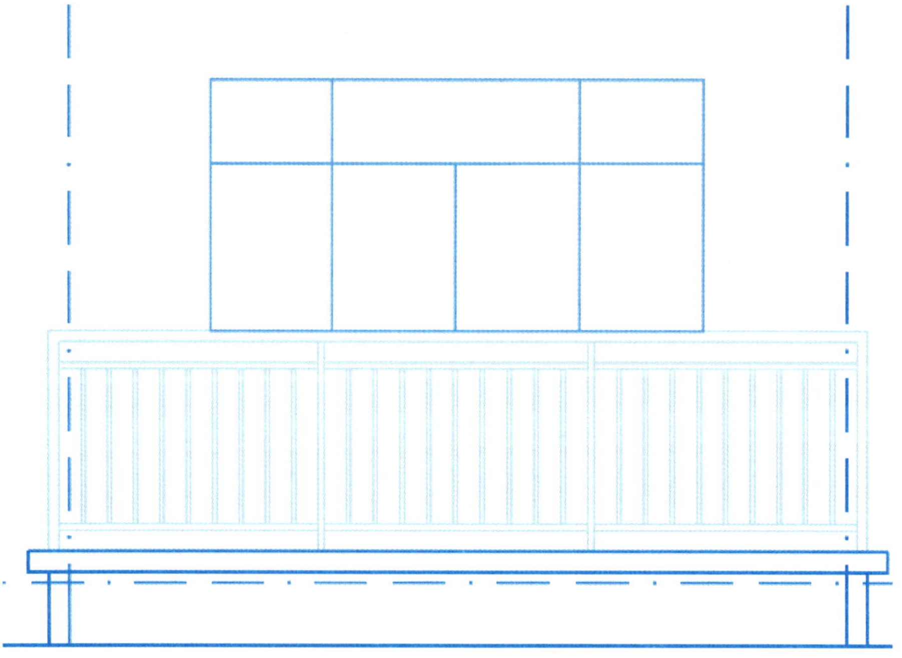

图 1.5-27

（3）完成④～⑤轴、⑧～⑨轴间阳台栏杆及推拉门 TLM2424

第一步：将绘制完成的阳台栏杆和推拉门一起向上复制 3000mm 到第二层。二层以上阳台底部比一层多一个矩形台，将原有矩形向下复制 450mm（图 1.5-28）。

第二步：将二层阳台栏杆和推拉门阵列到其他楼层。再将该列复制到⑧～⑨轴（图 1.5-29）。

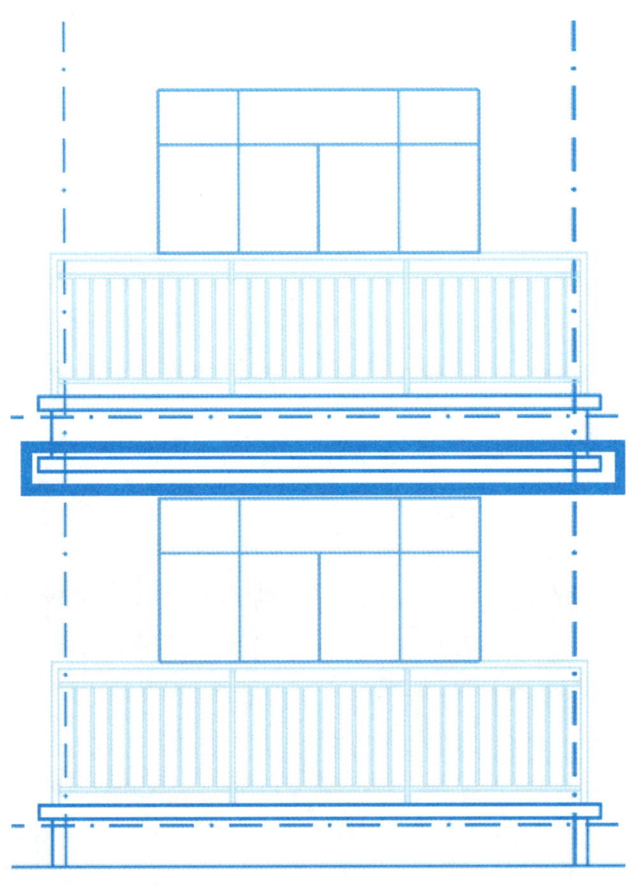

图 1.5-28

（4）绘制⑬～⑭轴间阳台栏杆及推拉门 TLM2724

⑬～⑭轴间栏杆尺寸为：栏杆宽度为 4400mm，高度不变，栏杆底部相对尺寸不变。推拉门可见尺寸为：宽度 2700mm，高度 1200mm。

第一步：复制④～⑤轴间第一层已绘制完成的阳台及推拉门（选择 4 轴线为基点），粘贴到同层⑬轴处。

第二步：键盘输入“S”拉伸，选择图 1.5-30 中框选部分，将阳台栏杆整体向右拉长“400”，如图 1.5-31 所示。

图 1.5-29

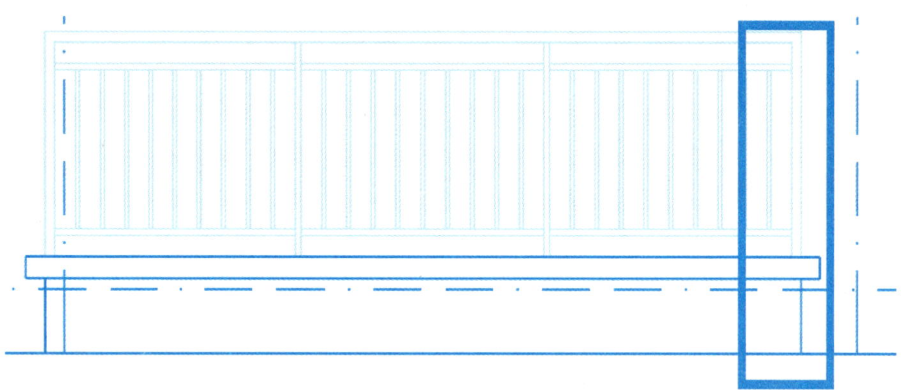

图 1.5-30

图 1.5-31

第三步：删除 20mm×20mm 和 30mm×30mm 的钢方通线条，重新进行等分绘制。键盘输入“DIV”定数等分，输入等分数“3”，再用直线画出等分线（图 1.5-32）。

第四步：运用“偏移”“修剪”“阵列”重新绘制 20mm×20mm 和 30mm×30mm 的钢方通线条，间隔不变（图 1.5-33）。

图 1.5-32

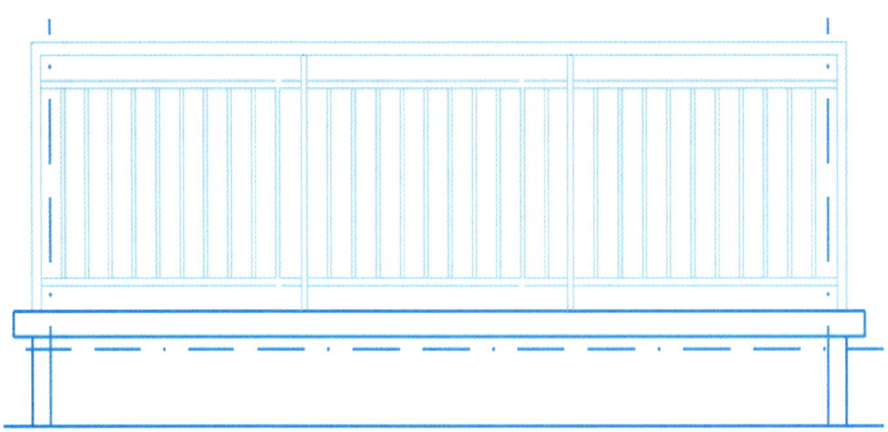

图 1.5-33

第五步：绘制 TLM2724，绘制方法同 TLM2424。

第六步：将绘制完成的阳台栏杆和推拉门一起向上复制 3000mm 到第二层。二层以上阳台底部比一层多一个矩形台，将原有矩形向下复制 450mm（图 1.5-34）。

第七步：将二层阳台栏杆和推拉门阵列到其他楼层（图 1.5-35）。

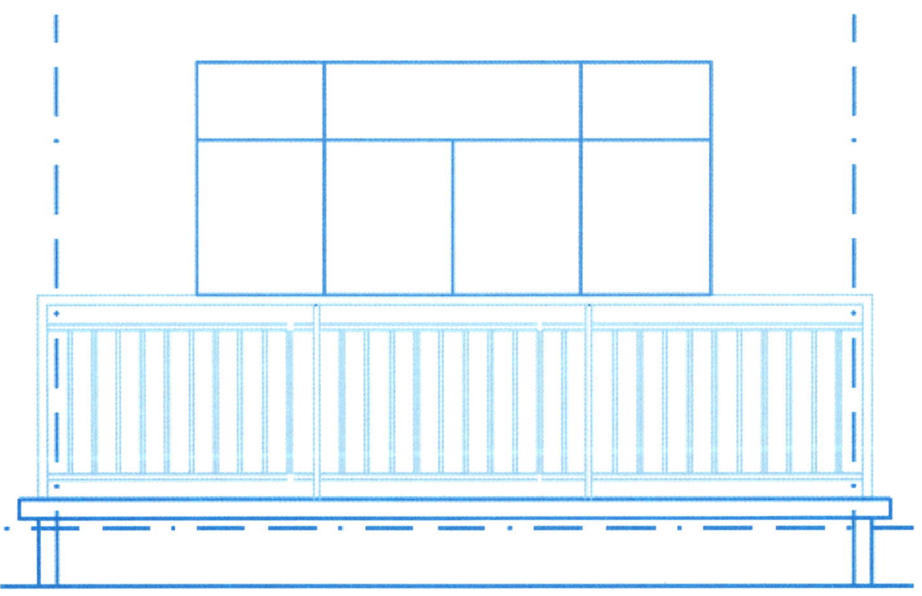

图 1.5-34

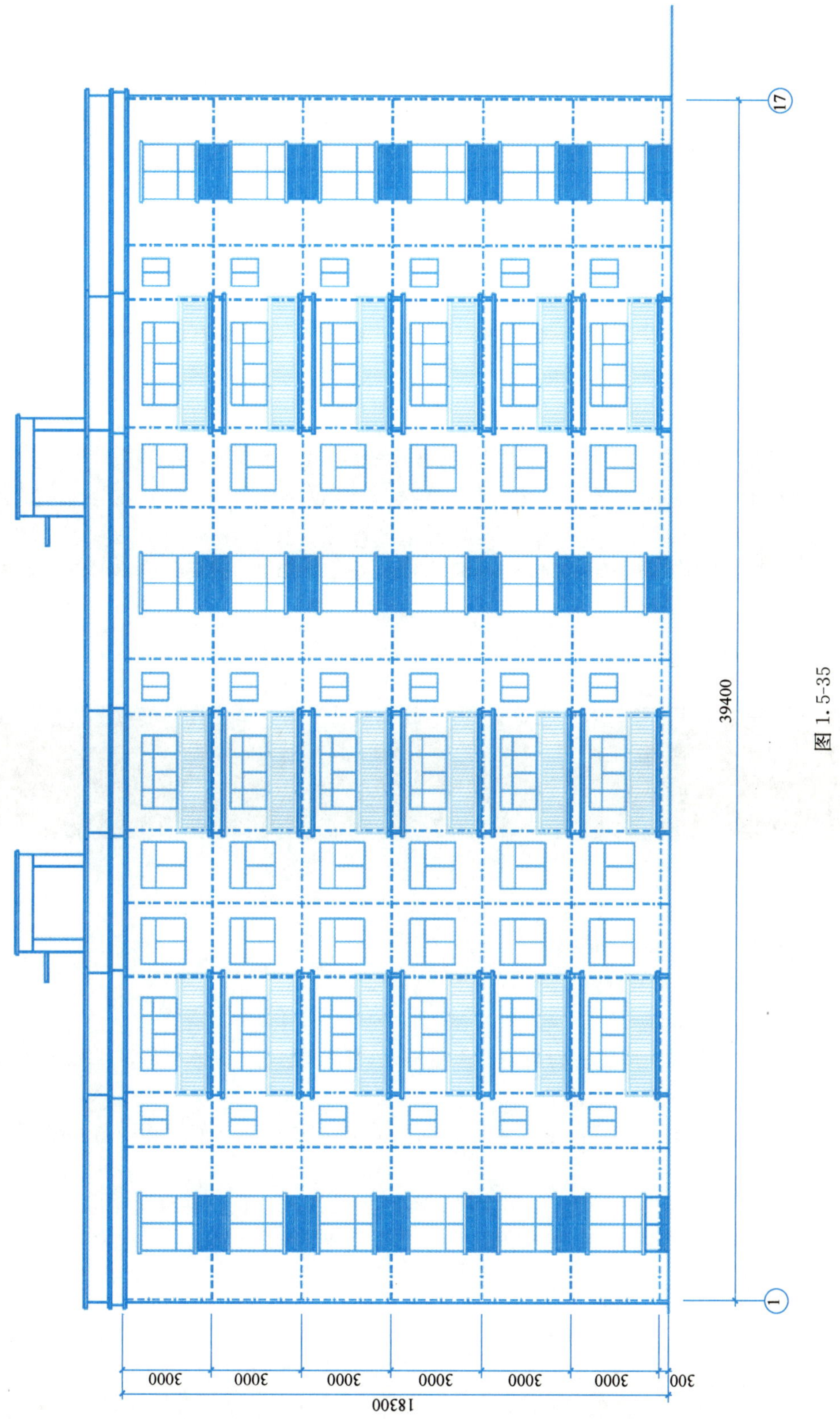

图 1.5-35

9. 绘制外墙楼层分隔装饰线

三层以上设置有楼层分隔装饰线，装饰线设置在楼层标高线以下，厚度 100mm。

第一步：新建轮廓线图层，颜色白色，线型默认，置为当前。

第二步：运用“直线”“偏移”“阵列”命令绘制完成。

10. 填充外墙涂料

第一步：将其他图层置为当前。

第二步：删除图中辅助轴网。

第三步：键盘“H”填充命令，选择“CROSS”图案作为砖红色仿石漆外墙涂料，填充设置如图 1.5-36 所示，完成填充。

第四步：键盘“H”填充命令，选择“AR-SAND”图案作为米黄色外墙涂料，填充设置如图 1.5-37 所示，完成填充。

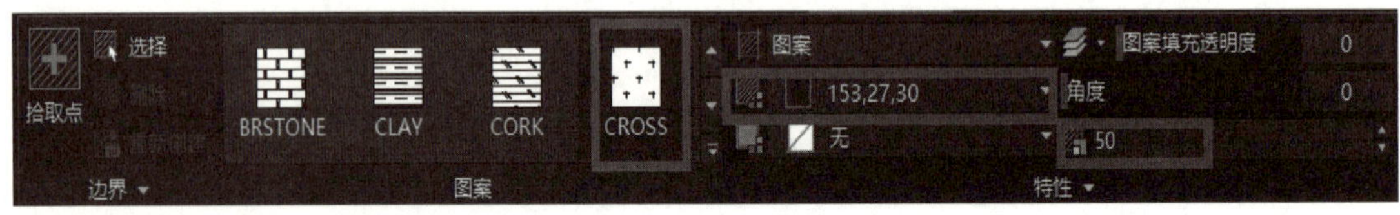

图 1.5-36

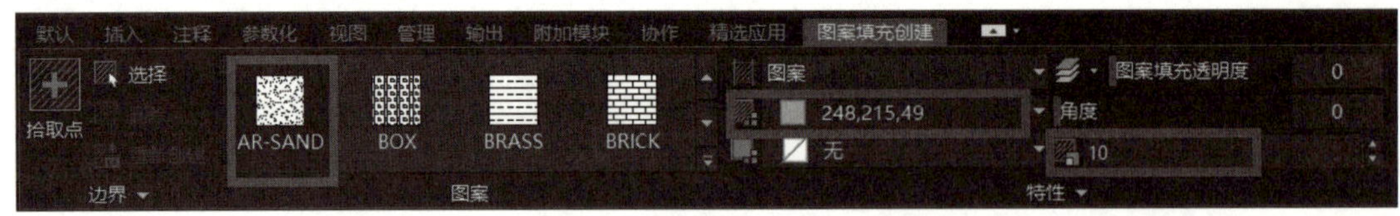

图 1.5-37

填充效果如图 1.5-38 所示。

11. 符号标注及尺寸标注

（1）添加引出标注

第一步：尺寸标注图层置为当前，键盘输入“L”，绘制一条水平线和一条与该线垂直的线，长度根据实际情况而定。

第二步：键盘输入“C”，绘制半径 100mm 的圆，并填充（使用相同材料的楼层用实心圆表示）。

第三步：键盘输入“DT”，书写文字，高度 300mm（注意：书写汉字时，将长仿宋体置为当前）。

引出标注如图 1.5-39 所示。

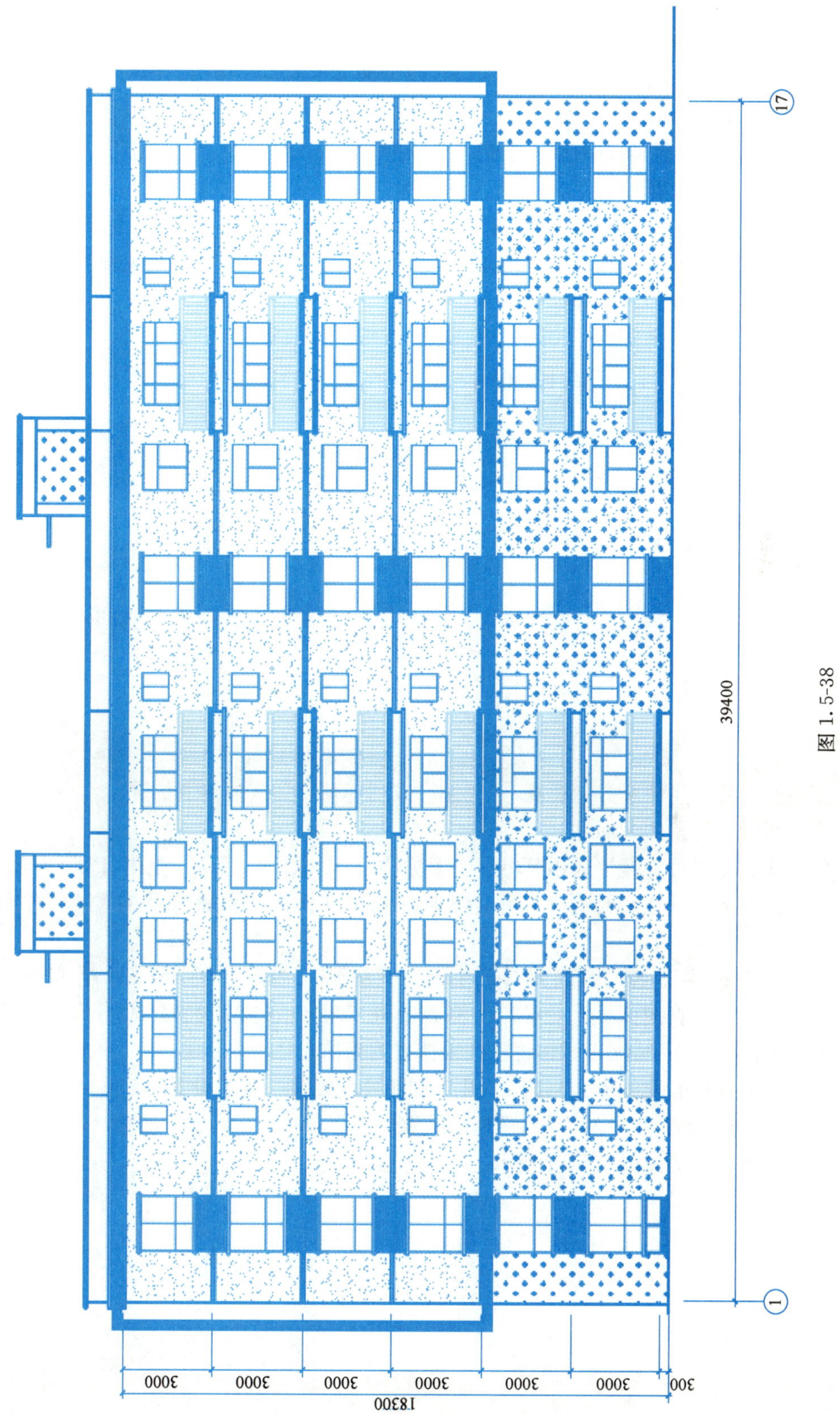

图 1.5-38

（2）添加标高

第一步：键盘输入“C”，绘制半径 300mm 的辅助圆。

第二步：键盘输入“L”，直线逆时针连接圆的左下右三个象限点，以右象限点为起点绘制水平线长度 1500mm。

第三步：以下象限点为中点，绘制一条长度 600mm 的直线。

第三步：删除辅助圆。

第四步：“ST”设置标注样式置为当前，键盘输入“DT”，书写标高数字，高度 300mm；“ST”设置仿宋样式置为当前，键盘输入“DT”，书写楼层文字，高度“300”（正负号输入“%%P”），标高如图 1.5-40 所示。

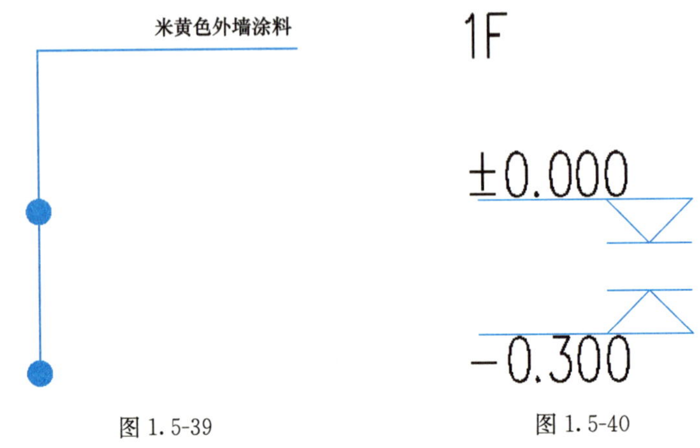

图 1.5-39　　图 1.5-40

第五步：镜像生成反方向标高，“复制”或“阵列”到其他楼层位置。

（3）尺寸标注及图名标注

第一步：单段尺寸标注采用“DA”（线形标注）；多段尺寸标注，先用“PL”作辅助多段线，再输入“DCO”（连续标注）。补全图形左侧尺寸标注，再镜像到右侧（尺寸间距为 800mm）。

第二步：标注图名，图名高 1000mm，下面画双线，上线“0.5”粗实线，下线“0.15”细实线，双线间距“50”。比例数字高 700mm。文字高度 500mm。键盘输入“DT”，书写文字（书写汉字时，将长仿宋体置为当前）。

第三步：图层轮廓线置为当前，“PL”加粗外轮廓线，宽度设置为 50mm。

第四步：键盘输入“LW”，勾选显示线宽。

①～⑰轴立面图如图 1.5-41 所示。

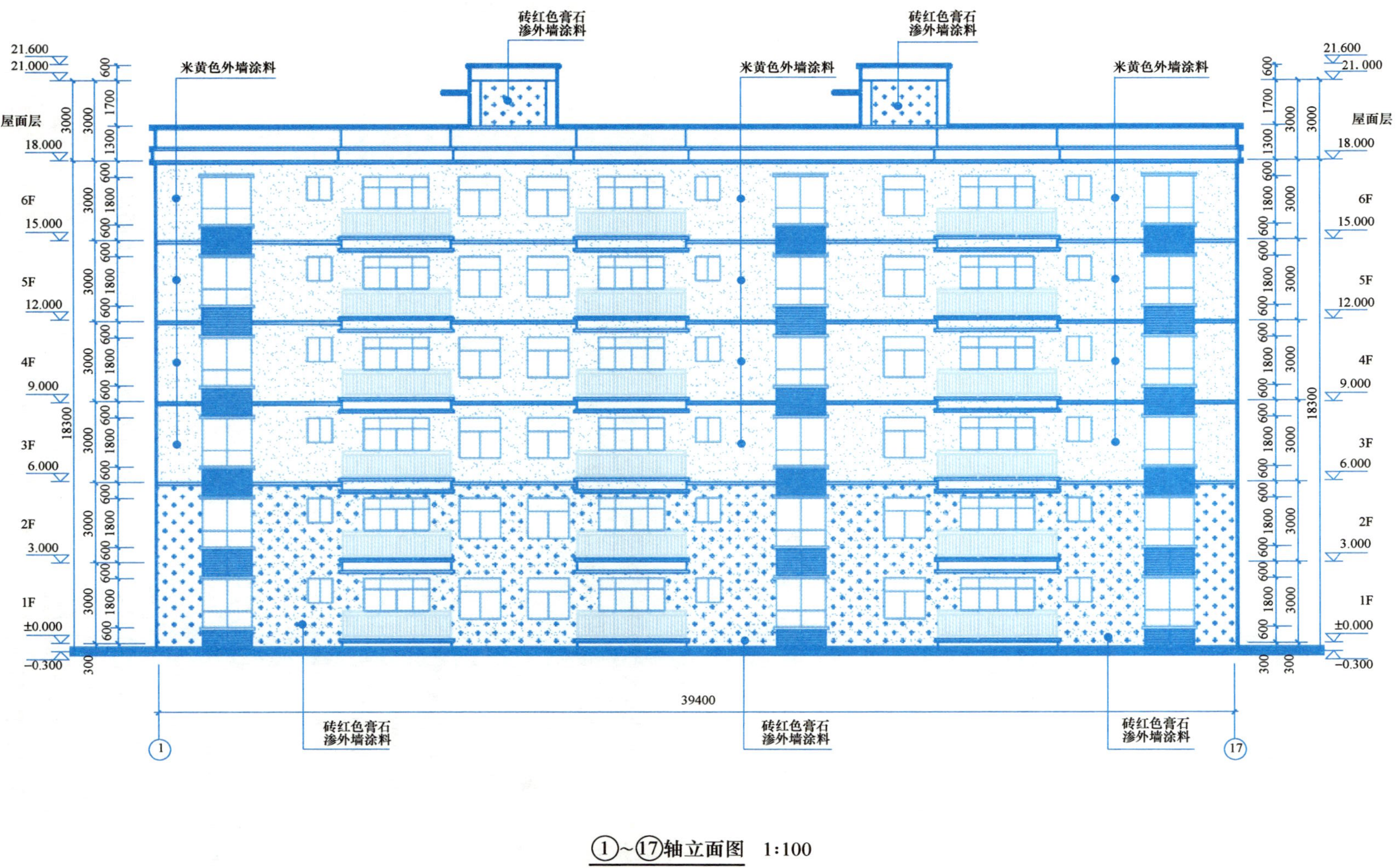

①~⑰轴立面图　1:100

图 1.5-41

任务 1.6 识读与绘制建筑剖面图

知识目标

1. 掌握建筑剖面图的形成。
2. 掌握建筑剖面图的图示内容与制图标准。
3. 掌握建筑剖面图的识读方法。
4. 掌握建筑剖面图中图例填充绘图方法。

能力目标

1. 能识读建筑剖面图。
2. 能根据平面图的剖切位置绘制剖面图。

素质目标

1. 培养学生认真倾听，独立操作能力。
2. 培养学生良好的空间想象能力，能够独立表达思考结果。

任务介绍

用 CAD 命令绘制建筑剖面图。

1. 绘制出轴网。
2. 绘制出墙和楼板断面。
3. 绘制出楼梯和门窗。
4. 绘制出入口台阶。

任务分析

通过识读剖面图绘制建筑剖面图，根据不同的构件设置不同的图层。

1. 建立合适的图层。
2. 用多线绘制墙体和楼板。
3. 用多线绘制门窗。

4. 用多段线绘制台阶。

5. 使用块命令，新建阳台栏杆。

1.6.1　识读建筑剖面图

识读建筑 1-1 剖面图。

（1）读图名、比例。在平面图下方应注出图名和比例，从图 1.6-1 可知 8 号教工宿舍楼的 1-1 剖面图比例为 1∶100。

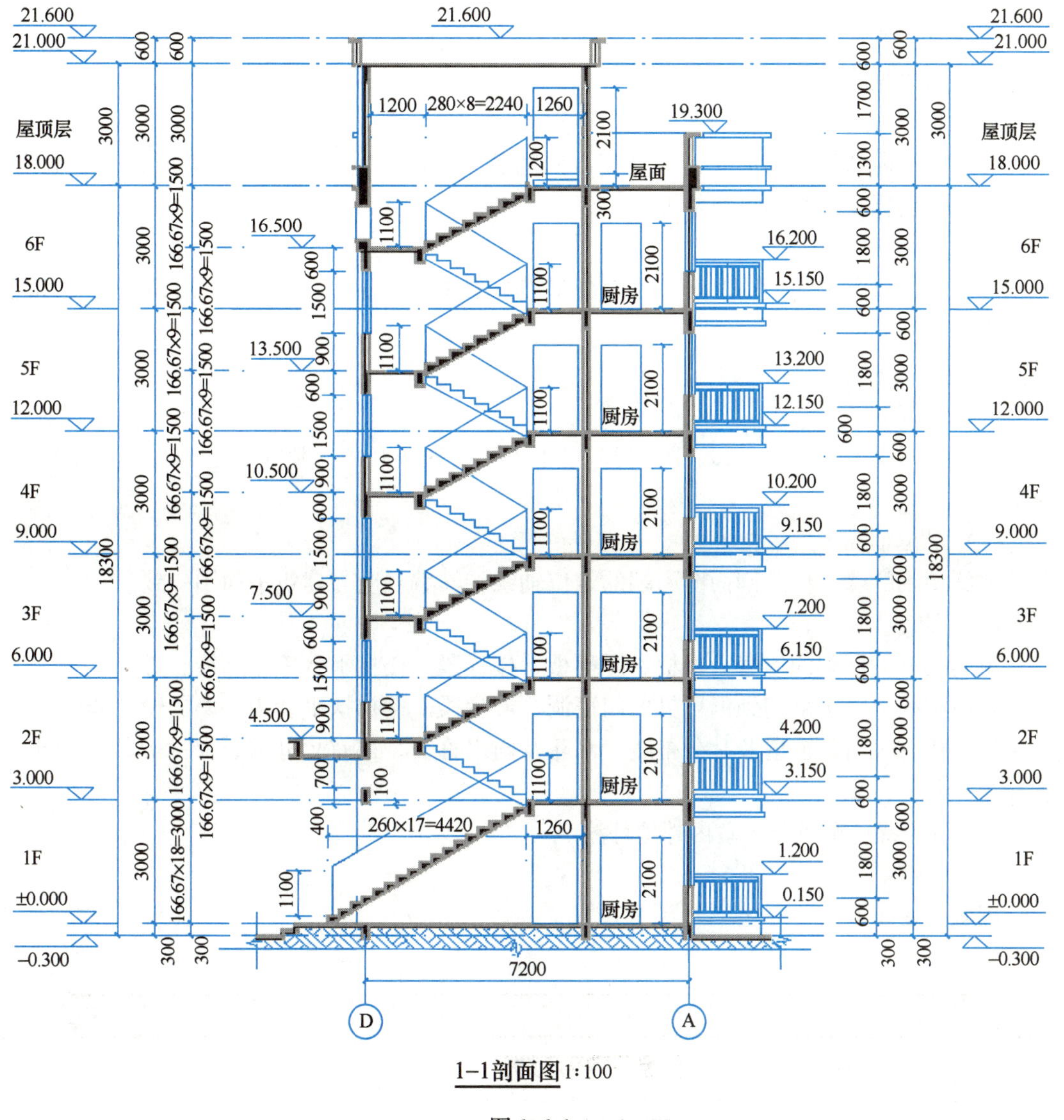

1-1剖面图 1∶100

图 1.6-1

（2）剖面图是用垂直面将建筑剖切，所以剖面图中的一些位置高度与建筑立面图是对应的。

（3）该剖面图为 1-1 剖切位置，剖切到Ⓐ～Ⓓ轴线所在墙体，即墙体上的门窗洞口。

能够剖切到台阶，能够看到台阶的断面尺寸。

（4）1-1 剖面图与一层平面图中 1-1 剖切位置对应，在绘制中参考一层平面图，该剖切在⑫轴和⑬轴之间剖开，向⑬轴方向进行投影，1-1 剖面图左边为⑫轴，右边为⑬轴。

（5）1-1 剖切面剖切到Ⓓ轴、Ⓑ轴、Ⓐ轴的墙体及其上面的门窗，还剖切到Ⓓ轴附近的两级室外台阶、楼梯。

拓展知识

1. 建筑剖面图形成

选择能反映建筑物全貌、构造特征及具有代表性的部位，如通过楼梯间梯段、门、窗洞口等剖切建筑物的剖面图。

2. 建筑剖面图用途

表达建筑内部的结构形式、沿高度方向的分层情况、构造做法、门窗洞口、层高等，是施工、概预算及备料的重要依据。

3. 建筑剖面图图示内容

被剖切的及沿投射方向可见的内外墙身、楼梯、屋面板、楼板、门窗、过梁和台阶等。

4. 图示特点

（1）比例

比例包括 1∶50、1∶100、1∶150、1∶200、1∶300。一般同相应建筑平面图、立面图。

（2）定位轴线

被剖切到的墙、柱及剖面图两端的定位轴线，其编号应与建筑平面图一致。

（3）图线

粗实线——剖到的墙身、楼板、屋面板、楼梯段、楼梯平台等轮廓线。

中粗实线——未剖切到但可见的门窗洞、楼梯段、楼梯扶手和内外墙的轮廓线。

细实线——门、窗扇及其分格线、水斗及雨水管等。还有尺寸线、尺寸界线、引出线和标高符号。

1.4 倍的特粗实线——室内外地坪线。

（4）图例

图例见表 1.6-1。

图例　　表 1.6-1

序号	名称	图例	备注
1	自然土壤		—
2	素土夯实		—
3	毛石		—

续表

序号	名称	图例	备注
4	普通砖		包括实心砖、多孔砖、砌块等砌体。断面较小不易绘出图例线时，可涂黑
5	混凝土		本图例指能承重的混凝土和钢筋混凝土。 包括各种强度等级、材料、外加剂的混凝土。 在剖面图上画出钢筋时，不画图例线。 断面图形小，不易画出图例线时，可涂黑
6	钢筋混凝土		
7	木材		上图为横断面，上左图为垫木、木砖或木龙骨。 下图为纵断面
8	多孔材料		包括水泥珍珠岩、泡沫混凝土、软木等
9	金属		包括各种金属
10	防水材料		—
11	粉刷		—

(5) 垂直尺寸标注

最外侧一道为室外地面以上的总高尺寸。

中间一道为层高尺寸，即底层地面到二层楼面、各层楼面到上一层楼面、顶层楼面到檐口处的屋面等，同时还注明室内外地面的高差尺寸。

里面一道为门、窗洞及洞间墙的高度尺寸。

(6) 标高标注

标注室外地坪、楼地面、阳台、檐口、女儿墙、台阶、平台等处的标高。

(7) 图名

标注与在±0.000 平面图上剖切符号一致的剖面图名称。

视频11 绘制1-1 剖面图（一）

视频12 绘制1-1 剖面图（二）

视频13 绘制1-1 剖面图（三）

1.6.2　绘制建筑剖面图

1. 绘制轴网

(1) 新建“轴网”图层

第一步：使用命令“LA”(Layer，图层管理器)，或者点击按钮，进入到图层管理器，可看到已经有一个“0”图层。

第二步：点击按钮 新建图层，将名称改为如图 1.6-2 所示的内容。

选择“轴网”图层，点击 置为当前层。

状...	名称	开	冻	锁	打	颜色	线型	线宽	透明度	新	说明
	0					白	Continuous	默认	0		
	轴网					红	CENTER	默认	0		
	文字					白	Continuous	默认	0		
	门窗					青	Continuous	0.50 毫米	0		
	栏杆					黄	Continuous	默认	0		
	看线					白	Continuous	0.50 毫米	0		
	断面轮廓					白	Continuous	1.00 毫米	0		
	地坪线					白	Continuous	1.40 毫米	0		
	标注					绿	Continuous	默认	0		

图 1.6-2

（2）绘制轴网

第一步：依次绘制Ⓓ～Ⓐ轴线，间距依次为 4000mm、900mm、2300mm；再绘制从 −0.300m～21.600m 轴线，间距依次为 300mm、3000mm、3000mm、3000mm、3000mm、3000mm、3000mm、3000mm、600mm（图 1.6-3）。

第二步：在轴线下面绘制半径为 200mm 的圆，添加轴号数字，数字高度为 250mm。

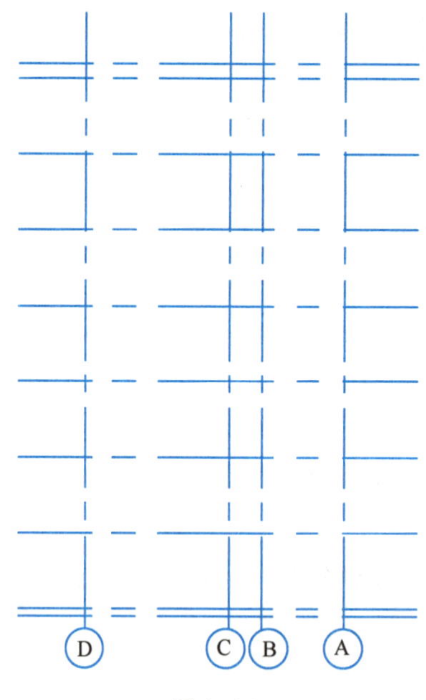

图 1.6-3

2. 绘制墙

第一步：切换“断面轮廓”图层，输入“ML”，当前多线样式为“SDANDARD”的预览窗口中显示有两条线（图 1.6-4）。

第二步：编辑多线样式，新建样式“墙”，墙体两端直线封口，图元偏移分别为 100mm 和 −100mm，即假设墙厚为 1，则参考线两侧各 100mm 厚，置为当前后按“确定”键。确定（图 1.6-5）。

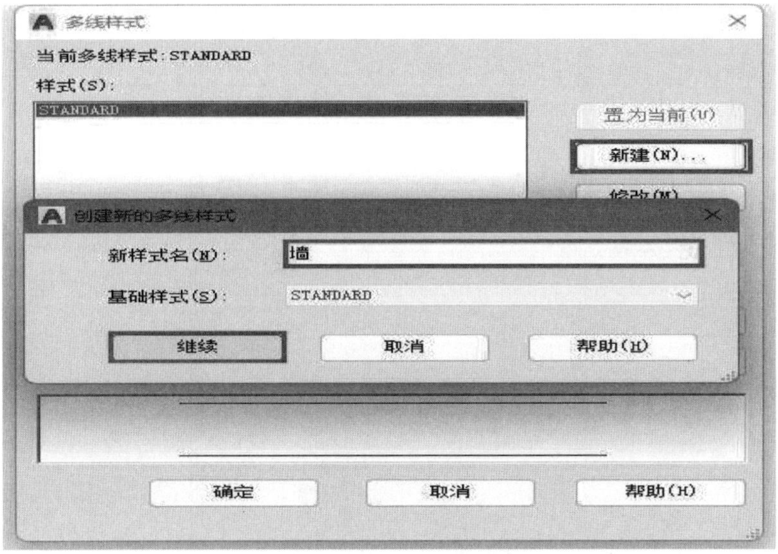

图 1.6-4

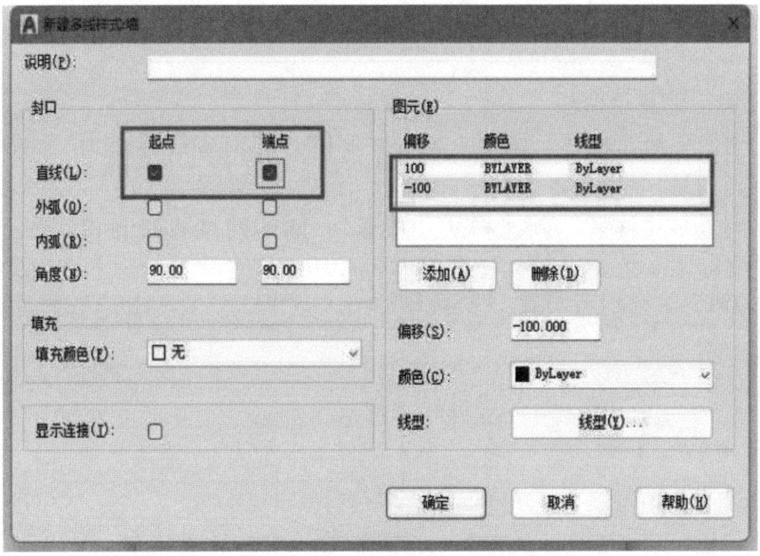

图 1.6-5

第三步：绘制Ⓐ轴从±0.000m 到 18.000m 的墙，Ⓑ轴从±0.000m 到 21.000m 的墙，Ⓓ轴从 4.500m 到 21.000m 的墙。

绘制 200mm 厚墙体，“ML”，进入多线命令，在出现以下提示时，依次输入“Z”“S”（每次输入字母后按“Enter”键确认），进行以下设置：

指定起点或[对正(J)/比例(S)/样式(ST)]：J；

输入对正类型[上(T)/无(Z)/下(B)]〈上〉： Z；

指定起点或[对正(J)/比例(S)/样式(ST)]：S；

输入多线比例〈20.00〉：1。

效果如图 1.6-6 所示。

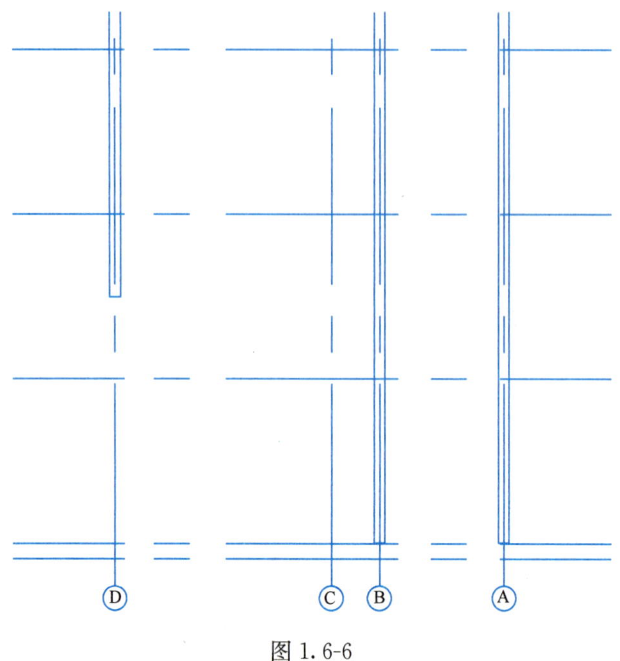

图 1.6-6

3. 绘制楼板、休息平台板

第一步：切换“断面轮廓”图层，输入“ML”，当前多线样式为“Bylayer”的预览窗口中显示有两条线。

第二步：编辑多线样式，新建样式“楼板”，墙体两端直线封口，图元偏移分别为“100”和“0”(图 1.6-7)。

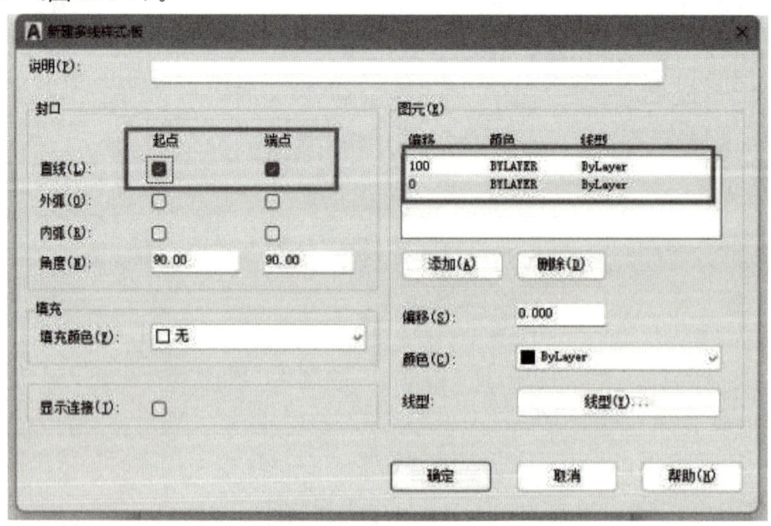

图 1.6-7

第三步：楼板的长度为 3760mm，休息平台板为 1200mm。

绘制 100mm 厚楼板，“ML”，进入多线命令，在出现以下提示时，依次输入“B”“S”（每次输入字母后按“Enter”键确认），进行以下设置：

指定起点或[对正(J)/比例(S)/样式(ST)]：J；

输入对正类型[上(T)/无(Z)/下(B)]〈上〉：B。

效果如图 1. 6-8 所示。

绘制 100mm 厚休息平台板，输入“ML”，进入多线命令，在出现以下提示时，依次输入“T”“S”（每次输入字母后按“Enter”键确认）。

效果如图 1. 6-9 所示。

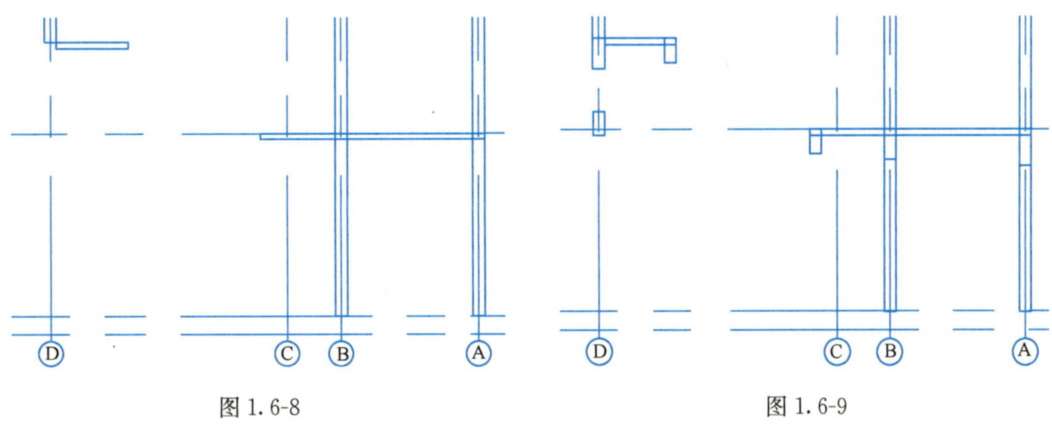

图 1. 6-8　　　　图 1. 6-9

第四步：绘制过梁 200mm × 600mm，结构梁 200mm × 500mm，梯梁 200mm × 400mm，输入“ML”，进入多线命令，在出现以下提示时，依次输入“ST”“Z”“S”（每次输入字母后按“Enter”键确认），进行以下设置：

输入多线样式名：墙；

指定起点或[对正(J)/比例(S)/样式(ST)]：J；

输入对正类型[上(T)/无(Z)/下(B)]〈上〉：Z；

把板和梁复制到剩下的楼层。

第五步：编辑楼板多线。

双击已绘制好的多线，在弹出的窗口点击“角点结合”或“T 形打开”按钮（图 1. 6-10）。

图 1. 6-10

效果如图 1. 6-11 所示。

4. 绘制楼梯

第一步：在“地坪线”图层上绘制地坪线，台阶最高点距Ⓓ轴 1600mm，室外地面标高−0. 300m，台阶每个踏步踢面高 150mm，踏面宽 300mm（图 1. 6-12）。

第二步：切换至“断面轮廓”图层，

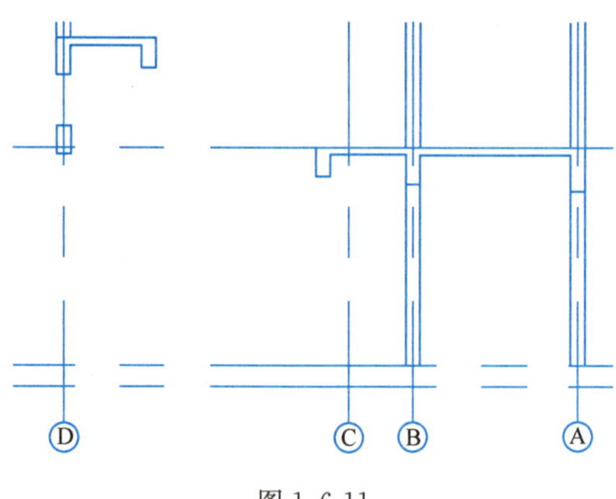

图 1.6-11

输入“PL”，鼠标放在Ⓓ轴和±0.000m 的交点上，往左边移动，输入 880mm，作为楼梯第一跑梯段的起点（图 1.6-13），向上绘制踏步高 166.67mm，向右绘制踏步宽 260mm，“Enter”确定，形成第一个踏步（图 1.6-14）。

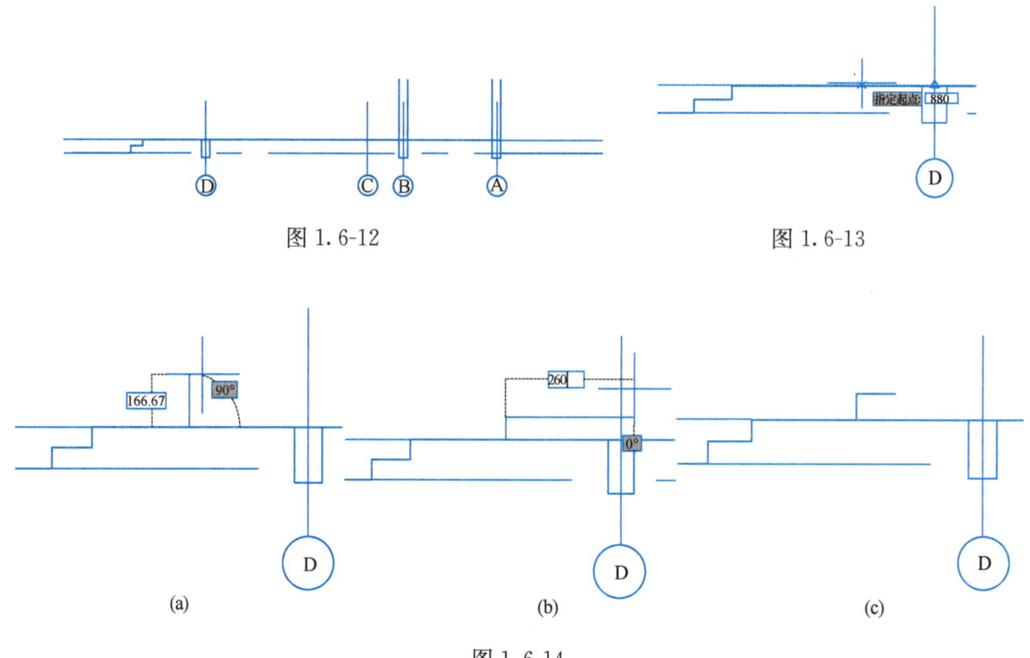

图 1.6-12

图 1.6-13

图 1.6-14

（a）踏面高 166.67mm；（b）踏面宽 260mm；（c）绘制完毕

第三步：选中绘制好的踏步进行复制，输入“CO”，将台阶左下角作为基点，命令栏中点击阵列“A”，输入要进行阵列的项目数“17”，右上角作为第二点，回车确定（图 1.6-15和图 1.6-16），以同样方法绘制第二跑，再将第二跑进行镜像“MI”复制到其他楼层。

第四步：在踢段下方，连接踏步上的任意两点作为辅助线，将其向下偏移 100mm（图 1.6-17），整理图线（图 1.6-18）。

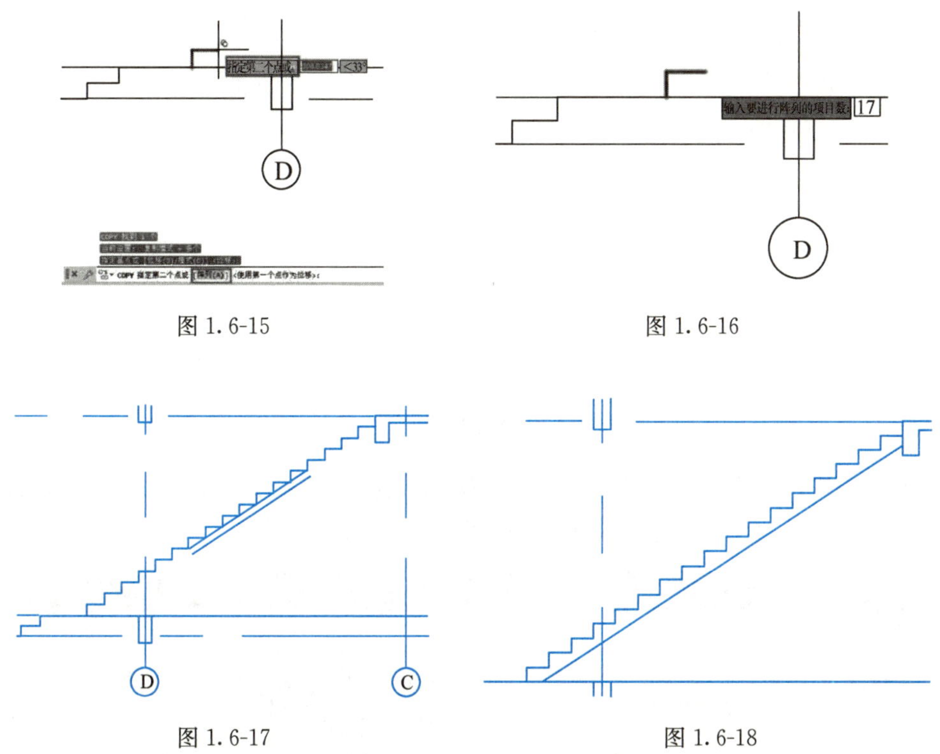

图 1.6-15　　图 1.6-16

图 1.6-17　　图 1.6-18

第五步：添加栏杆，栏杆的高度为 1100mm（图 1.6-19）。

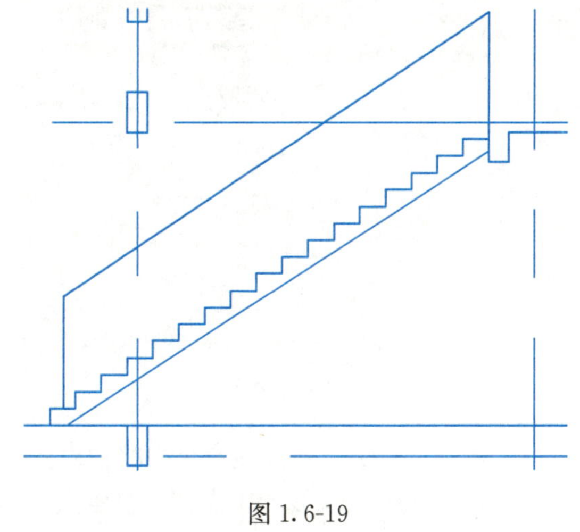

图 1.6-19

第六步：以此方法继续完善其他楼层楼梯。

5. 绘制窗

第一步：切换“门窗”图层，通过识图可知窗类型是普通窗 C1515。

第二步：修剪Ⓐ轴上首层间窗洞，偏移第二根轴线 900mm、1500mm，“TR”剪切出窗洞，删除偏移轴线（图 1.6-20）。

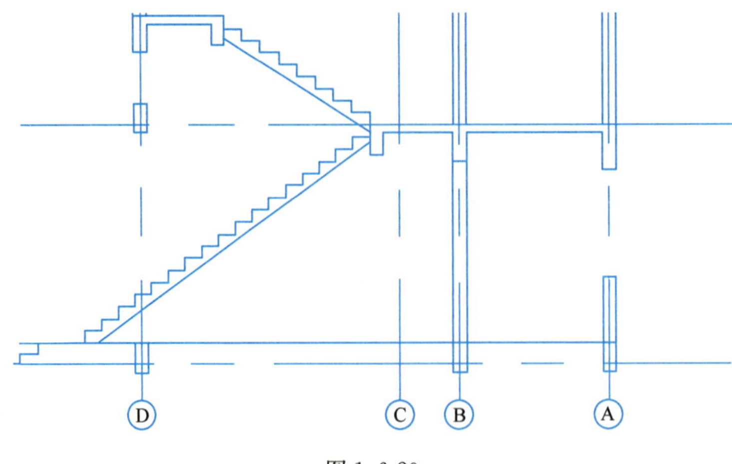

图 1.6-20

第三步：切换“门窗”图层，新建多线样式“窗”。两端直线封口，添加两条图元，偏移为“40”和“−40”，点击“确定”并置为当前（图 1.6-21）。

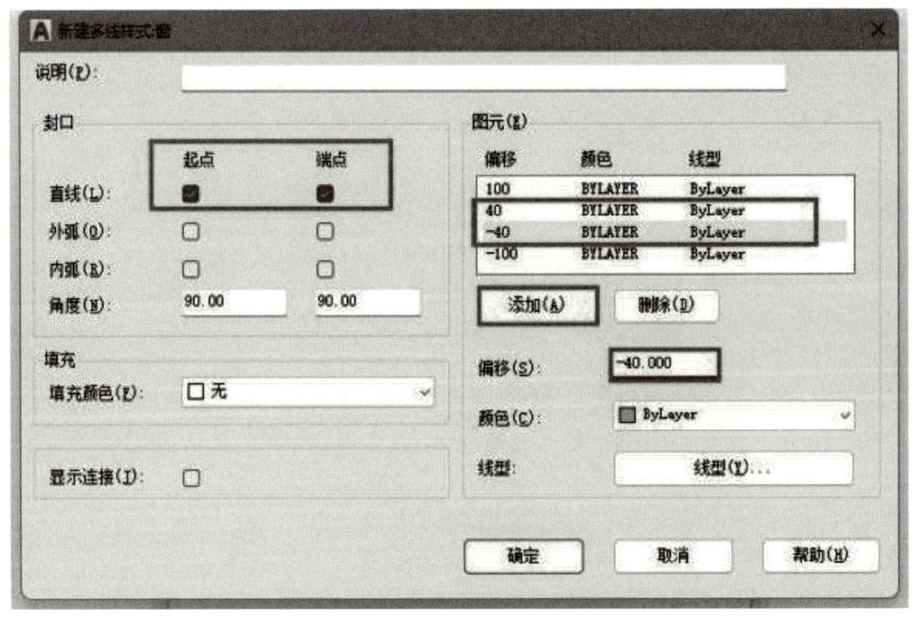

图 1.6-21

第四步：绘制窗 C1515，输入“ML”，在多线命令中将“对正（J）”设为“无（Z）”，将“比例（S）”设为“1”，绘制时点击墙端线的中点作为参考点（图 1.6-22）。

6. 绘制门

第一步：切换至“门窗”图层，通过识图可知图中门类型有：单开门 M1021、M0921 两种类型。

第二步：偏移轴线作为辅助线。Ⓑ轴向左偏移 200mm，Ⓑ轴向右偏移 300mm（图 1.6-23）。用矩形（“REC”）从交点开始绘制门，点击尺寸（“D”）：长度 1000mm，宽度 2100mm，绘制 M1021；长度 900mm，宽度 2100mm，绘制 M0921（图 1.6-24）。

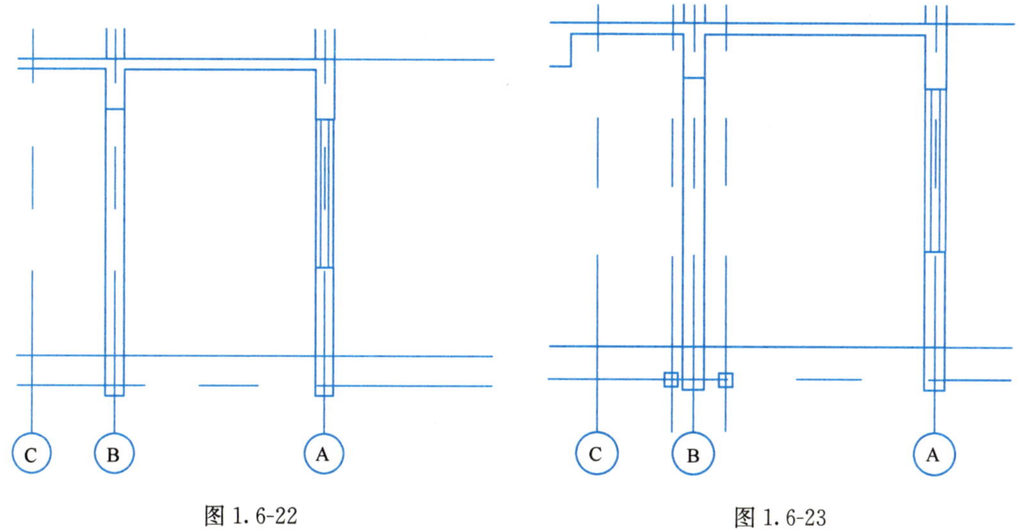

图 1.6-22　　图 1.6-23

7. 绘制阳台栏杆

第一步：切换至栏杆图层，通过识图可知栏杆类型有 50mm×50mm 钢方通黑色镀漆、20mm×20mm 钢方通黑色镀漆、30mm×30mm 钢方通黑色镀漆三种类型，栏杆的高度为 1050mm，宽度 1500mm。

第二步：在空白处，键盘输入“PL”，绘制栏杆的宽 1500mm，高 1050mm 的 50mm×50mm 钢方通黑色镀漆，选中多段线向内偏移 50mm。“Enter”确定。

第三步：根据大样图绘制 30mm×30mm 钢方通黑色镀漆。

第四步：绘制 20mm×20mm 钢方通黑色镀漆，长度 740mm，使用偏移分别为 110mm、20mm（图 1.6-25）。

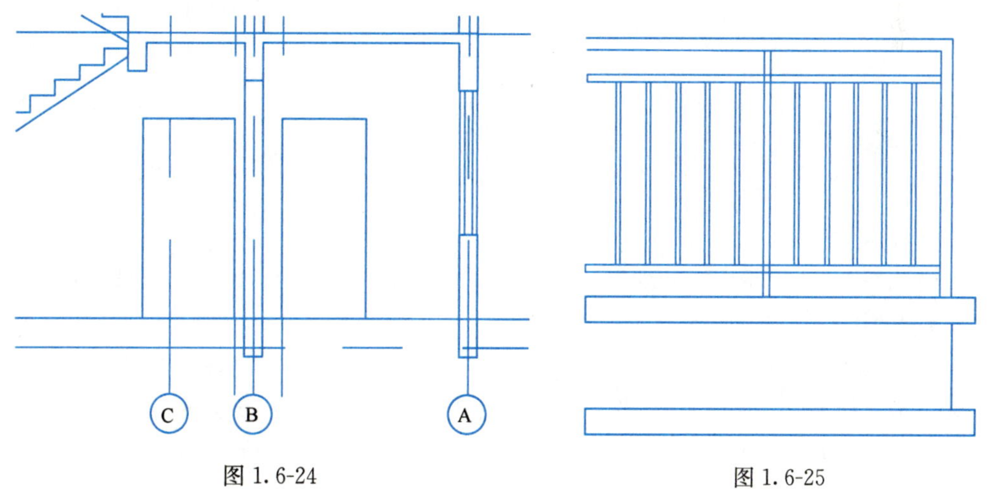

图 1.6-24　　图 1.6-25

第五步：完成阳台栏杆其他部分。

第六步：选中绘制好阳台栏杆，编辑“栏杆扶手”块（图 1.6-26），在拾取点选择一个容易插入的位置。

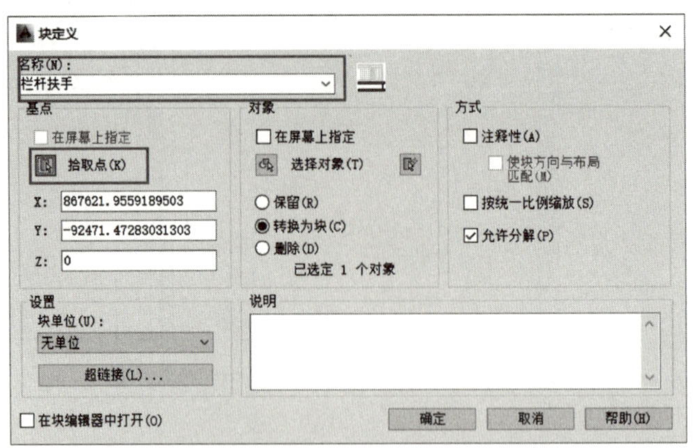

图 1.6-26

第七步：在插入选项卡里点击插入，选择刚刚生成的块，插入至图纸相应位置（图 1.6-27）。

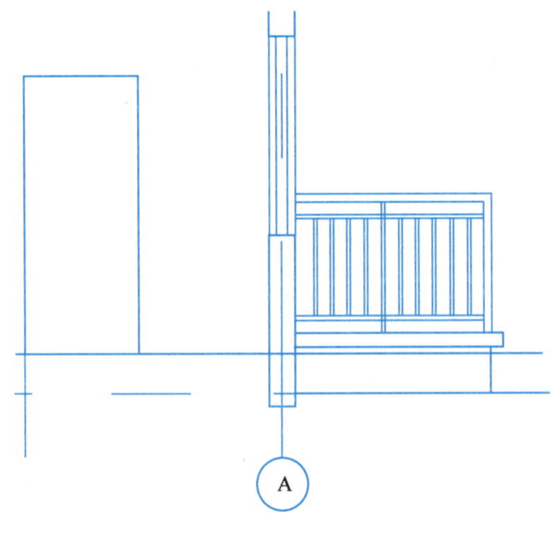

图 1.6-27

8. 绘制入口雨篷

切换“断面轮廓”图层，根据入口雨篷大样图（图 1.6-28），输入多段线“PL”绘制雨篷，效果如图 1.6-29 所示。

9. 绘制屋顶女儿墙

第一步：切换“断面轮廓”图层，根据女儿墙大样 4（图 1.6-30），绘制Ⓐ轴上的女儿墙，多段线“PL”捕捉至屋面板外墙右下角点，按尺寸进行绘制（图 1.6-31），按“Enter”确定。

第二步：绘制Ⓓ轴上的外墙装饰线，根据墙身线条大样，C-C 断面（图 1.6-32），多段线“PL”捕捉至平台下板左下角点，按尺寸进行绘制（图 1.6-33），按“Enter”确定。

第三步：键盘输入“H”进行填充（ANSI31 和 AR-CONC），按“Enter”确定。

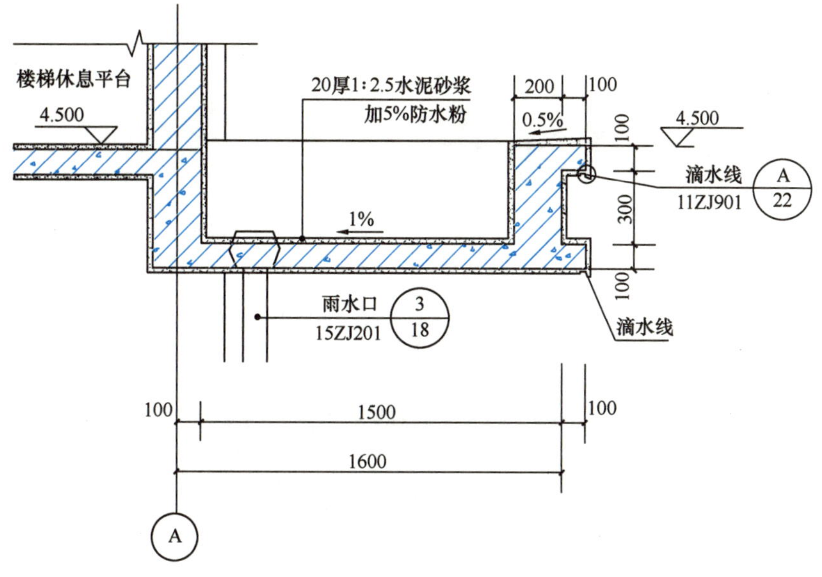

图 1.6-28

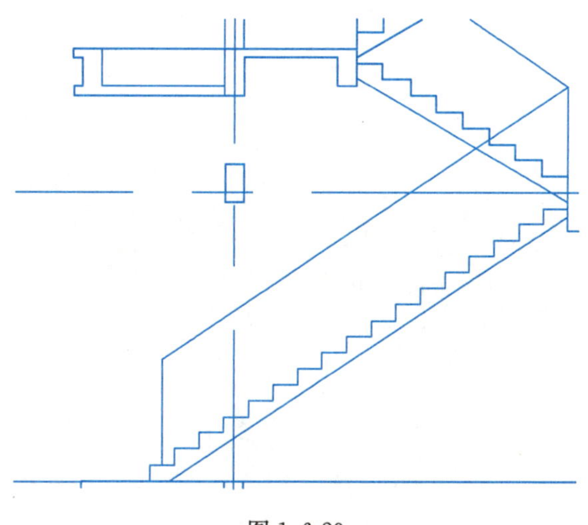

图 1.6-29

10. 填充断面

第一步：将剖到的断面填充为钢筋混凝土图例。在 CAD 中并未提供钢筋混凝土的图例，可在填充范围内分别填充下面的两个图例（图 1.6-34），重合在一起即为钢筋混凝土图例（图 1.6-35）。

第二步：将Ⓓ轴向左偏移 200mm，放至“看线”图层（图 1.6-36），并进行修剪。

第三步：填充地坪线下的夯实土壤，先绘制折断线，输入“BRE”，选择“AR-HBONE”图例进行填充（图 1.6-37）。

11. 添加图名和文字

第一步：图名高 500mm，下面画线，比例数字高 400mm。厨房、屋面文字高度 350mm（图 1.6-38）。

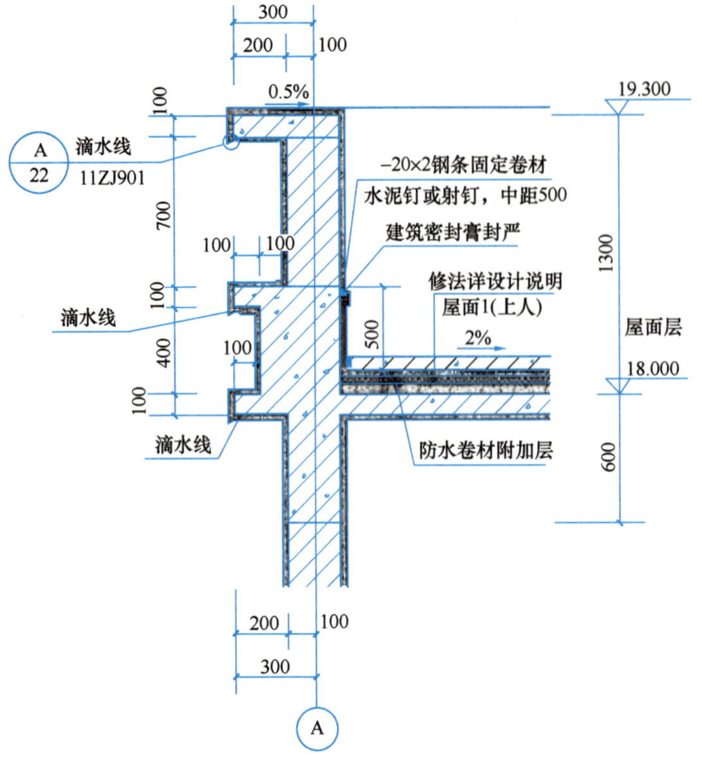
300
200
100
0.5%
19.300
100
A
22
滴水线
11ZJ901
−20×2钢条固定卷材
水泥钉或射钉，中距500
700
100
100
建筑密封膏封严
1300
100
修法详设计说明
屋面1(上人)
滴水线
500
2%
屋面层
400
100
18.000
100
滴水线
防水卷材附加层
600
200
100
300
A

图 1.6-30

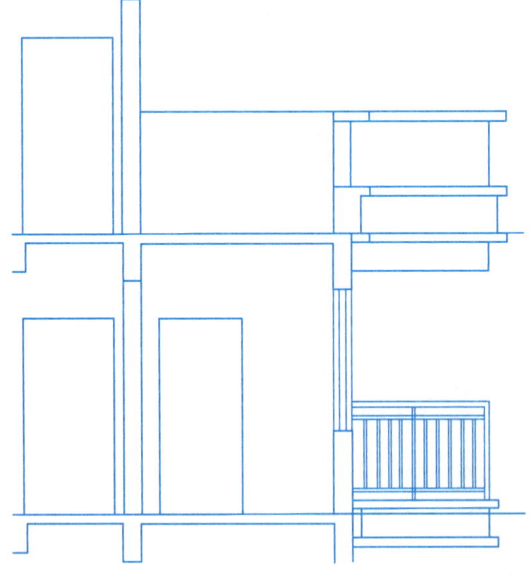

图 1.6-31

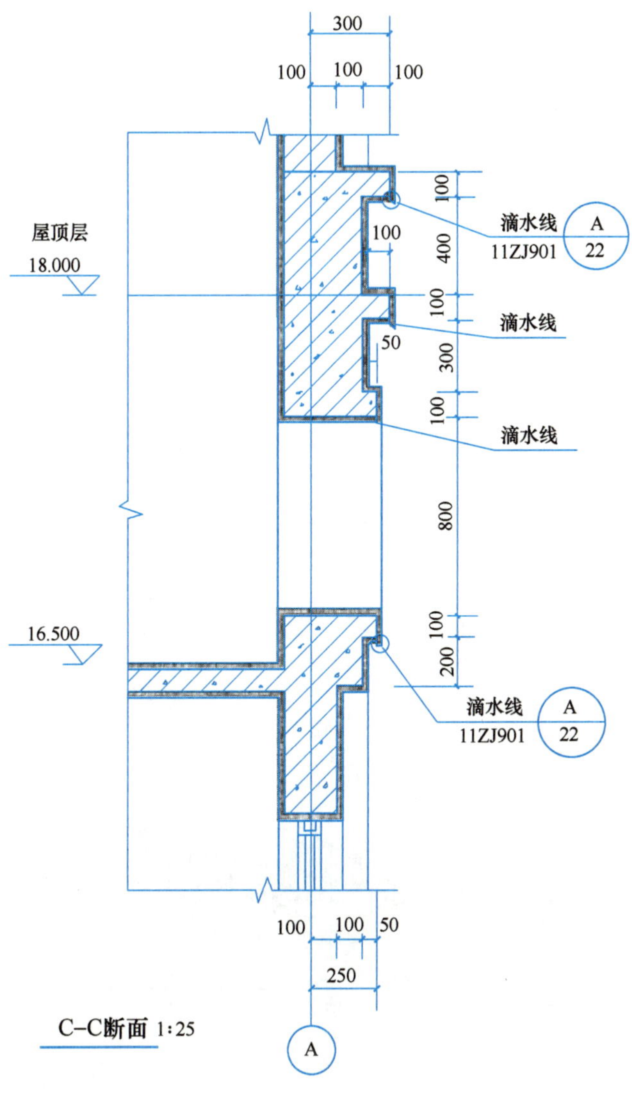

图 1.6-32

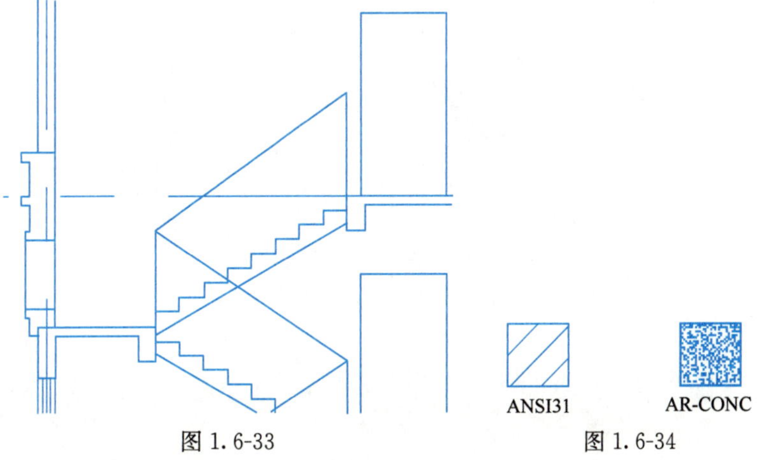

图 1.6-33

图 1.6-34

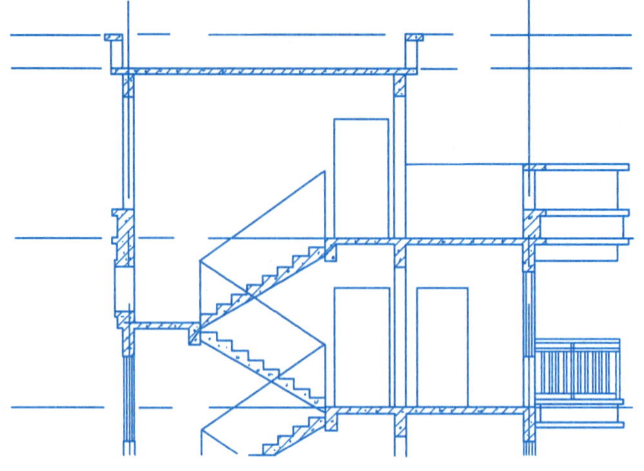

图 1.6-35

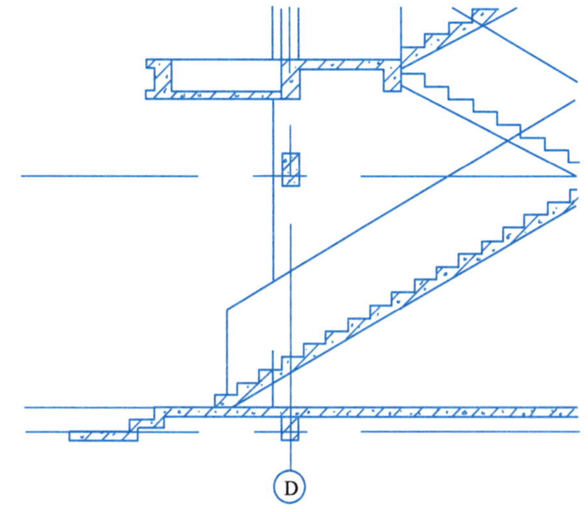

图 1.6-36

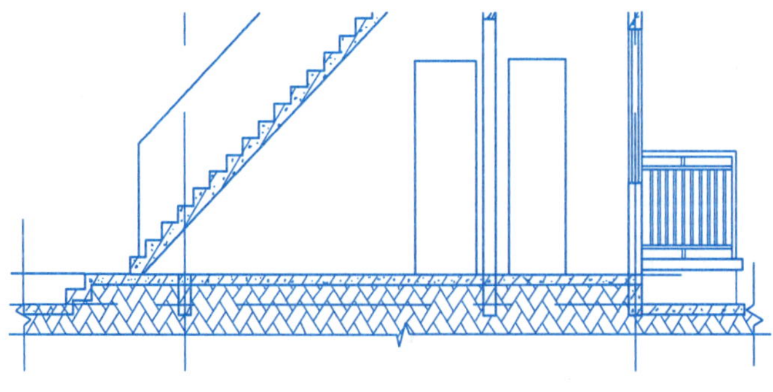

图 1.6-37

第二步：键盘输入“DT”，书写文字，如图 1.6-39 所示。

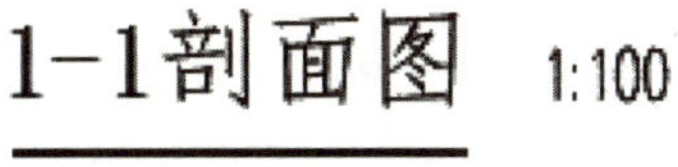

1-1剖面图 1:100

图 1.6-38

厨房

图 1.6-39

12. 完善图形

第一步：键盘输入“QI”，补全图形尺寸标注。

第二步：键盘输入“LW”，勾选“显示线宽”。

1-1 剖面图如图 1.6-40 所示。

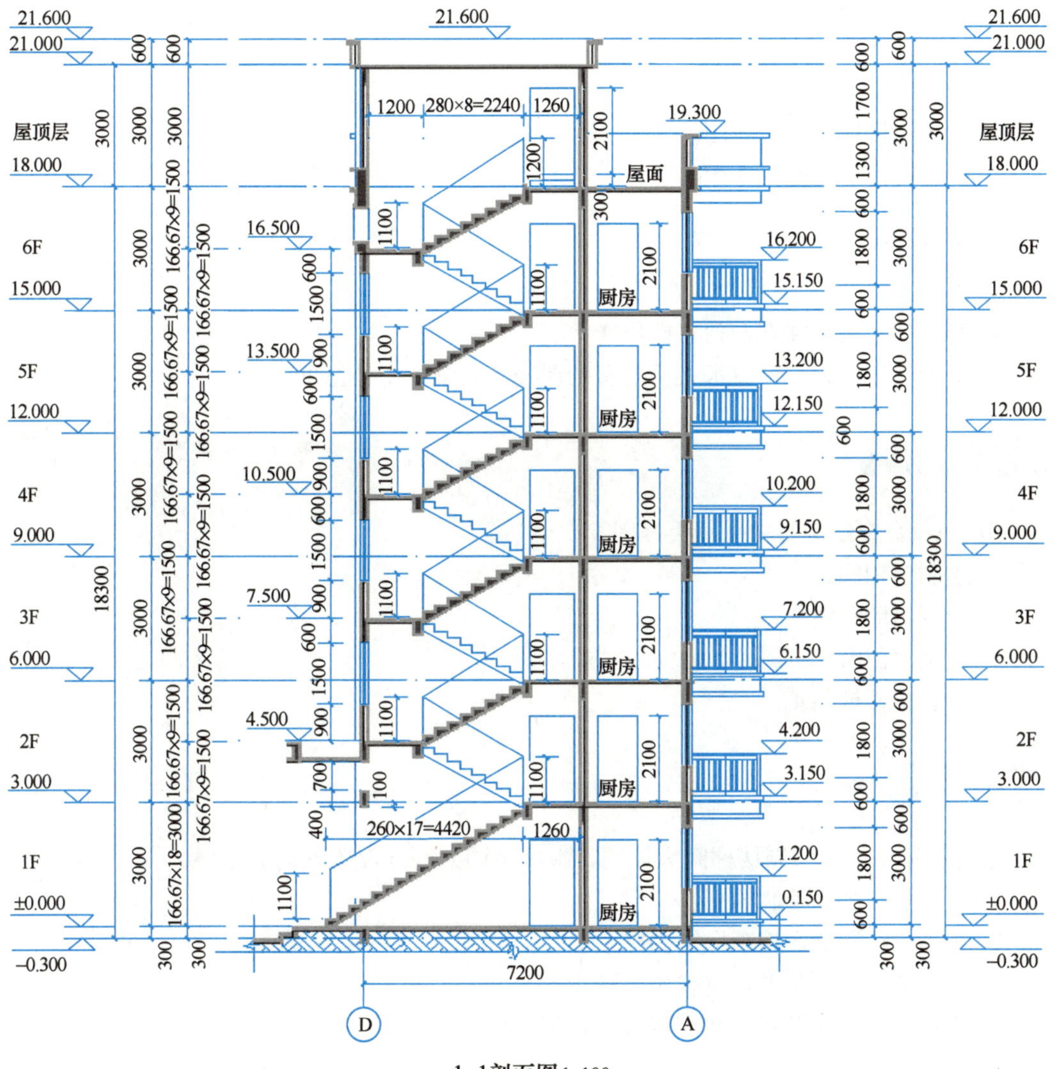

1-1剖面图 1:100

图 1.6-40

任务 1.7 识读与绘制楼梯平面详图

知识目标

1. 了解建筑详图类型。
2. 掌握楼梯平面大样图的表达内容。
3. 掌握常见构造详图的表达内容。

能力目标

1. 能识读楼梯平面大样图。
2. 能绘制楼梯平面大样图。

素质目标

1. 培养学生认真倾听，独立操作能力。
2. 培养学生作为工程技术人员应有的严谨、科学的工作态度。

任务介绍

用 CAD 命令绘制楼梯平面大样图。

1. 绘制出轴网。
2. 绘制出墙和柱。
3. 绘制出门窗。
4. 绘制出楼梯踏步。

任务分析

通过识读平面图绘制楼梯间大样图，根据不同的构件设置不同的图层。

1. 用单点长画线绘制轴网。
2. 用多线绘制墙，用矩形绘制柱。
3. 灵活使用复制命令，绘制楼梯踏步。
4. 用单行文字或者多行文字输入图名和标高。

1.7.1 识读楼梯平面大样图

识读 1 号和 2 号楼梯平面大样图（图 1.7-1）。

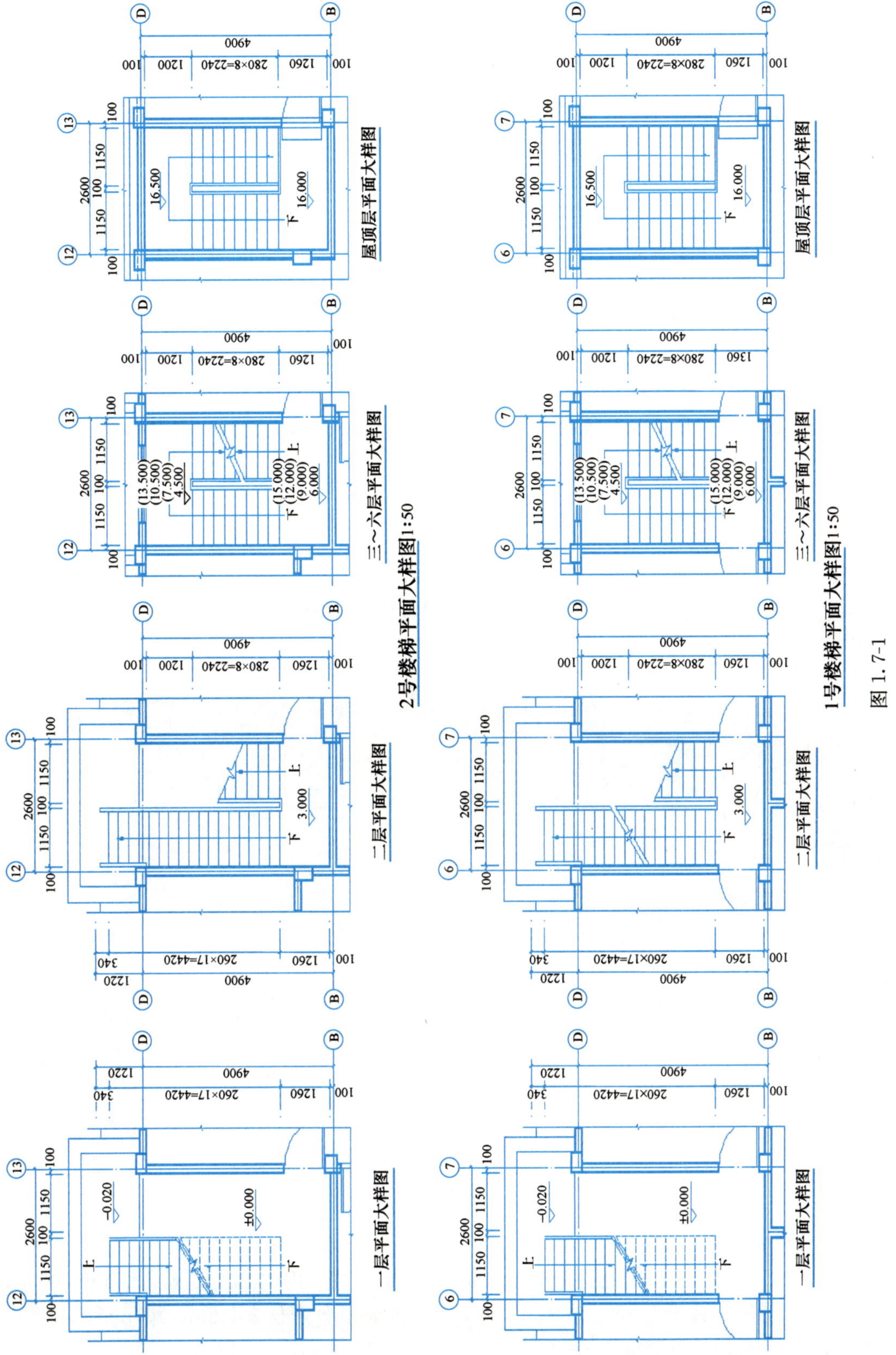

2号楼梯平面大样图1:50
一层平面大样图
二层平面大样图
三～六层平面大样图
屋顶层平面大样图
1号楼梯平面大样图1:50
一层平面大样图
二层平面大样图
三～六层平面大样图
屋顶层平面大样图

图 1.7-1

（1）读图名、比例。在平面图下方应注出图名和比例，从图可知楼梯平台大样图比例为 1∶50。

（2）读定位轴线及编号，了解各承重墙、柱的位置。图中有 2 根横向定位轴线，2 根纵向定位轴线，主轴线均位于墙中间。

（3）读门、窗及其他构配件的图例和编号，了解它们的位置、类型和数量等情况。

楼梯间详图是将平面中的楼梯间放大，能够显示细部构造和尺寸的图形，因此，楼梯间详图所在位置的轴号、构件尺寸均与平面图保持一致。

（4）1 号和 2 号楼梯间在一层平面图中位于⑥轴和⑦轴之间，⑫轴和⑬轴之间，Ⓓ轴和Ⓑ轴之间，楼梯详图也对应标注轴号。

（5）楼梯间的梯间宽度为 2400mm，梯段宽 1150mm，梯井宽 100mm，休息平台宽 1200mm，踏步的踏步宽 260mm 和 280mm。

（6）楼层标高依次为±0.000m、3.000m、6.000m、9.000m、12.000m、15.000m、18.000m，休息平台依次为 4.500m、7.500m、10.500m、13.500m、16.500m。

1.7.2　绘制 1 号楼梯平面大样图

视频14 绘制1号楼梯平面大样图（一）

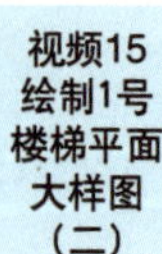

视频15 绘制1号楼梯平面大样图（二）

1. 绘制轴网

用直线“L”单点长画线绘制轴线，⑥～⑦轴间距 2600mm，Ⓓ～Ⓑ轴间距 4900mm（图 1.7-2）。

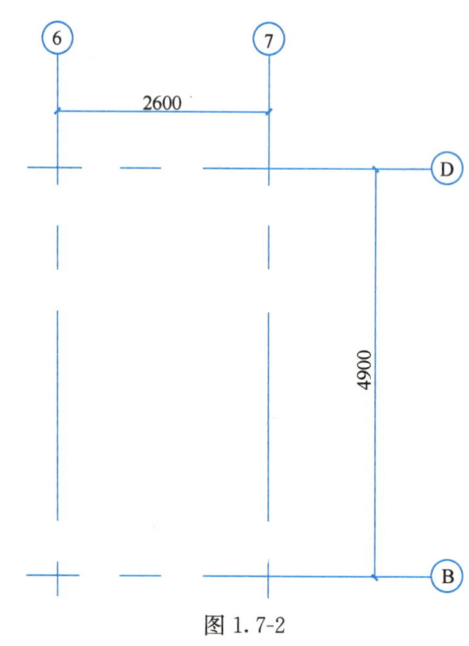

图 1.7-2

2. 绘制墙柱

第一步：Ⓓ轴与⑥、⑦轴的柱子为 400mm×300mm，宽边距轴线分别是 300mm、100mm。Ⓑ轴与⑥、⑦轴的柱子为 350mm×350mm，宽边距轴线分别是 250mm、100mm。

第二步：外墙厚 200mm，两条墙线均距轴线 100mm（图 1.7-3）。

第三步：添加外墙窗户 C1815，内墙门 M1021，门窗位置与尺寸与平面图保持一致（图 1.7-4）。

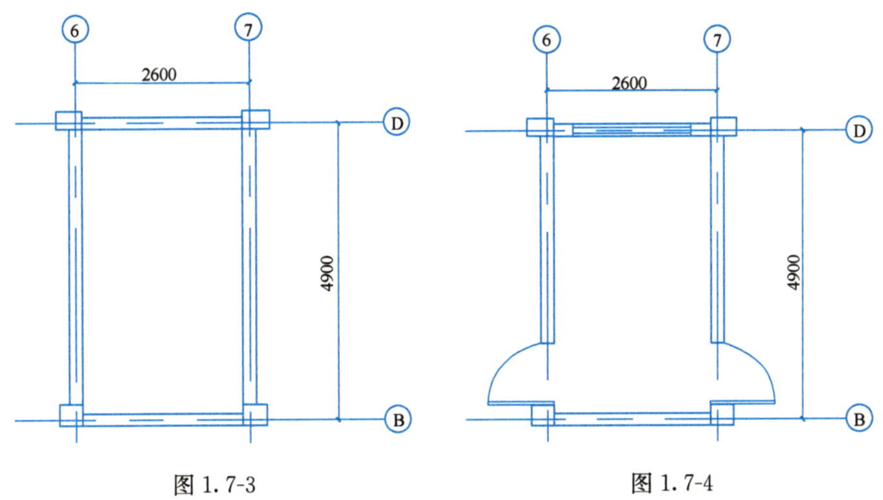

图 1.7-3　　　　图 1.7-4

3. 绘制踏步

第一步：将Ⓑ轴向上偏移 1360mm，作为第一个踏步位置（图 1.7-5），绘制踏步线 1150mm 长，删除偏移出的辅助线（图 1.7-6）。

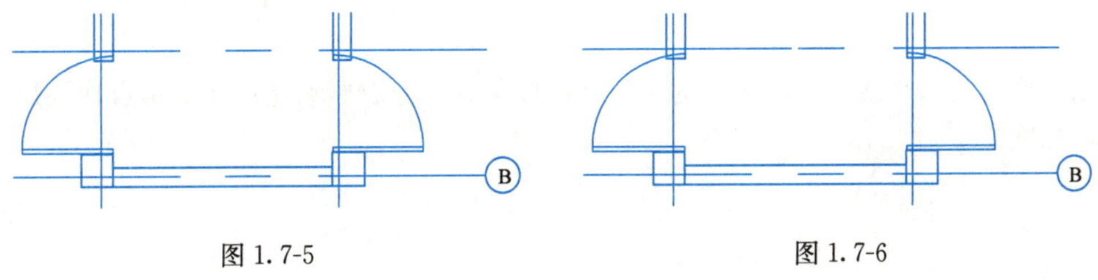

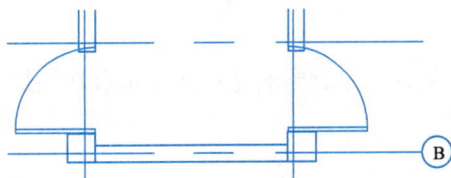

图 1.7-5　　　　图 1.7-6

第二步：执行复制“CO”命令，点击阵列（图 1.7-7），输入阵列数“9”，行偏移“280”（图 1.7-8），回车，即可将图形中的尺寸标注数字修改（图 1.7-9）。

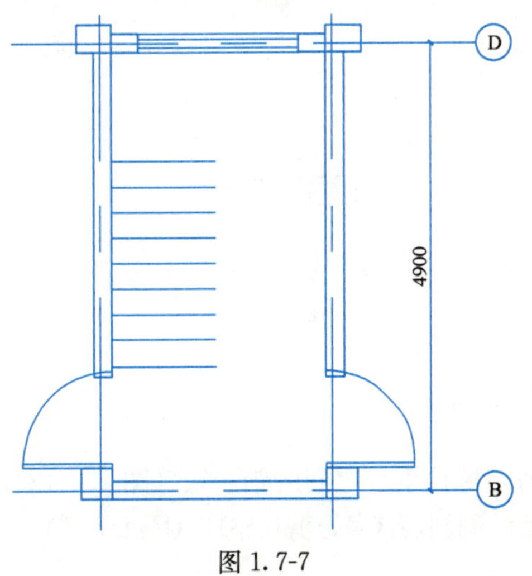

图 1.7-7

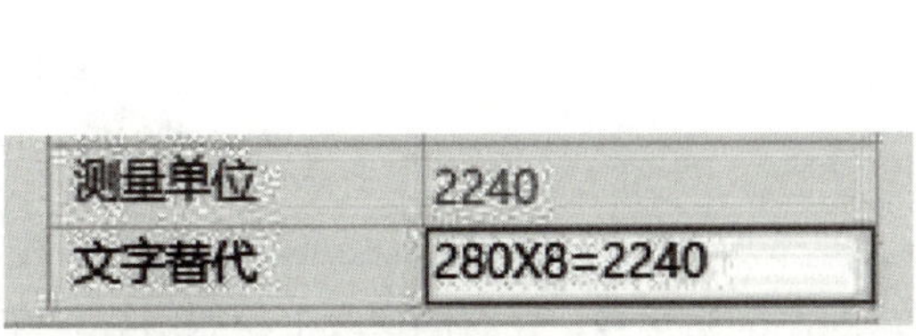

测量单位	2240
文字替代	280X8=2240

图 1.7-8

因为外墙窗户的中心与楼梯间中心重合，故以窗户的中点做竖直线作为镜像线，将踏步镜像到右侧（窗户中心作为镜像线第一点；竖直线上任一点作为第二点，如图 1.7-10 所示）。

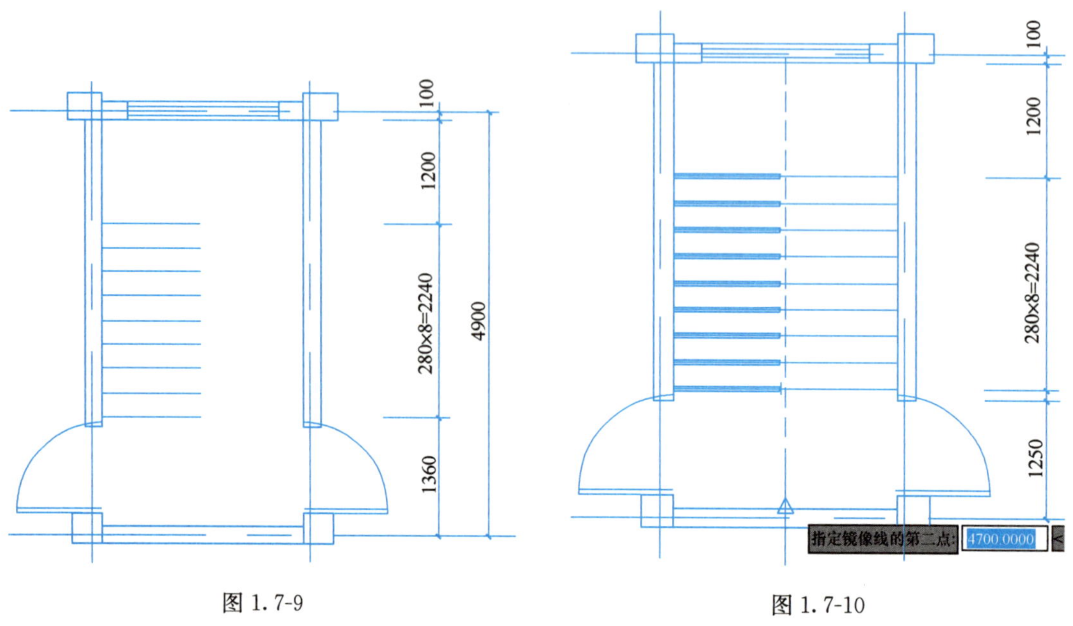

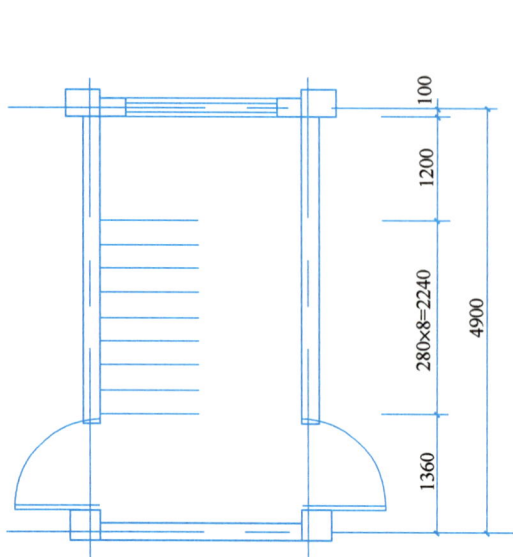

图 1.7-9　　图 1.7-10

用矩形连接踏步线，绘制中间的梯井（梯段角点作为矩形端点；梯段角点作为矩形对角点，如图 1.7-11 所示）。

图 1.7-11

(a) 选取端点；(b) 选取对角点

将梯井矩形向外偏移 50mm，作为扶手线，剪切掉扶手线之间的踏步线（图 1.7-12）。

绘制剖切符号，在右侧梯段上绘制斜线，在上面绘制剖切符号，剪切整理（图 1.7-13）。

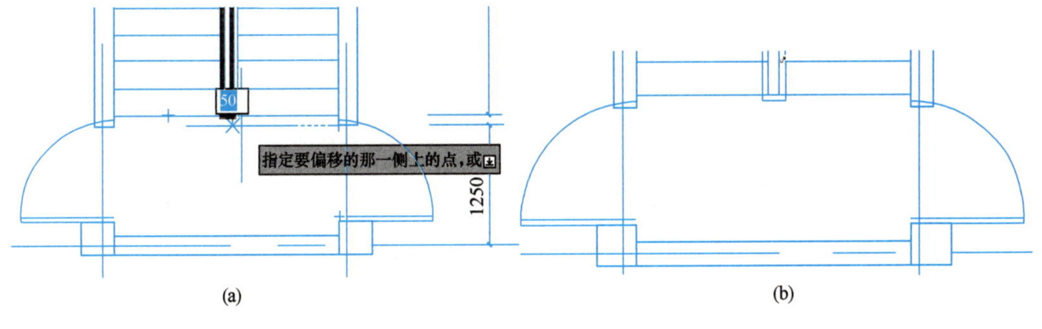

图 1.7-12

（a）向外偏移；（b）修剪

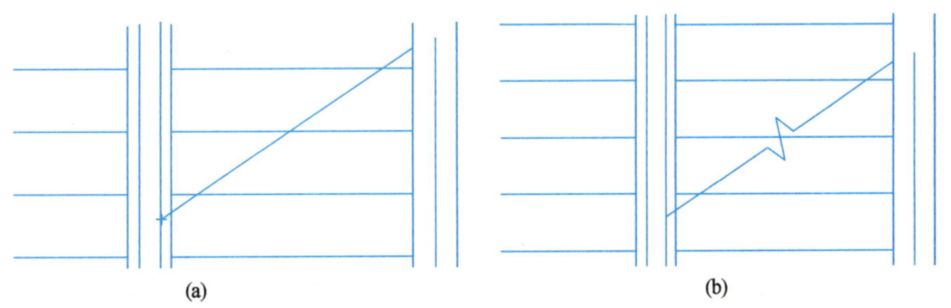

图 1.7-13

（a）绘制斜线；（b）绘制剖切符号

用多线“PL”绘制箭头，设置箭头端部宽“50、0”，添加文字“上”。将箭头向上镜像（“MI”），整理为向下楼梯的箭头，添加文字“下”（图 1.7-14）。

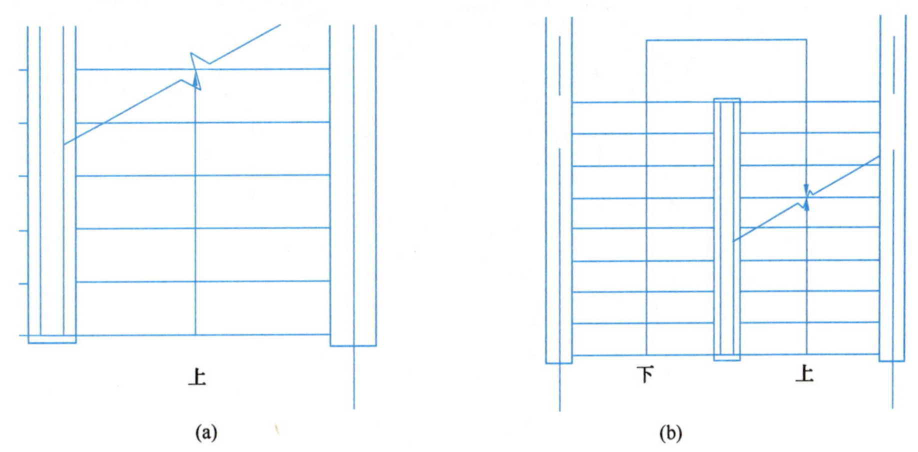

图 1.7-14

（a）绘制向上箭头；（b）绘制向下箭头

第三步：键盘输入“H”，按“Enter”确定，选择已绘制好的矩形柱，填充材料为钢筋混凝土，单击在上侧工具栏处更换图案为“ARSI31”和“AR-CONC”，选择已绘制好的墙，填充图案为“ARSI31”（图 1.7-15）。

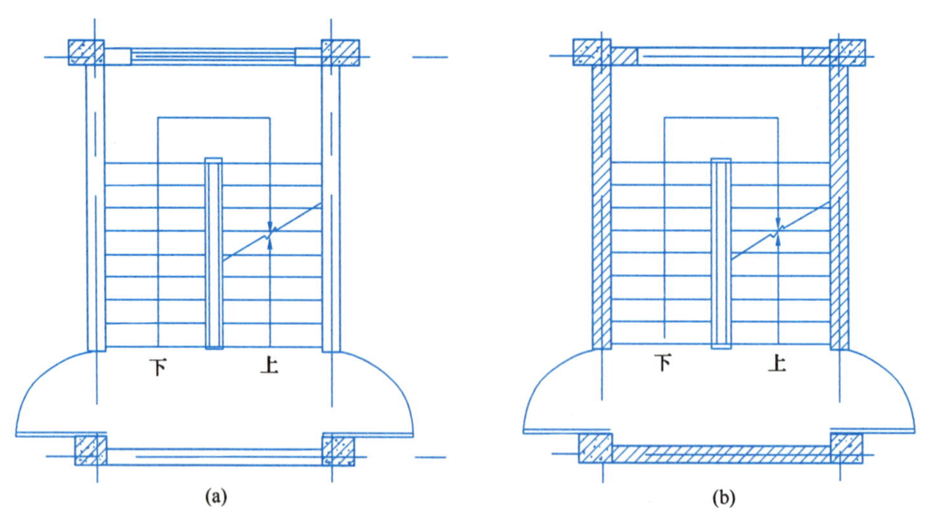

图 1.7-15

（a）填充框架柱；（b）填充墙体

4. 添加标注和标高

第一步：尺寸样式中全局比例设为“50”。标高三角形高 150mm，楼层标高为 6m、9m、12m、15m，平台标高为 4.5m、7.5m、10.5m、13.5m。

第二步：添加图名为“三～六层平面大样图”（图 1.7-16）。

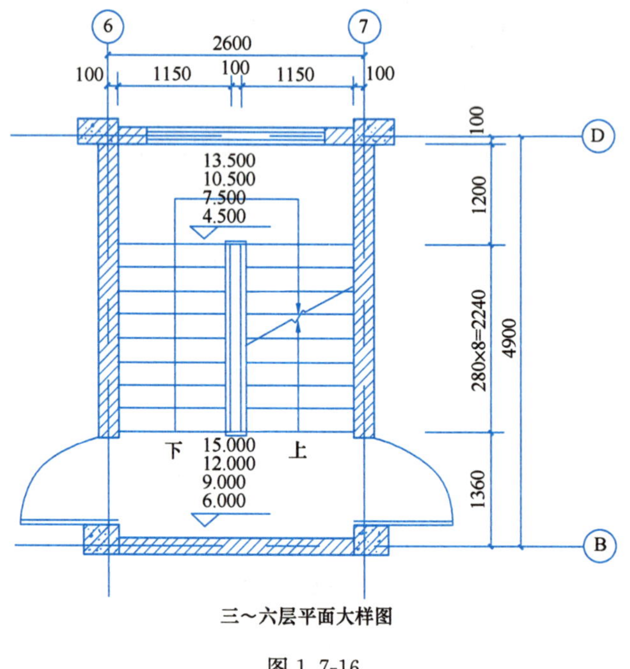

图 1.7-16

5. 绘制二层平面大样图

将标准层平面复制，将楼层标高改为“3”，将原平台处标高删除。将梯段、Ⓓ轴墙体及窗删除，重新绘制梯段。

第一步：将Ⓑ轴向上偏移1360mm，作为第一个踏步位置，绘制踏步线1150mm长，删除偏移出的辅助线。

第二步：执行复制“CO”命令，点击阵列，输入阵列数“18”，行偏移260mm。

第三步：绘制扶手线，偏移50mm（图1.7-17）。

添加折断线、箭头及“上”“下”文字，调整⑥～⑦轴标注，绘制入口雨篷，宽为150mm，长为3200mm，向外偏移300mm。

整理尺寸标注，图名改为“二层平面大样图”（图1.7-18）。

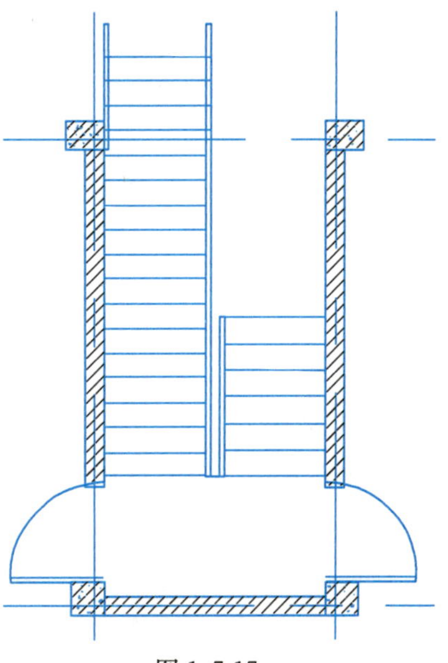

图1.7-17

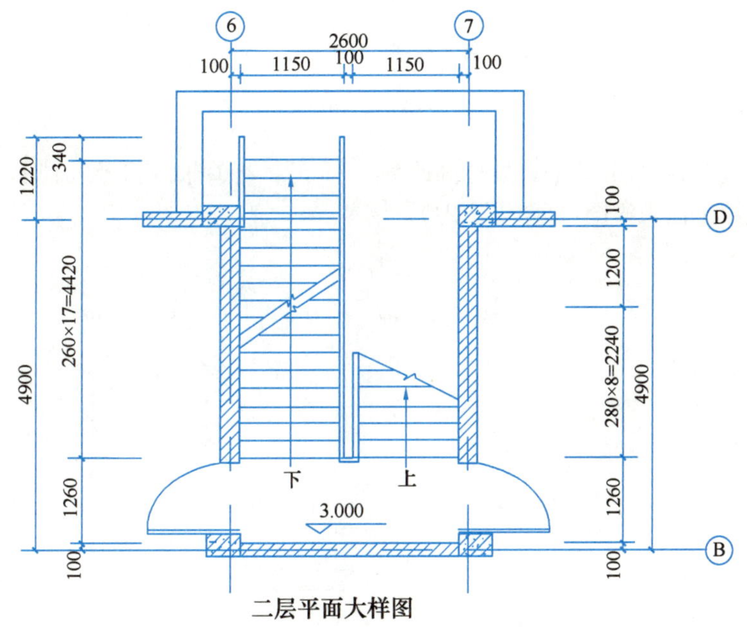

图1.7-18

6. 绘制一层平面大样图

将二层平面图复制，将向上梯段删除，添加箭头和向“上”文字。整理尺寸标注，将一层标高改为“±0.000”，平台标高为“−0.020”（图1.7-19）。

7. 绘制屋顶层平面大样图

将标准层平面复制，删除折断线和向上箭头，将向下箭头延伸至梯段尽头（图1.7-20）。

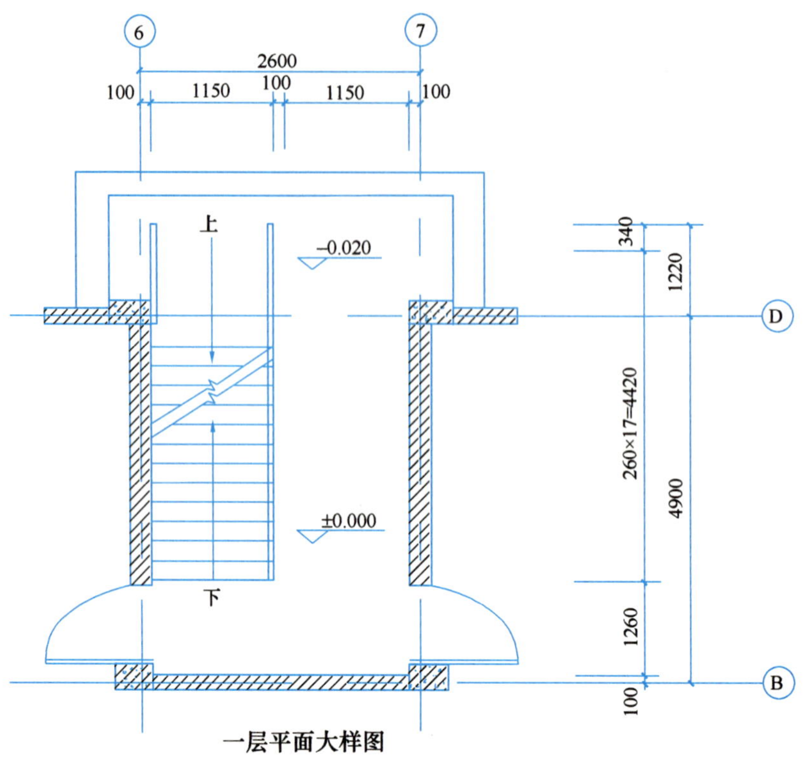

图 1.7-19

将楼层标高改为“18”，平台处标高改为“16.5”，将Ⓓ轴的窗及⑥轴上的门删除，添加图名“屋顶层平面大样图”（图 1.7-21）。

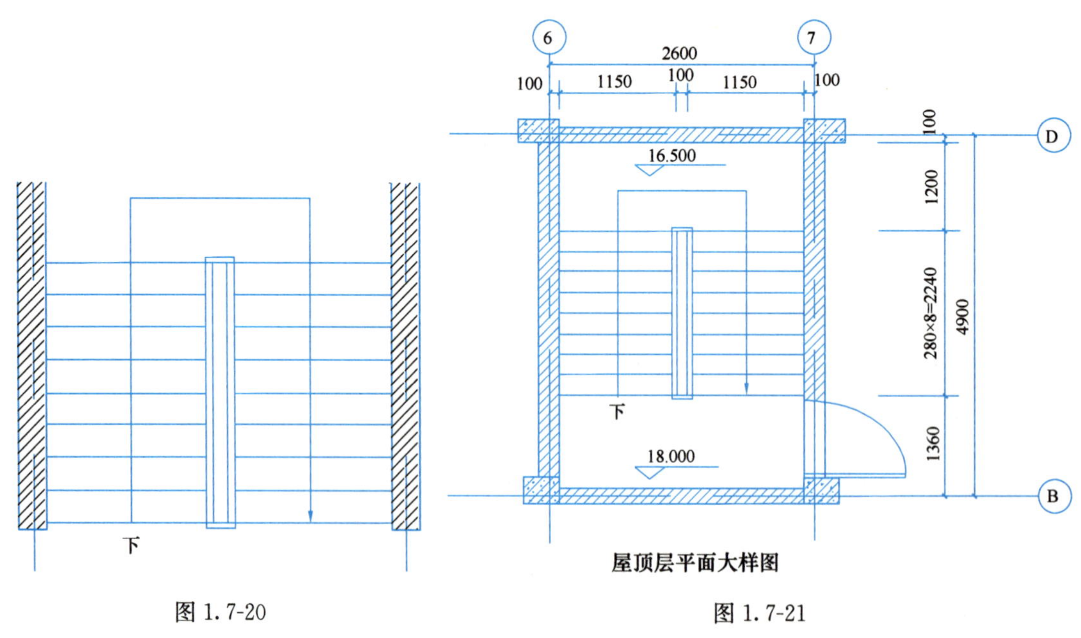

图 1.7-20

图 1.7-21

以此方法继续绘制 2 号楼梯间大样图。

模块二 Chapter 02

天正建筑绘制建筑施工图

任务 2.1 绘制建筑平面图

知识目标

1. 掌握天正建筑软件操作、绘图方法，能够以较快的速度用软件绘制楼层平面图。
2. 掌握轴网、柱子、墙体的绘制与编辑。
3. 掌握门窗的绘制。
4. 掌握室内外设施、房间和屋顶的创建。

能力目标

1. 能绘制和阅读建筑平面图。
2. 掌握解决空间几何元素度量和定位的能力。

素质目标

1. 培养学生认真倾听，培养独立操作能力。
2. 培养学生作为工程技术人员要认真负责的工作态度和严谨细致的工作作风。

任务介绍

用天正建筑软件绘制建筑平面图。

1. 选项对话框的设置。
2. 绘制轴网。
3. 绘制墙和柱。
4. 绘制门和窗。
5. 绘制门口台阶、阳台、坡道、散水。
6. 绘制楼梯。
7. 添加尺寸标注、图名、文字、房间、剖切符号、箭头、指北针、索引符号、图框。

任务分析

通过识读建筑平面图，用天正建筑软件绘制建筑平面图。

1. 打开左栏菜单里的天正选项，设置比例和层高。
2. 绘制轴网。
3. 绘制墙和柱。
4. 绘制窗和门。
5. 绘制台阶、阳台、坡道、散水。
6. 绘制楼梯。
7. 用尺寸标注的"逐点标注"菜单绘制标注，用符号标注的"图名标注"菜单添加图名，用文字表格的"单行文字"菜单添加文字，用房间屋顶的"搜索房间"菜单添加房间，用符号标注的"剖切符号、箭头引注、画指北针、指向索引"菜单分别绘制剖切符号、箭头、指北针、索引符号，用文件布图的"插入图框"菜单绘制图框。

1. 天正建筑简介

天正建筑是利用CAD图形平台及其操作概念开发的建筑软件，定义了数十种专门针对建筑设计的图形对象。其中部分对象如建筑构件，包括墙体、柱子和门窗，软件对这些对象预设了许多智能特征，例如门窗碰到墙，墙就自动开洞并装入门窗。另有部分对象如图纸标注，包括文字、符号和尺寸标注，预设了图纸的比例和制图标准，这些提高了建筑绘图效率。

2. 绘制一层平面图

（1）新建文件

点击AutoCAD界面中左上方快速启动栏中的"新建"按钮，或快捷键"Ctrl+n"，在弹出的选择样本对话框中默认打开的图形样板为"ACAD"文件，直接点击"打开"按钮（图2.1-1）。

（2）保存文件

点击CAD界面中左上方快速启动栏中的"保存"按钮，或快捷键"Ctrl+s"，在弹出的图形另存为对话框中设置文件保存的路径、名称和文件类型("E盘：姓名+平面图")，如图2.1-2所示。

（3）天正建筑中在CAD命令的基础上，添加了一列菜单。

（4）在菜单"天正选项"中设置当前比例为"100"，当前层高为"3000"（图2.1-3）。

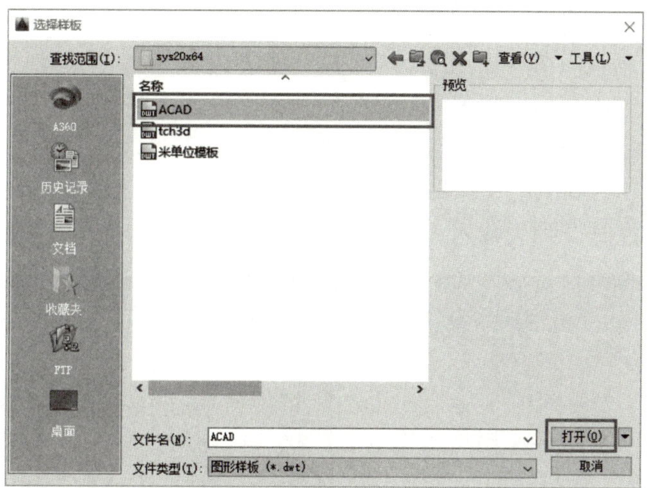

图 2.1-1

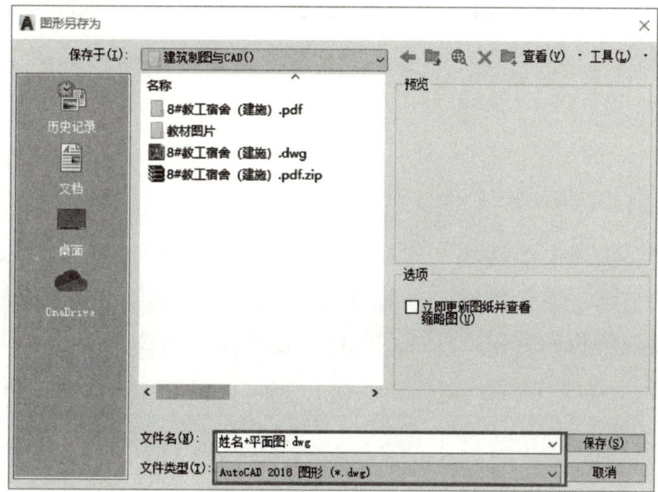

图 2.1-2

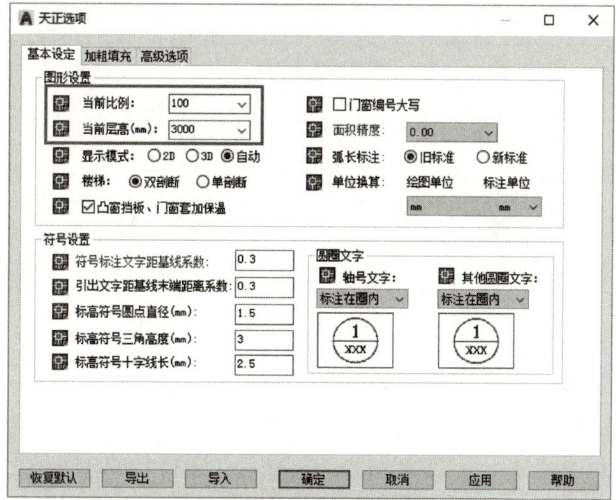

图 2.1-3

（5）点击菜单“轴网柱子/绘制轴网”，在“绘制轴网”选项卡中：

第一步：在①轴线（Ⓐ～Ⓒ段）“下开”列表输入为 5000mm、1800mm、3800mm、4800mm、3800mm、1800mm、5000mm、2600mm、4200mm、1800mm、4800mm。

第二步：在①轴线（Ⓒ～Ⓓ段）“上开”列表输入为 3500mm、3300mm、4900mm、2600mm、4900mm、3300mm、3500mm、2600mm、4200mm、3300mm、3300mm。

第三步：在“左进”列表输入为 2300mm、900mm、4000mm（图 2.1-4）。

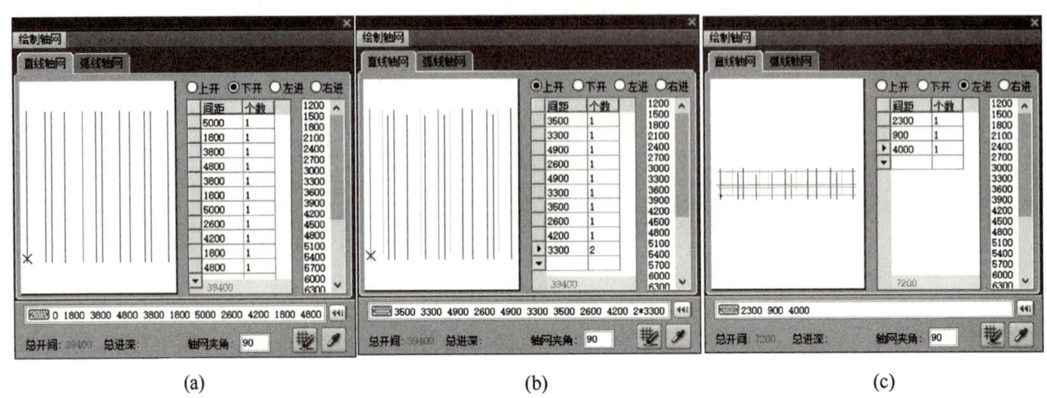

图 2.1-4

（a）下开间尺寸；（b）上开间尺寸；（c）左进深尺寸

在“轴网标注”选项卡中选择“多轴标注”→“双侧标注”。输入起始符号为“1”，用光标从左向右点击第一条和最后一条轴线，右键确定。再输入起始符号为“A”，用光标从上向下点击第一条和最后一条轴线，鼠标右键确定（图 2.1-5）。

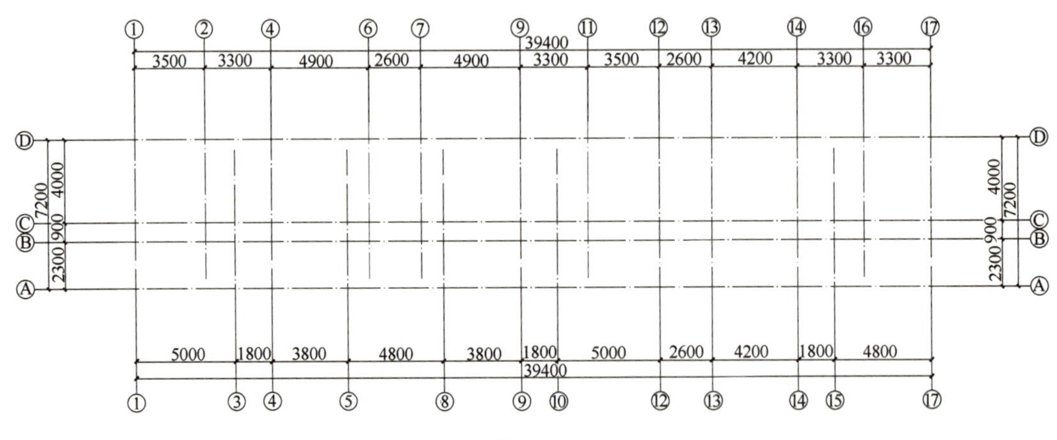

图 2.1-5

视频16
天正绘制
柱、墙

3. 绘制柱

第一步：点击菜单“轴网柱子/标准柱”。

识读柱尺寸：①轴与Ⓐ轴相交处柱尺寸 300mm×450mm，①轴与Ⓒ轴相交处柱尺寸 350mm×350mm，③轴与Ⓒ轴相交处柱尺寸 300mm×500mm，④轴与Ⓐ轴相交处柱尺寸 350mm×400mm，⑥轴与Ⓓ轴相交处柱尺寸 400mm×300mm。

以①轴与Ⓐ轴相交处柱 300mm×45mm 为例（其他尺寸柱子方法相同）。

第二步：将横向尺寸均设置为 300mm，纵向尺寸均设置为 450mm，柱高为 3000mm（图 2.1-6）。

第三步：布置柱子。

天正建筑提供了三种常用的柱子布置方式：

（1）点选插入柱子，将十字光标放在轴线交点，可将柱子布置在该点（图 2.1-7）。

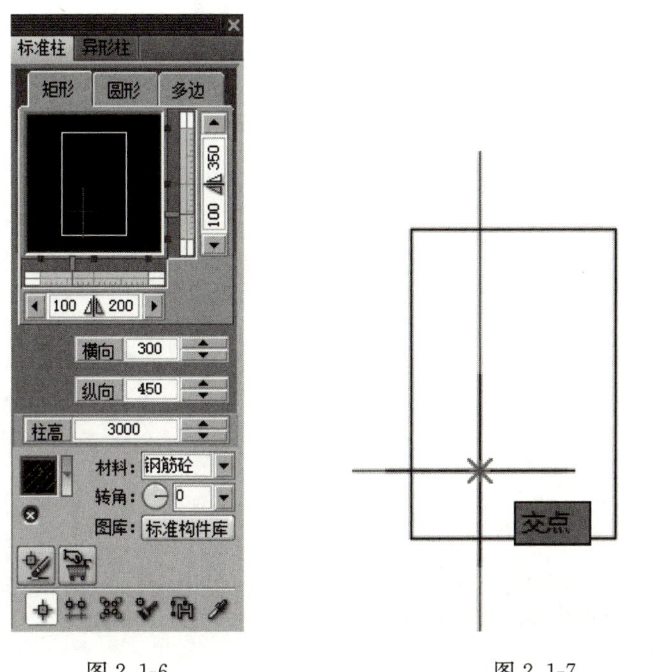

图 2.1-6　　　　图 2.1-7

（2）沿着一根轴线布置柱子，选择一根轴线，则轴线上所有的交点将布满柱子（图 2.1-8）。

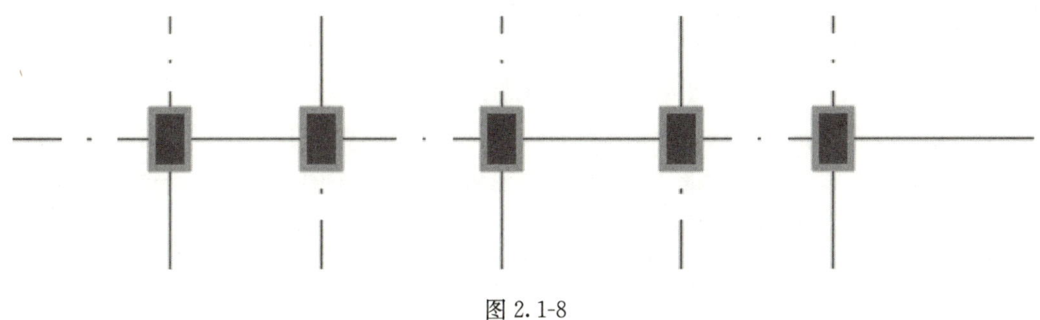

图 2.1-8

（3）在指定矩形区域内的交点插入柱子（图 2.1-9）

用适当的方式布置柱子，或者将柱复制到各点。选择已绘制好的一个柱，键盘输入“CO”进行复制，选择该柱上一点作为基点，再点击新位置上一点，即完成复制（图 2.1-10）。

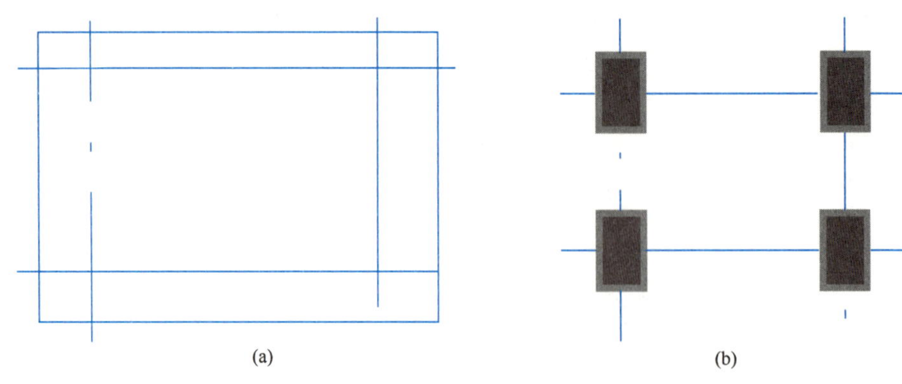

图 2.1-9
(a) 框选交点；(b) 框选之后即插入柱子

4. 绘制墙

第一步：点击菜单“墙体/绘制墙体”。

第二步：绘制外墙：

(1) 设置墙宽为“200”，左右宽均为“100”，墙高为“3000”(图 2.1-11)。

(2) 在图中逆时针依次点击轴线交点，绘制外墙。墙体遇到柱子时将自动打断(图 2.1-12)。

第三步：绘制内墙：

(1) 设置墙宽为“100”，左宽为“100”，右宽为“0”。

(2) 设置墙宽为“200”，左宽为“100”，右宽为“100”(图 2.1-13)。

一层平面图完整墙体如图 2.1-14 所示。

视频17
天正绘制
门窗

5. 绘制窗

图中窗类型有普通窗 C1515、高窗 GC0909、凸窗 TC1518、TC1818 四种类型。

第一步：点击菜单“门窗/窗”或键盘输入“TOpening”或“MC”，打开“门窗”对话窗，点击按钮⊞，切换到“窗”。

第二步：直接输入编号“C1515”或下拉选择“C1515”，修改窗宽和窗高均为“1500”，如果默认的窗尺寸和图纸符合，则无需修改(图 2.1-15)。

第三步：点击“依据点取位置两侧的轴线进行等分插入”按钮器，点击⑫轴和⑬轴之间的Ⓑ轴墙段，输入插入数量“1”，则在⑫轴和⑬轴之间正中央插入 1 个窗户；输入插入数量“2”，则在⑫轴和⑬轴之间正中央插入 2 个窗户(图 2.1-16)。

第四步：绘制 GC0909，在“高窗”选项处“☑”(图 2.1-17)，其他同 C1515 操作步骤。

第五步：绘制凸窗 TC1518：

(1) 点击菜单“门窗/门窗”或键盘输入“TOpening”或“MC”，打开“门窗”对话窗，点击按钮⊞，切换到“窗”。

(2) 点击按钮▭，切换到“凸窗”，直接输入编号“TC1518”或下拉选择“TC1518”，点击“依据点取位置两侧的轴线进行等分插入”按钮器(图 2.1-18)。

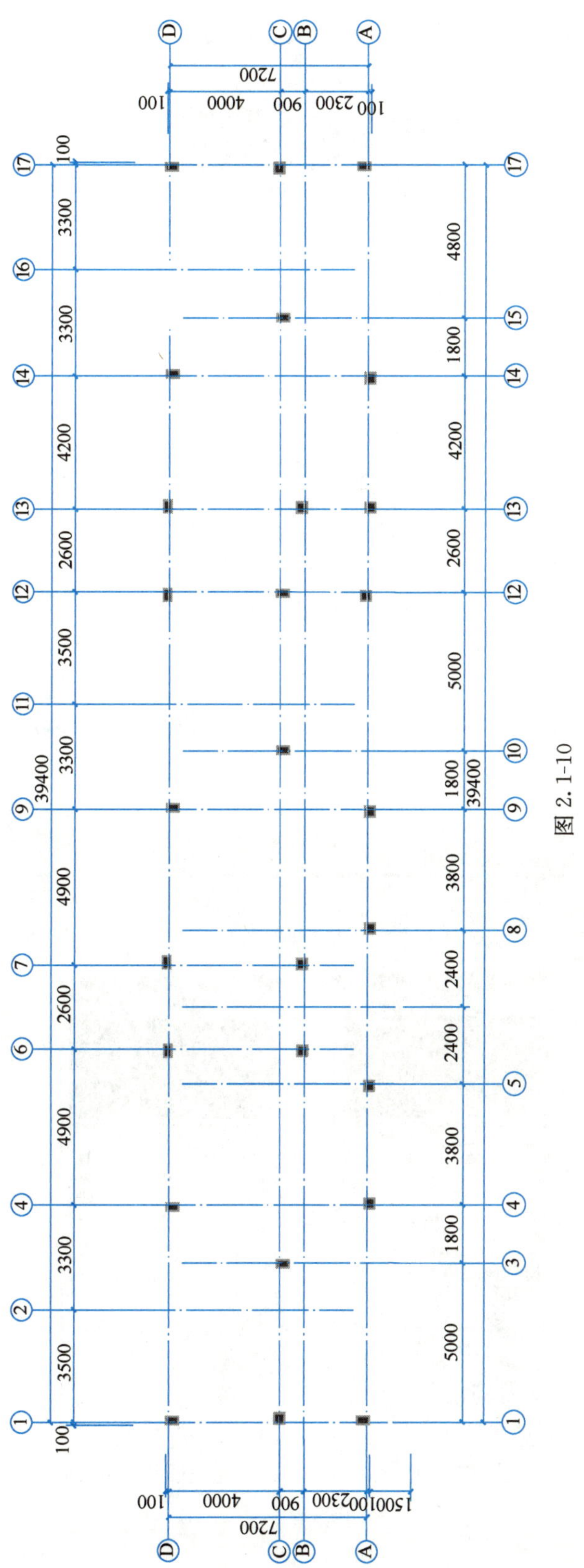
D
C
B
A
7200
100
4000
900
2300
100
1500
39400
3300
3500
4200
2600
4900
4800
1800
5000
3800
2400
1
2
3
4
5
6
7
8
9
10
11
12
13
14
15
16
17

图 2.1-10

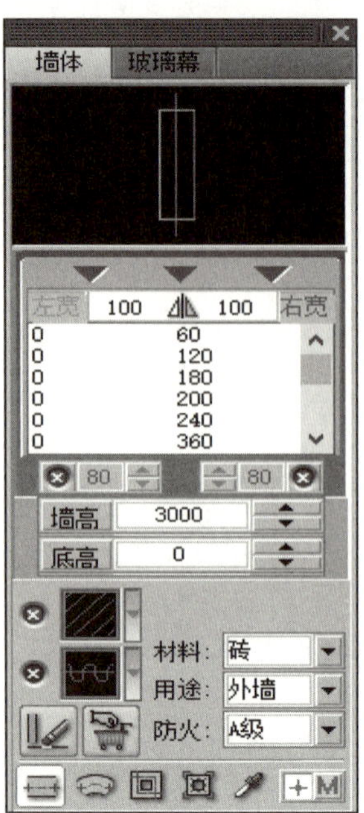

图 2.1-11

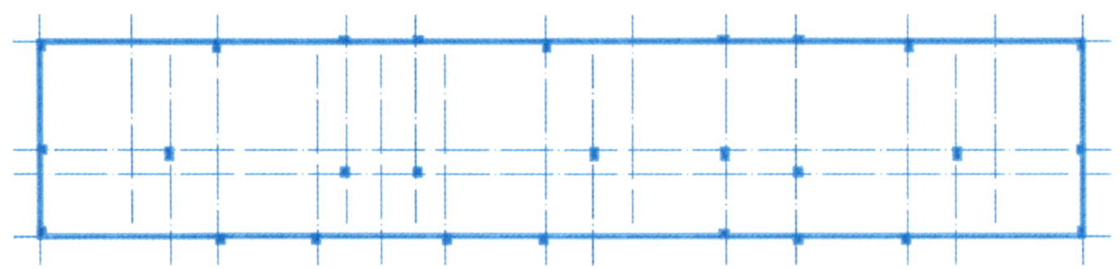

图 2.1-12

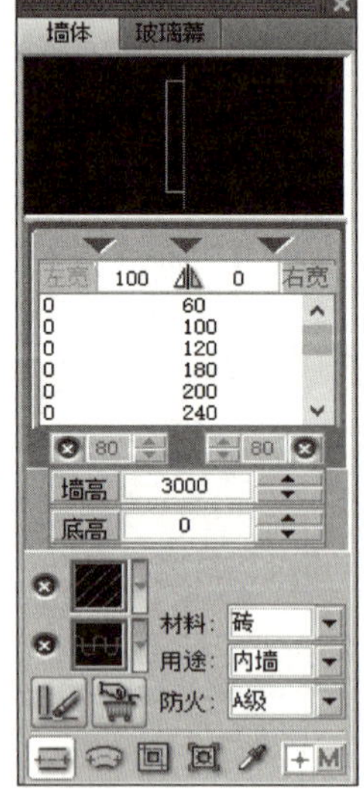

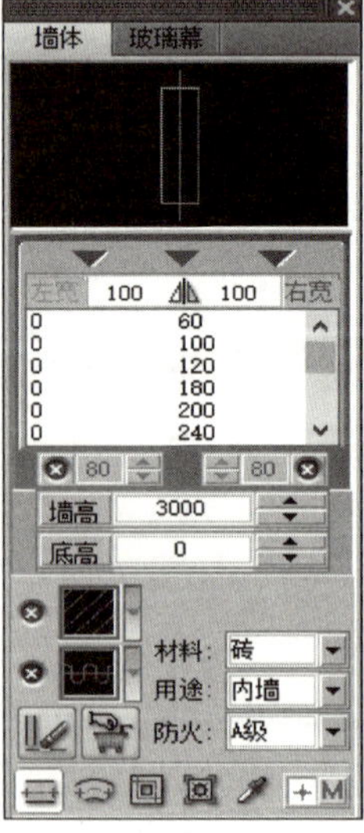

图 2.1-13

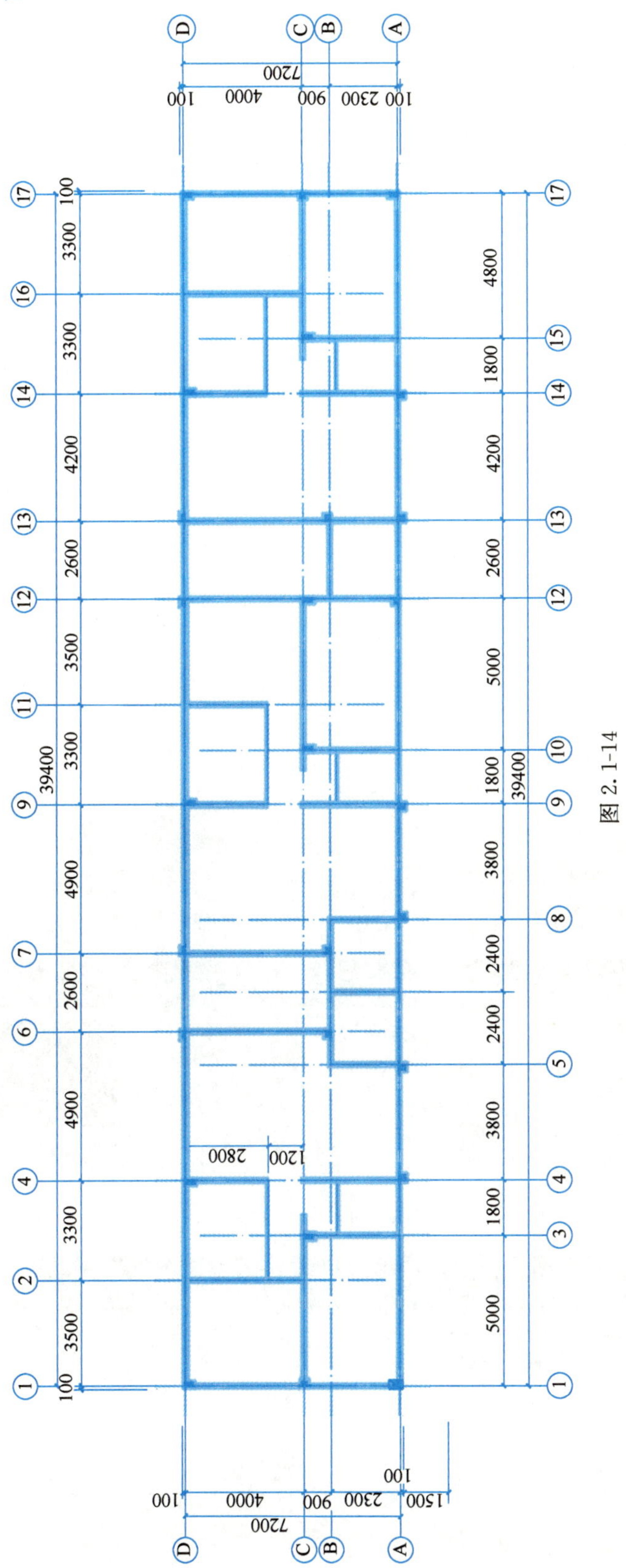

D
C
B
A
7200
100
4000
900
2300
1500
39400
3500
3300
4900
2600
4200
5000
1800
3800
2400
4800
2800
1200
1
2
3
4
5
6
7
8
9
10
11
12
13
14
15
16
17

图 2.1-14

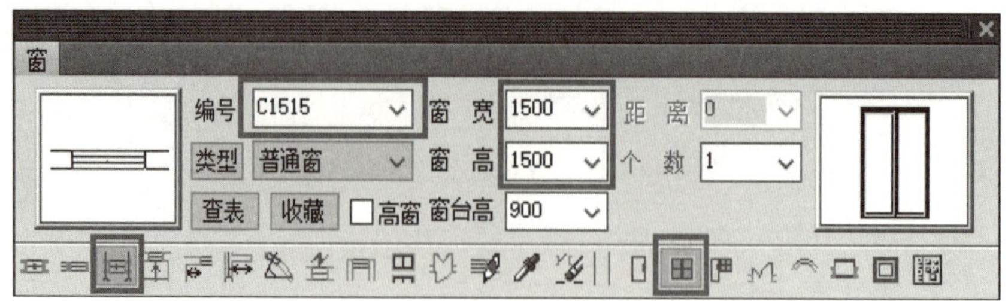

图 2.1-15

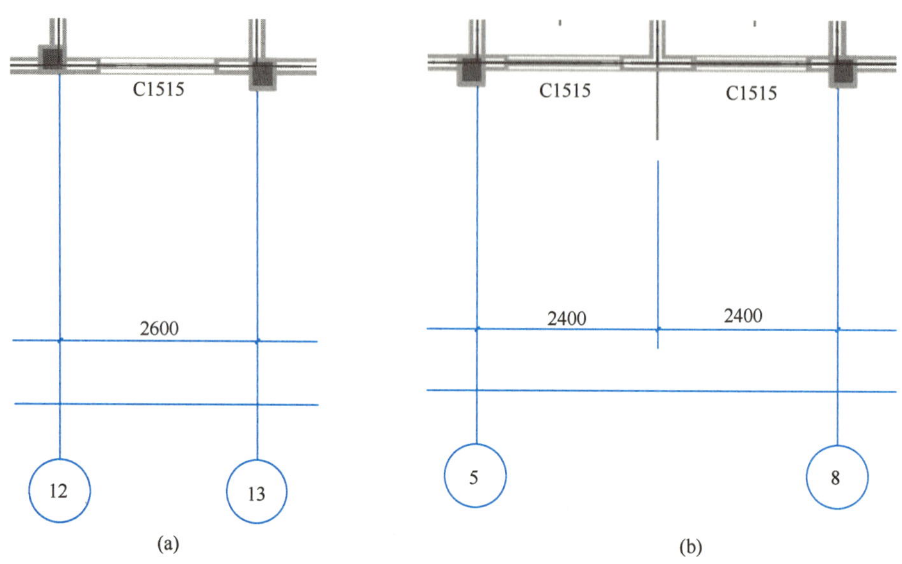

图 2.1-16

(a) 按照轴线等分插入 1 个窗户；(b) 按照轴线等分插入 2 个窗户

图 2.1-17

图 2.1-18

（3）点击①轴和②轴之间的Ⓓ轴墙段，输入插入数量“1”，则在①轴和②轴之间正中央插入 1 个窗户（图 2.1-19）。

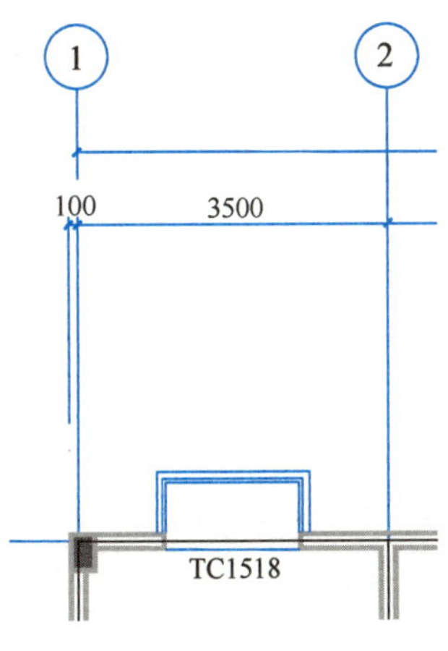

图 2.1-19

天正建筑提供了 10 种常用的插窗布置方式，可按照图中的位置用适当的方式布置窗。

6. 插入门

图中门类型有单开门 M0921、M1021、M0721 以及推拉门 TLM2424 四种类型。

第一步：点击菜单“门窗/门”或键盘输入“TOpening”或“MC”，打开“门窗”对话窗，点击按钮，切换到“门”。

第二步：输入编号“M0921”，设置门宽为“900”，门高为“2100”，门边与Ⓒ轴距离为“200”（图 2.1-20）。

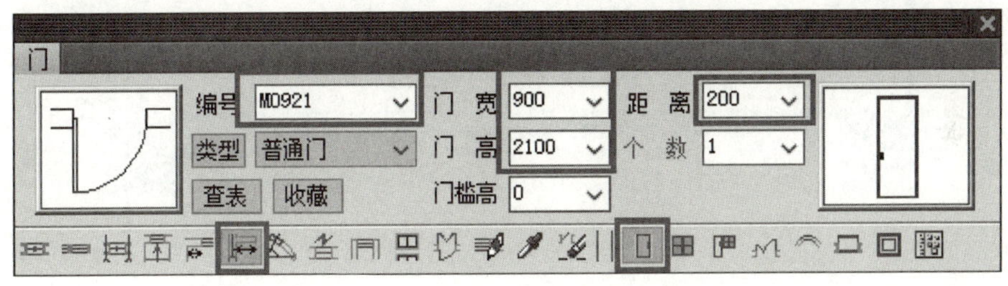

图 2.1-20

第三步：点击“轴线定距插入”按钮器，将门与轴线的间距设为“200”。

将十字光标放在②轴靠近Ⓒ轴一侧的墙上，在提示下可按“Shift”键控制门的左右开启方向（图 2.1-21）。

插入门或窗会使墙自动产生洞口。用复制、镜像等命令做出其他门。

第四步：绘制推拉门（TLM2424）

（1）点击菜单“门窗/门”或键盘输入“TOpening”或“MC”，打开“门窗”对话窗，点击按钮，切换到“门”。

（2）直接输入编号“TLM2424”或下拉选择“TLM2424”，点击“依据点取位置两侧的轴线进行等分插入”按钮器（图 2.1-22）。

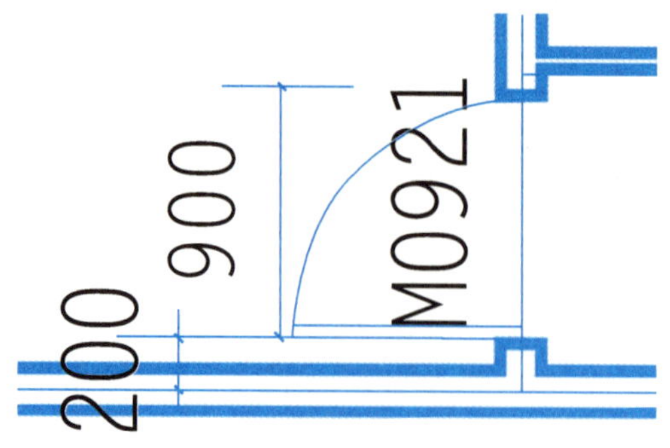

图 2.1-21

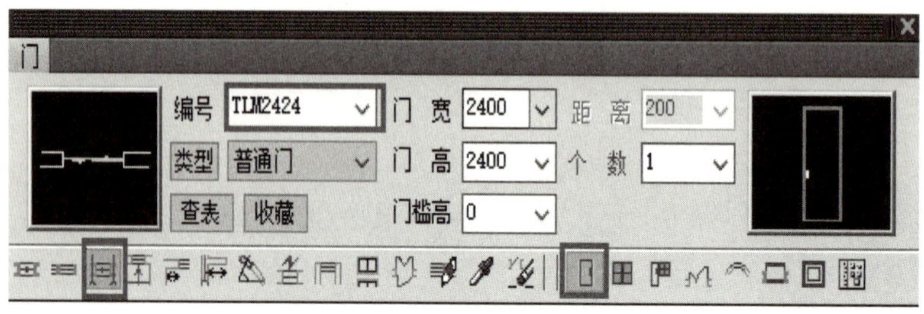

图 2.1-22

(3) 将十字光标放在④轴～⑤轴靠近Ⓐ轴一侧的墙上，上下移动鼠标键控制门的开启方向（图 2.1-23）。

图 2.1-23

天正建筑提供了 11 种常用的插门布置方式，可用适当的方式布置门。

门窗布置如图 2.1-24 所示。

7. 绘制台阶（仅首层有）

第一步：点击菜单“楼梯其他/台阶”，点击“矩形三面台阶”按钮，将平台宽度设为 1500mm，踏步数目设为“2”，其余不变（图 2.1-25）。

第二步：点击⑦轴和Ⓓ轴交点处的柱子右下角，作为台阶第一点，再向左输入 3200mm，按“Enter”确认（图 2.1-26）。

若要修改已画好的台阶，可点选“已画好的台阶”，右键“对象编辑”，即可进行修改。

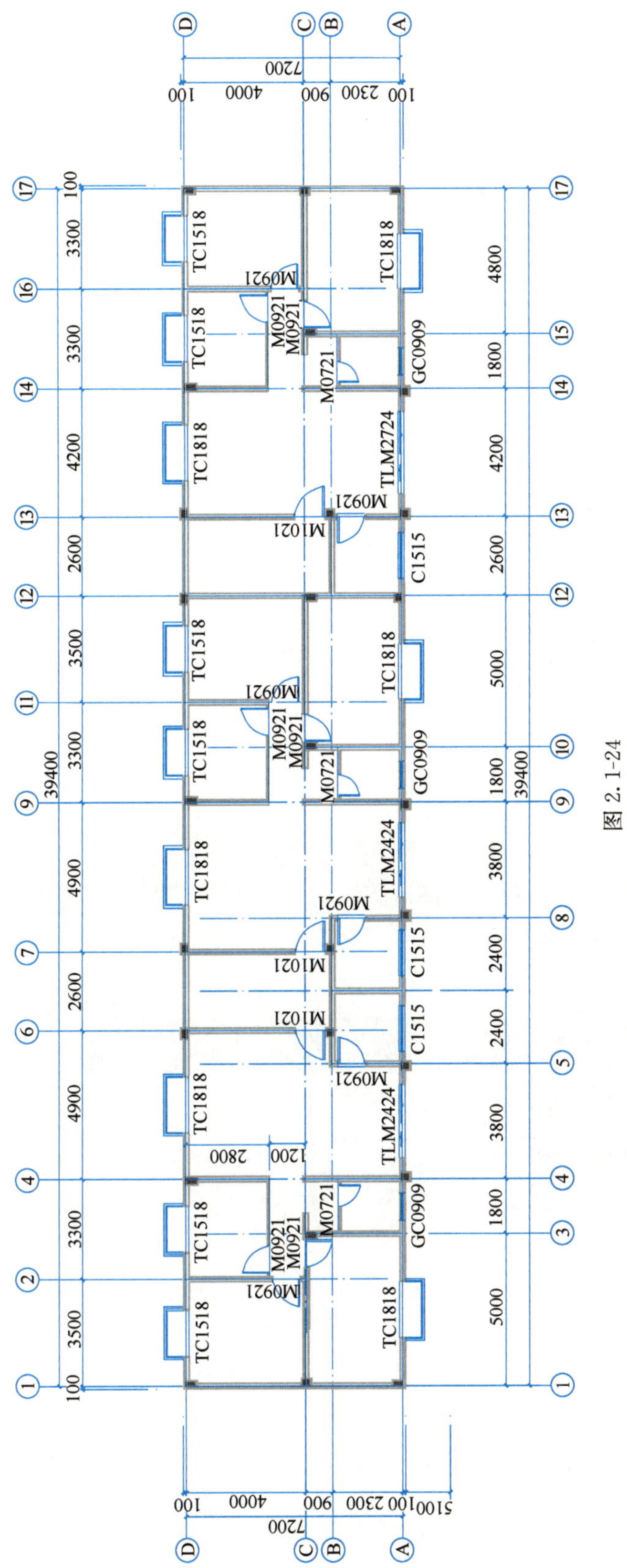

TC1518
TC1818
M0921
M0721
M1021
GC0909
C1515
TLM2724
TLM2424
7200
39400

图 2. 1-24

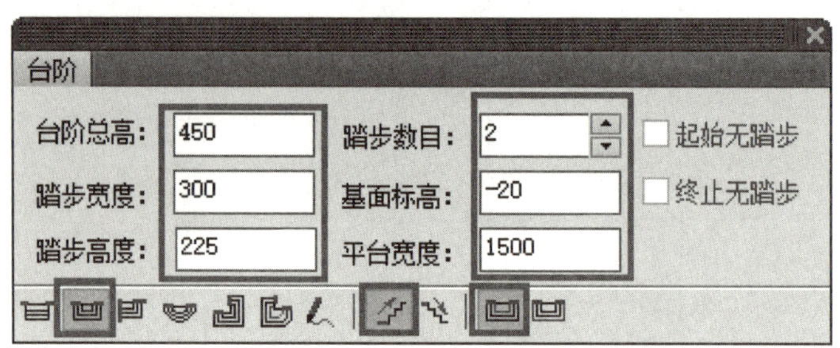

图 2.1-25

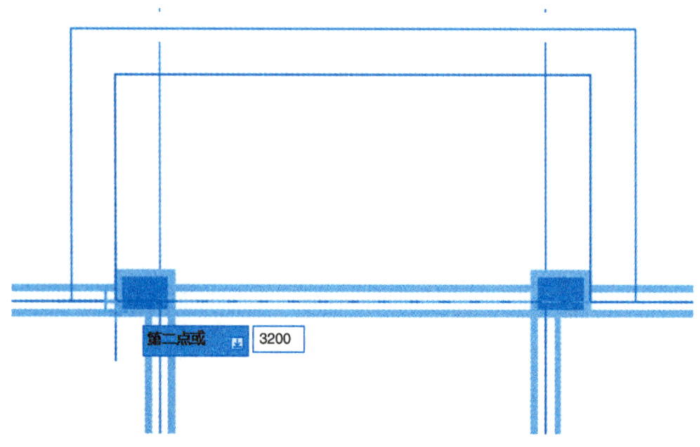

图 2.1-26

8. 绘制阳台

第一步：点击菜单“楼梯其他/绘制阳台”，点击“矩形三面阳台”按钮，将阳台栏板高度设为“350”，伸出距离设为“1500”，地面标高设为“－20”，其余不变(图 2.1-27)。

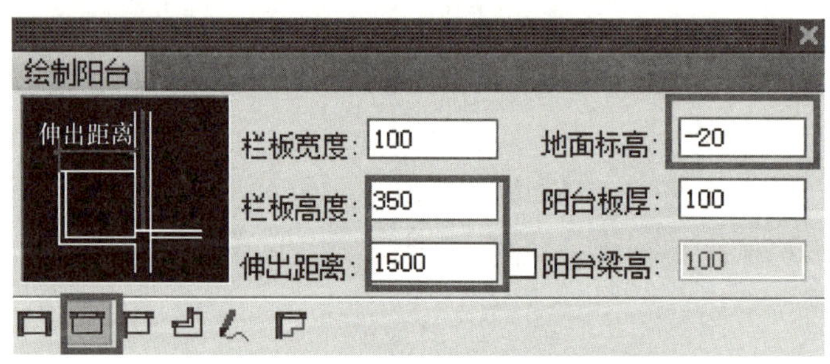

图 2.1-27

第二步：点击④轴和Ⓐ轴交点处的柱子左下角，作为阳台第一点，再向拉伸到⑤轴和Ⓐ轴交点处的柱子右下角（图 2.1-28）。

若要修改已画好的阳台，可点选“已画好的阳台”，右键“对象编辑”，即可进行修改。

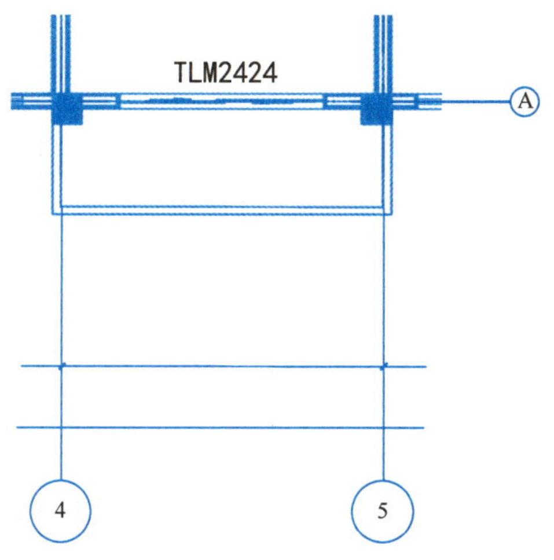

图 2.1-28

9. 绘制坡道（仅首层有）

第一步：点击菜单“楼梯其他/坡道”，设置坡道长度为“3000”，坡道宽度为“1250”，边坡宽度为“50”，勾选“左边平齐”“右边平齐”（图 2.1-29）。

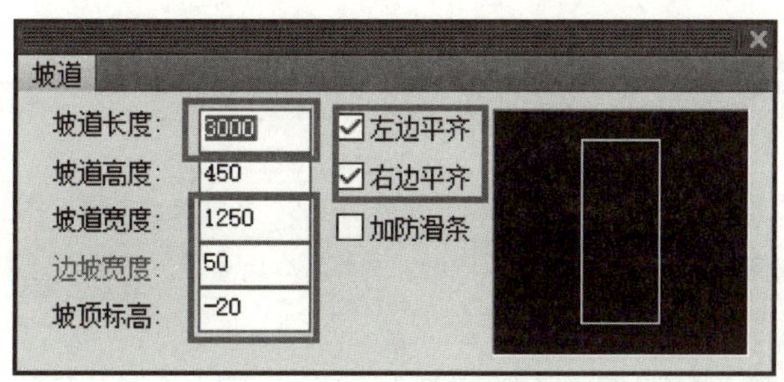

图 2.1-29

第二步：点击光标放置大概位置，再进行旋转后，输入角度“90”，移动到合适位置（图 2.1-30）。

10. 绘制散水、暗沟（仅首层有）

第一步：点击菜单“楼梯其他/散水”，设置散水宽度为“1000mm”，点击按钮，框选所有的外墙，点击“Enter”即可查找所有的外墙（图 2.1-31），绘制散水（图 2.1-32）。

第二步：点击“偏移”按钮，延“散水外边线”进行偏移“300mm”，绘制成暗沟，再在“特性”将“ByLayer”修改线型为“DASH”。

11. 绘制楼梯

首层楼梯：点击菜单“楼梯其他/直线梯段”，设置起始高为“0”，梯段高度为 3000mm，梯段宽为 1150mm，梯段长度 4420mm，踏步宽度 260mm，踏步数目“18”，设置完成后自动生成踏步高度（图 2.1-33）。

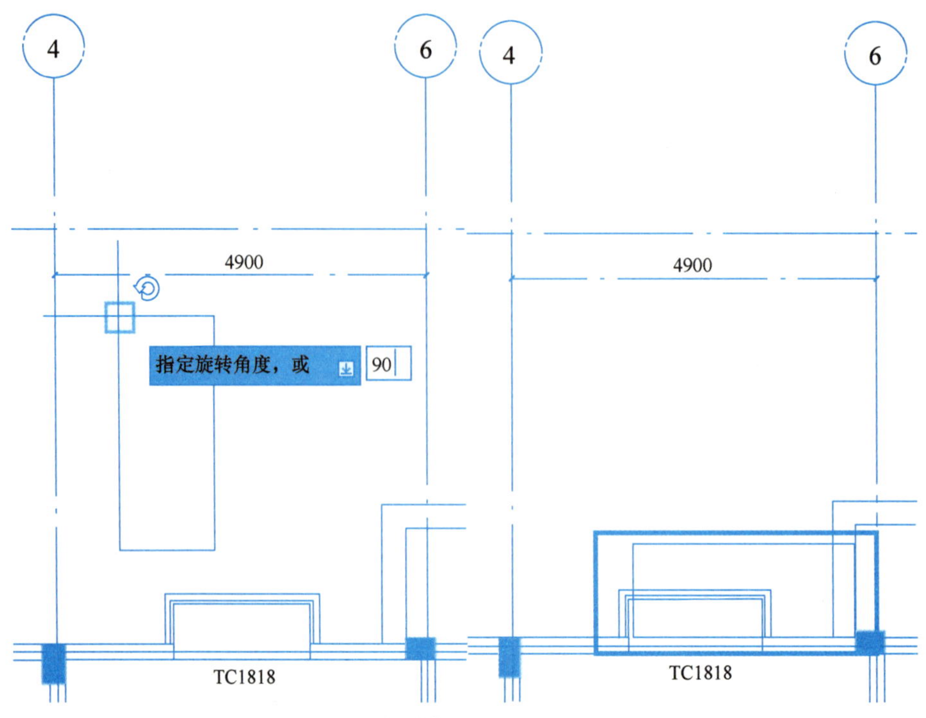

图 2.1-30

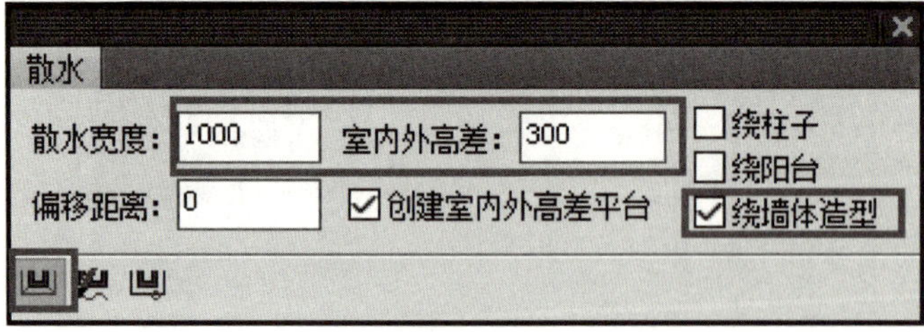

图 2.1-31

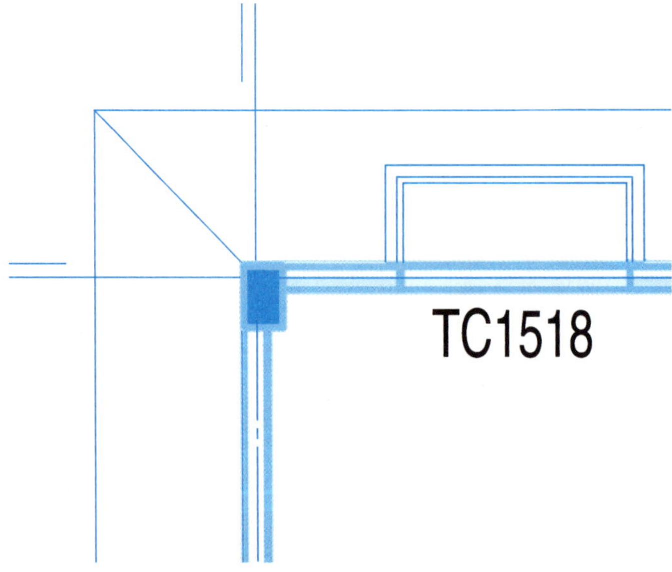

图 2.1-32

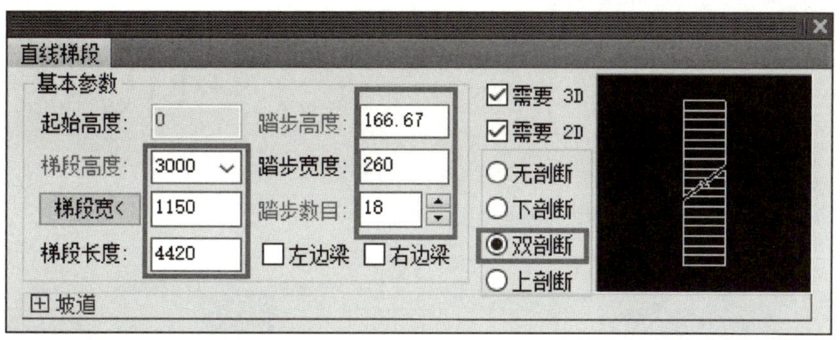

图 2.1-33

中层楼梯：点击菜单“楼梯其他/双跑楼梯”，设置楼梯高度为 3000mm，踏步总数为“18”，踏步宽度为 280mm，梯间宽为 2400mm，梯段宽为 1150mm，井宽为 100mm，层类型为“中层”，休息平台为“矩形”，平台宽为 1200mm，上楼位置为“右边”，踏步取齐为“齐楼板”，放置楼梯（图 2.1-34）。

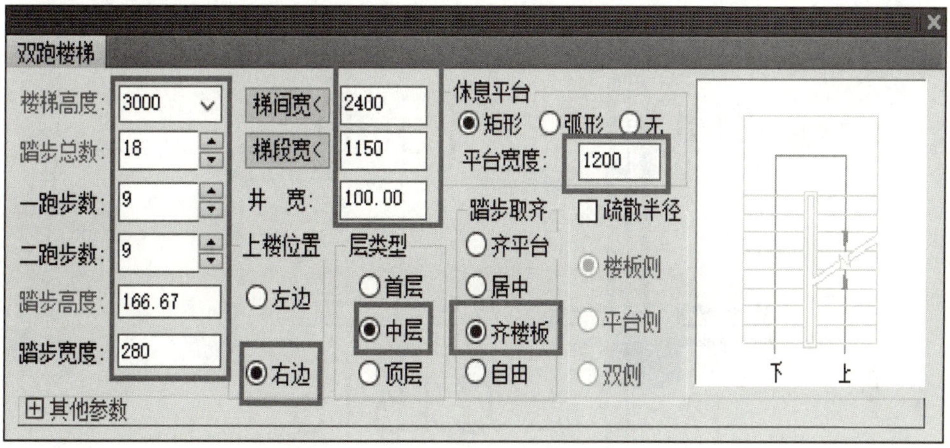

图 2.1-34

12. 绘制尺寸标注

第一步：点击菜单“尺寸标注/逐点标注”，选自由标注（图 2.1-35）。

第二步：点击轴线交叉的点，再点击第二点作为窗边尺寸线位置（图 2.1-36）。

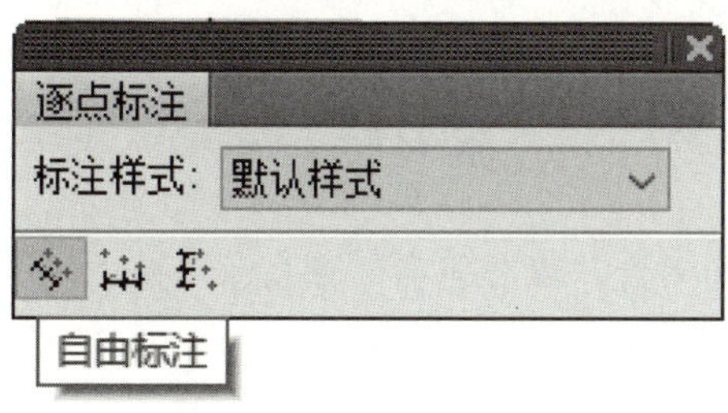

图 2.1-35

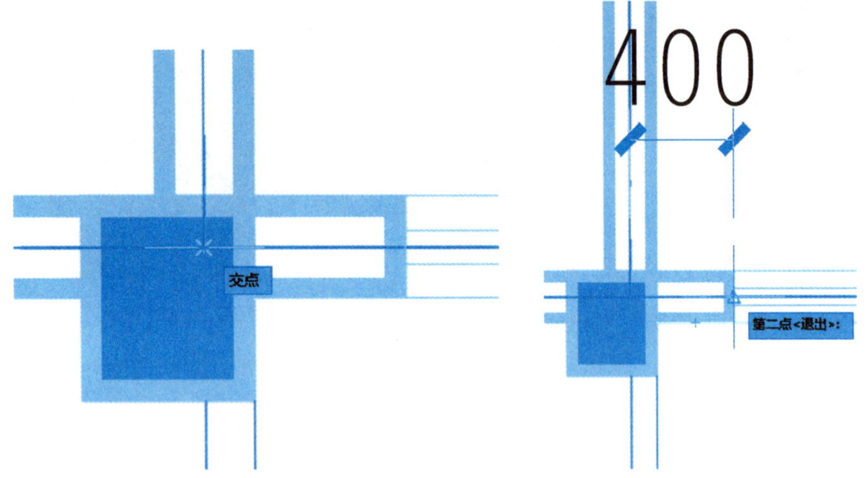

图 2.1-36

第三步：此逐点标注默认为连续标注，以上一个尺寸标注的最后点为下一个尺寸标注的第一点，点击下一个尺寸标注的最后一点即可，以此类推（图 2.1-37）。

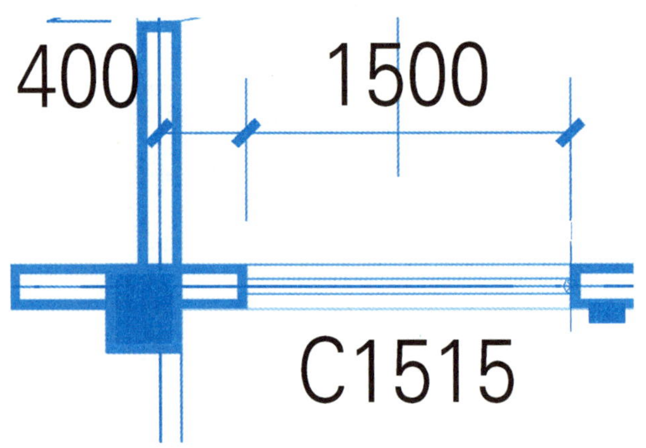

图 2.1-37

天正建筑提供楼梯标注、门窗标注、两点标注、平行标注、快速标注等几种常用的标注布置方式，请用适当的方式进行标注。

13. 绘制标高

第一步：点击菜单“符号标注”→“标高标注”。

第二步：勾选“手工输入”，在“楼层标高”处输入“0”。在门厅处点击即添加标高（图 2.1-38）。

第三步：将标高复制到阳台，双击数字，修改标高为“H−0.020”。

14. 添加图名和文字、房间

图名：点击菜单“符号标注”→“图名标注”，输入“一层平面图”，勾选“传统”，在合适的位置用光标点击放置（图 2.1-39）。

文字：点击菜单“文字表格”→“单行文字”，输入“客厅”，在合适的位置用光标点

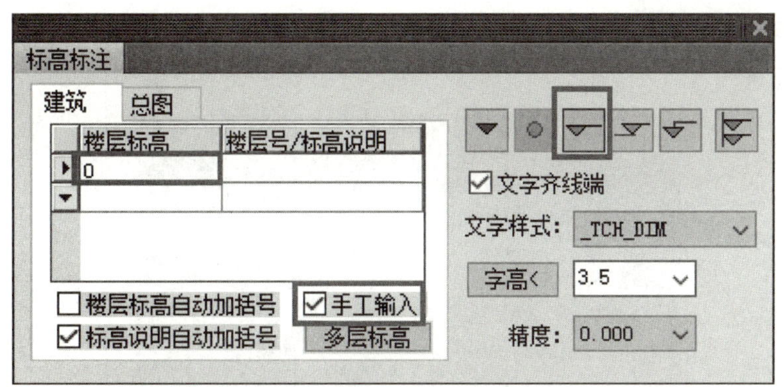

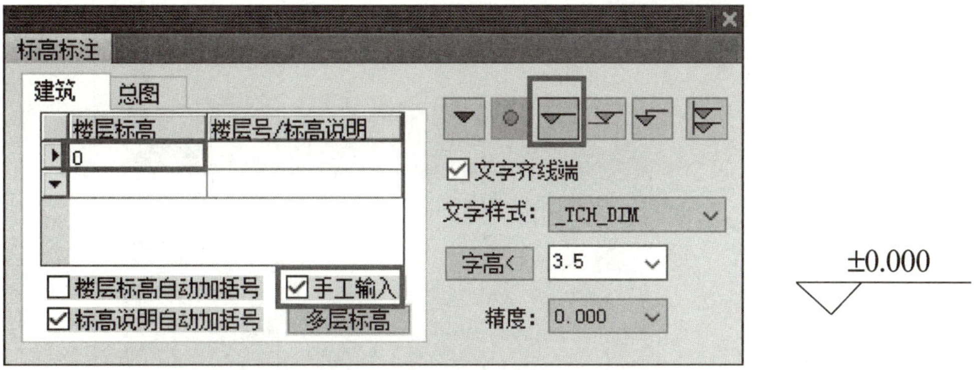

标高标注
建筑
总图
楼层标高
楼层号/标高说明
0
楼层标高自动加括号
手工输入
标高说明自动加括号
多层标高
文字齐线端
文字样式:
_TCH_DIM
字高<
3.5
精度:
0.000
±0.000

图 2.1-38

图名标注
一层平面图
1:100
不显示
连续标注
文字样式
STANDARD
文字样式
STANDARD
传统
字高<
7.0
字高<
5.0
国标
一层平面图 1:100

图 2.1-39

击放置。以此类推绘制其他文字（图 2.1-40）。

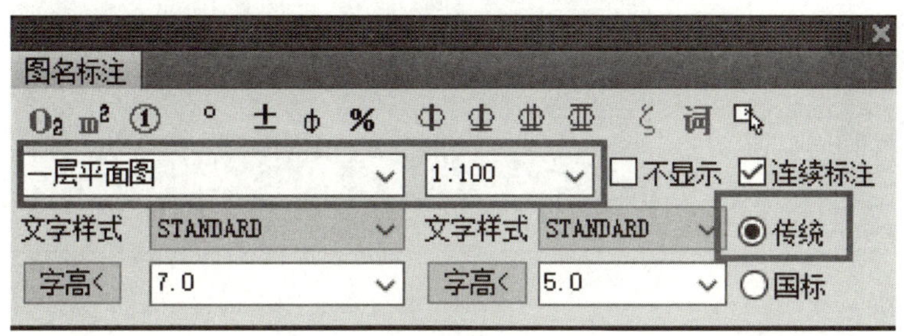

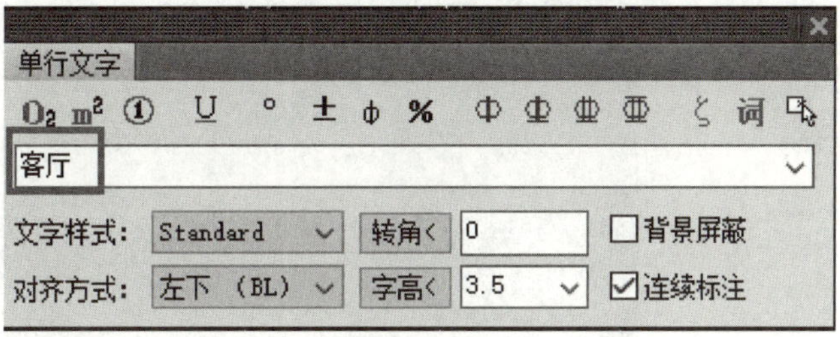

单行文字
客厅
文字样式:
Standard
转角<
0
背景屏蔽
对齐方式:
左下 (BL)
字高<
3.5
连续标注

图 2.1-40

房间：点击菜单“房间屋顶”→“搜索房间”，框选全部墙体，鼠标右键确定。

15. 布置洁具

第一步：点击菜单“房间屋顶”→“房间布置”→“洁具”，选择“大便器”→“蹲便器（延迟自闭）”，在合适的位置用光标点击放置（图 2.1-41）。

第二步：点击菜单“房间屋顶”→“房间布置”→“洁具”，选择“台式洗脸盆”→“台式洗脸盆 2”，在合适的位置用光标点击放置。

第三步：点击菜单“房间屋顶”→“房间布置”→“洁具”，选择“地漏”→“圆形地漏”，在合适的位置用光标点击放置。

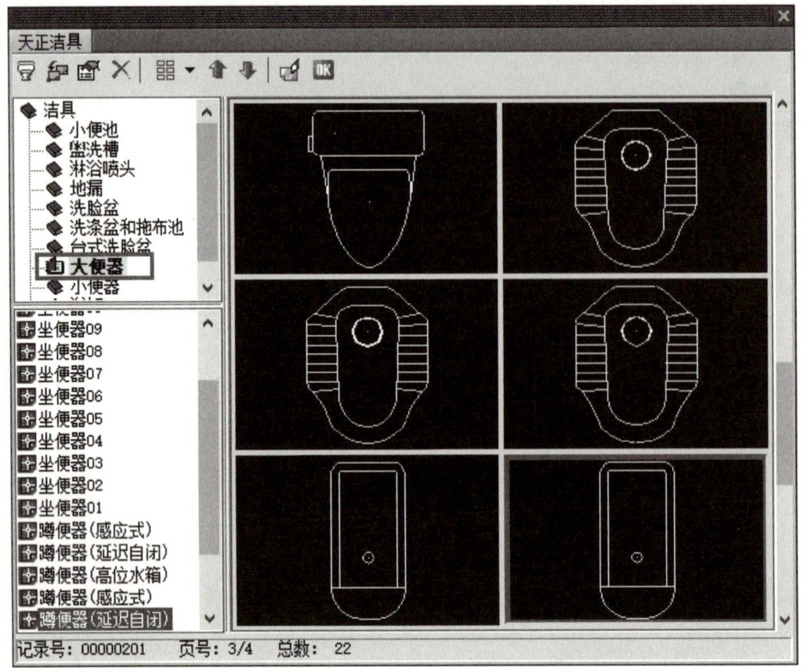

图 2.1-41

第四步：点击菜单“图块图案”→“动态图库”，选择“厨房”→“燃气灶”，在合适的位置用光标点击放置（图 2.1-42）。

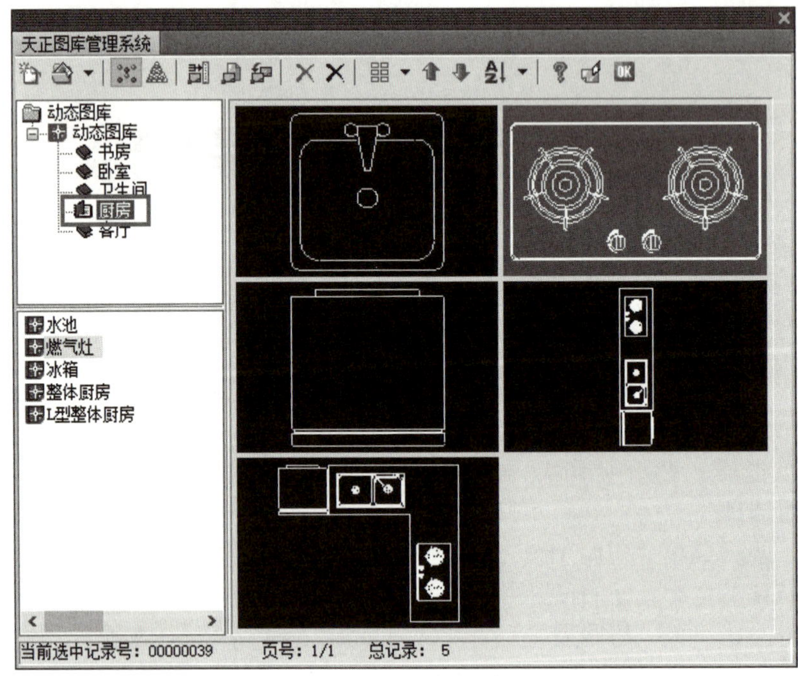

图 2.1-42

第五步：点击菜单“图块图案”→“动态图库”，选择“卫生间”→“洗衣机”，在合适的位置用光标点击放置。

16. 添加剖切符号

点击菜单“符号标注”→“剖切符号”，输入剖切编号“1”，在合适的位置用光标点击放置（图 2.1-43）。

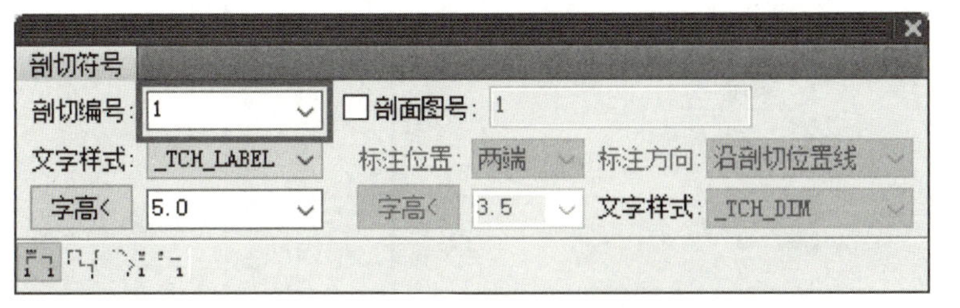

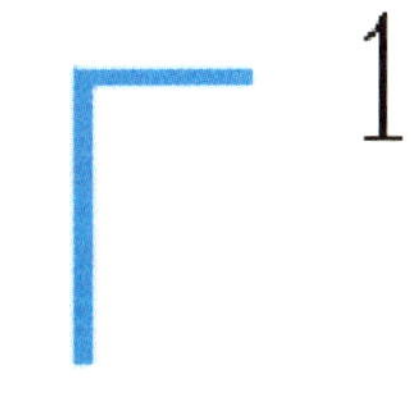

图 2.1-43

17. 添加箭头

点击菜单“符号标注”→“箭头引注”，输入上标文字“1%”，对齐方式为“齐线中”在合适的位置用光标点击放置（图 2.1-44）。

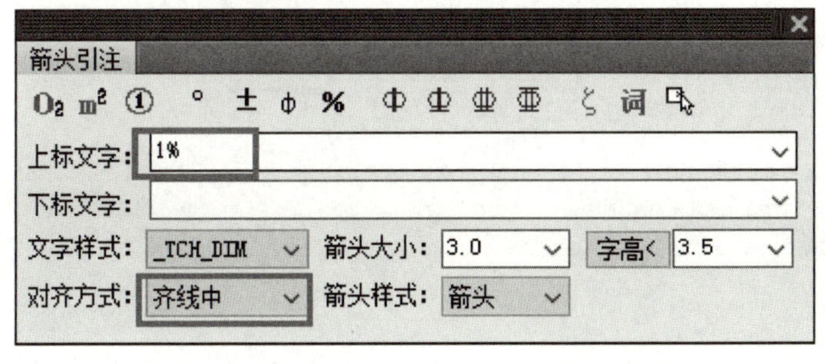

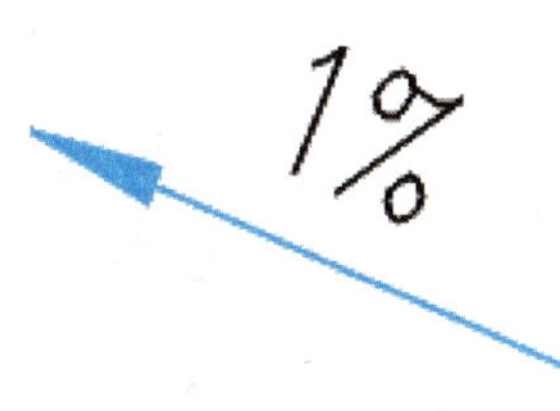

图 2.1-44

18. 添加指北针

点击菜单“符号标注”→“画指北针”，在“一层平面图”左侧点击放置，再旋转确定指北针方向或放置后再输入旋转角度（图 2.1-45）。

19. 添加索引符号

第一步：点击菜单“符号标注”→“指向索引”，索引编号为“3”，索引图号为“11”，上标文字为“1 号卫生间大样”，下标文字为“详建施”，在③～④轴交Ⓐ轴房间内合适的位置用光标点击放置（图 2.1-46）。

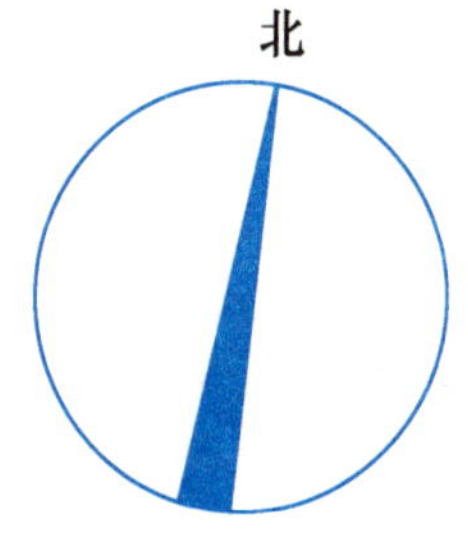

图 2.1-45

第二步：点击菜单“符号标注/剖切索引”，索引编号为“2”，索引图号为“12”，上标文字为“阳台栏杆大样”，下标文字为“详建施”，在④～⑤轴交Ⓐ轴房间内合适的位置用光标点击放置（图 2.1-47）。

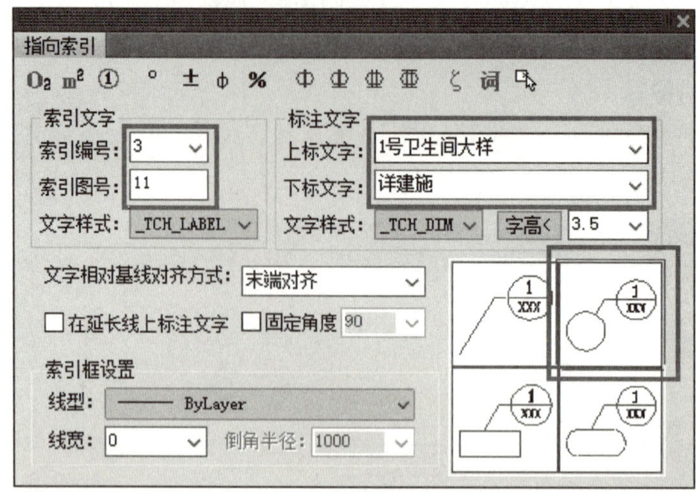

图 2.1-46

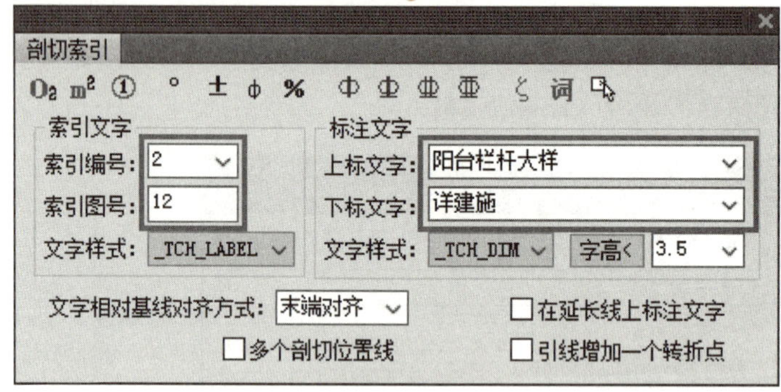

图 2.1-47

20. 添加图框

第一步：点击菜单“文件布图”→“插入图框”，图幅为“A2”，比例为“1∶100”，在③～④轴交Ⓐ轴房间内合适的位置用光标点击放置（图 2.1-48）。

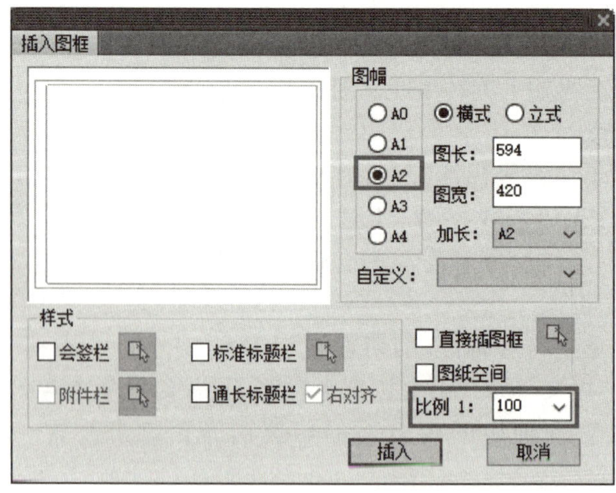

图 2.1-48

第二步：绘制标题栏，天正建筑里面提供的图框都是通用的，需要自己根据需要自行修改，最后保存入库以后即能调用。根据图纸等分进行绘制标题栏。

第三步：将一层平面图移动到图框内。

21. 完善图形（详见附录）

22. 绘制二层平面图

第一步：将一层平面图进行复制，鼠标放置"一层平面图"处，双击鼠标或者鼠标右键"在位编辑"，修改图名为"二层平面图"（图 2.1-49）。

第二步：将⑥～⑦轴交Ⓓ轴、⑫～⑬轴交Ⓓ轴处的"台阶"删除，再把指北针、散水、坡道、剖切符号等全部删除。

图 2.1-49

第三步：把标高标注进行修改为"3.000m"。

第四步：选中"楼梯"，鼠标双击"楼梯"，修改为"无断剖"；再添加一个踏步数目为"9"的"下剖断"直线梯段；用"多段线"在两个梯井间绘制扶手路径，点击菜单"楼梯其他"→"添加扶手"，选中扶手路径，扶手宽设置为"60"、扶手顶面高度设置为"1100"、对齐方式为"中间对齐"。

第五步：在⑥～⑦轴交Ⓓ轴、⑫～⑬轴交Ⓓ轴处用"多段线"绘制雨篷的投射线。

23. 绘制三～六层平面图

第一步：将二层平面图进行复制，修改图名为"三～六层平面图"（操作步骤同二层平面图）。

第二步：把标高依次修改为 6.000m、9.000m、12.000m、15.000m。

第三步：把楼梯修改为"双跑楼梯"，步骤同首层平面图中"中层楼梯"做法。

第四步：点击菜单"楼梯其他/阳台"，点击"矩形三面阳台"按钮，将栏板宽度设为"400"，栏板高度设为"500"，伸出距离设为"1500"，地面标高设为"4500"，阳台板厚设为"100"（图 2.1-50）。

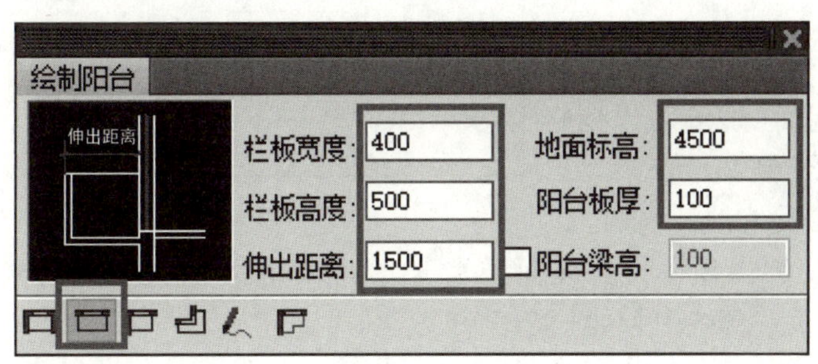

图 2.1-50

点击⑦、Ⓓ轴交点处的柱子右下角，作为雨篷第一点，再向左输入"3400"，按回车键"Enter"。

第五步：将⑥～⑦轴交Ⓓ轴、⑫～⑬轴交Ⓓ轴处的"雨篷"添加索引符号。

点击菜单"符号标注"→"剖切索引"，索引编号为"1"，索引图号为"12"，上标文字为"入口雨篷大样（仅二层有）"，下标文字为"详建施"，在③～④轴交Ⓐ轴房间内合适的位置用光标点击放置（图 2.1-51）。

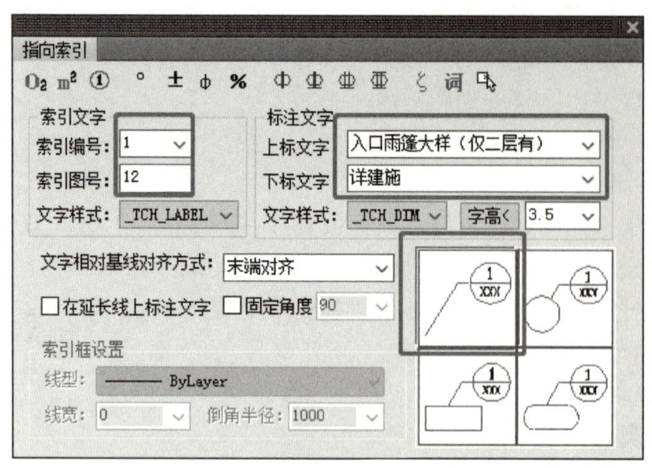

图 2.1-51

第六步：添加“符号标注”→“箭头引注”“符号标注”→“标高标注”“尺寸标注”→“逐点标注”。

24. 绘制屋顶平面图

第一步：将三～六层平面图进行复制，修改图名为“屋顶平面图”（操作步骤同二层平面图）。

第二步：删除②、③、⑩、⑪、⑮、⑯、Ⓒ轴，删除所有构件（仅保留⑥～⑦轴交Ⓓ轴、⑫～⑬轴交Ⓑ、Ⓓ轴的柱、墙、门、楼梯），并重新修改轴号标注和添加尺寸标注。

第三步：绘制女儿墙。

墙厚设为“200”，墙高设为“1300”，用途设为“外墙”，材料设为“砖”，以此绘制女儿墙。

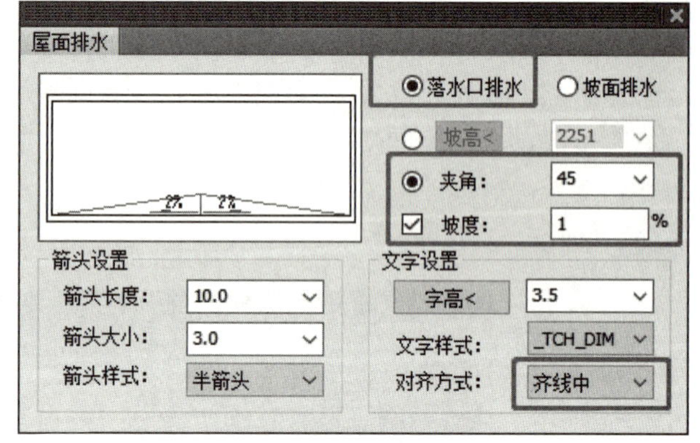

图 2.1-52

第四步：绘制分水线。

点击菜单“房屋屋顶”→“屋面排水”，落水口排水的夹角设为“45”，坡度设为“1”，对齐方式设为“齐线中”（图 2.1-52）。

分别放置分水线，从右向左绘制在⑥～⑦轴交Ⓑ轴、⑫～⑬轴交Ⓑ轴两端柱子外边线。

第五步：绘制坡面排水。

点击菜单“房屋屋顶”→“屋面排水”，坡面排水箭头距离设为“4365”，坡度设为“2”，对齐方式设为“齐线中”，放置坡面排水（图 2.1-53）。

第六步：添加“文字表格”→“单行文字”“符号标注”→“剖切索引”“符号标注”→“标高标注”，完善屋顶平面图的其他标注。

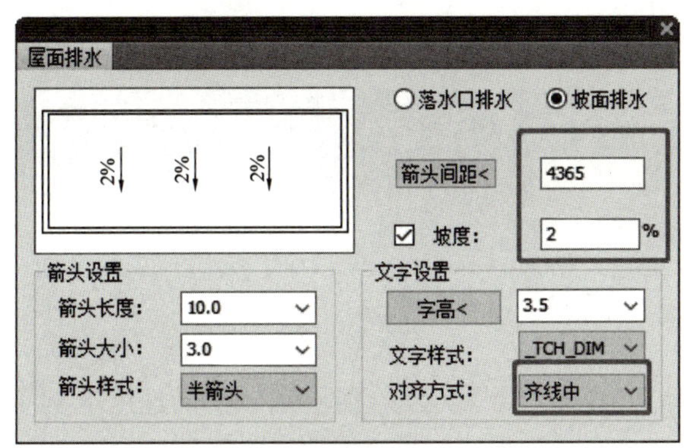

图 2.1-53

25. 绘制不上人屋面

第一步：点击菜单“轴网柱子”→“绘制轴网”，下开间为“2600”，左进深为“4900”，添加“轴网标注”为“⑥和⑦轴”和“Ⓑ和Ⓓ轴”。

第二步：绘制女儿墙：墙厚设为“300”，墙高设为“600”，用途设为“外墙”，材料设为“砖”。

第三步：添加“文字表格”→“单行文字”“符号标注”→“指向索引”“符号标注”→“剖切索引”“符号标注”→“标高标注”“符号标注”→“尺寸标注”“雨篷 2”，参照绘制“屋顶平面图”的第六步操作。

绘制屋顶平面图如图 2.1-54 所示。

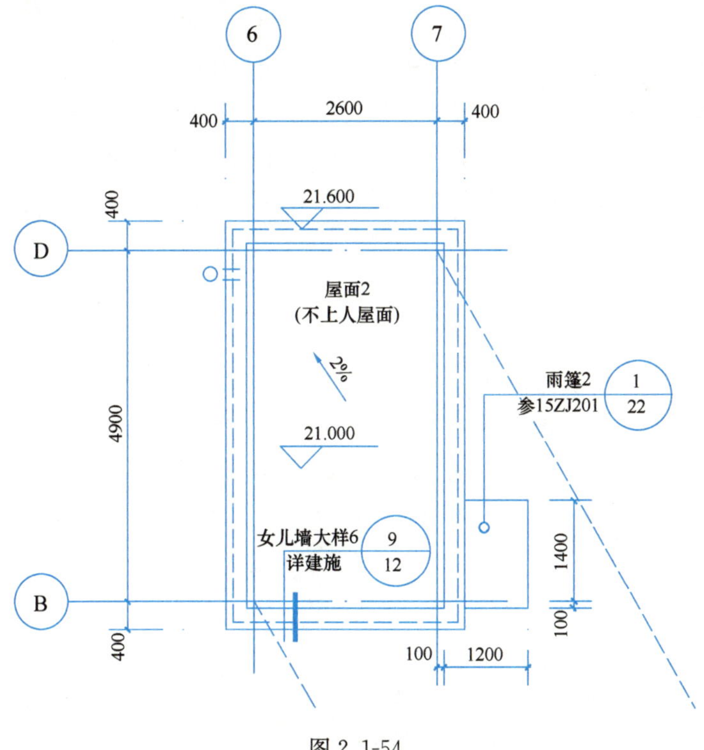

图 2.1-54

任务 2.2 补全建筑立面图

知识目标

1. 掌握天正建筑软件操作、绘图方法，能够以较快的速度绘制楼层立面图。
2. 掌握建筑立面的生成，掌握对立面图深化的方法。

能力目标

1. 能识读建筑立面图。
2. 能绘制立面轴网。
3. 能绘制立面图的地平线和轮廓线。
4. 能绘制门窗等构件。
5. 能绘制标高及尺寸文字标注。

素质目标

1. 培养三维空间想象能力，培养独立思考能力和操作能力。
2. 培养学生合作精神，在工作能善于与人交流。
3. 培养学生作为工程技术人员要认真负责的工作态度和严谨细致的工作作风。
4. 培养学生具有精益求精的大国工匠精神。

任务介绍

用天正建筑软件绘制建筑立面图。
1. 新建工程项目，生成建筑立面图。
2. 删除多余线条。
3. 绘制建筑立面图的门窗、阳台等构件。
4. 绘制屋顶轮廓线。
5. 绘制标高、引出标注、图名标注、图框。

通过识读建筑立面图，用天正建筑软件绘制建筑立面图。

1. 用立面的“建筑立面”菜单新建工程。

2. 选择多余线条用“Delete”键进行删除。

3. 用立面的“立面门窗”“立面阳台”菜单分别绘制门窗、阳台等构件，如没有门窗、阳台的样式则需用多段线重新绘制。

4. 用多段线绘制屋顶轮廓线。

5. 用符号标注的“标高标注”“引出标注”“图名标注”菜单分别绘制标高标注、引出标注、图名标注，用文字表格的“单行文字”菜单添加文字。

绘制建筑立面图：

第一步：点击菜单“立面”→“建筑立面”（图 2. 2-1），点击建筑立面选项之后，会出现如图 2. 2-2 所示的一个窗口，表示需要先新建一个工程，点击“确定”按钮即可。

视频19 天正绘制立面窗

图 2. 2-1

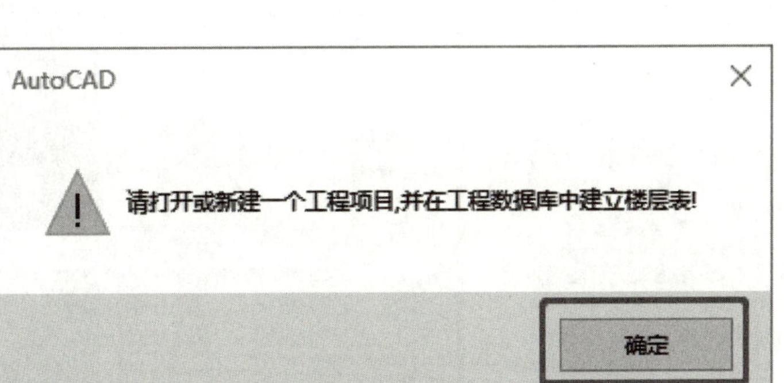

图 2. 2-2

第二步：点击“确定”按钮之后，在出现的界面左边单击“工程管理”→“新建工程”（图 2. 2-3）。

第三步：点击“新建工程”选项之后，会出现工程“另存为”的界面，选择保存工程的位置和文件名为：“8 号职工宿舍楼”，点击“保存”即可。

第四步：点击打开“楼层”选项，再点击“选择标准层文件”功能图标（图 2. 2-4），添加一个“标准层文件”；或者设置好“层号、层高”参数，1～6 层设置参数完毕后，鼠标点击文件对应下表格，在当前图中框选楼层范围图标（图 2. 2-5）框选对应楼层图纸范围，再点选①轴交Ⓐ轴为对齐点。

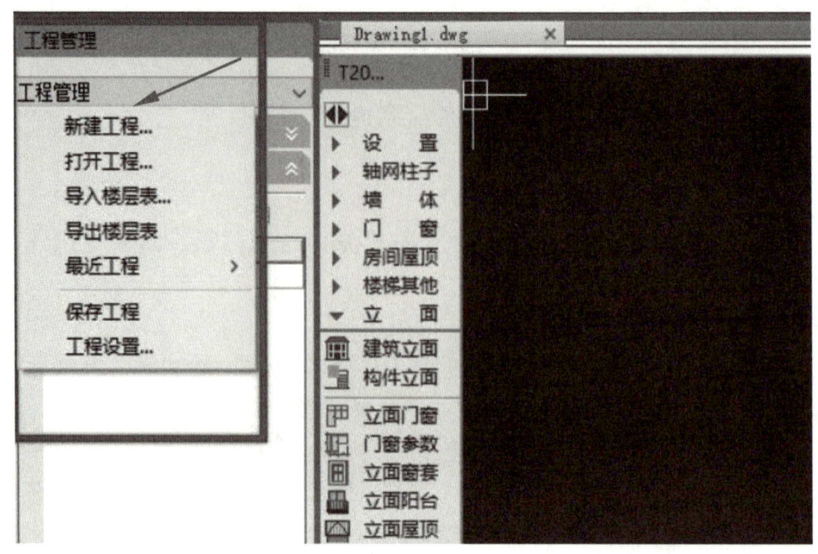

图 2.2-3

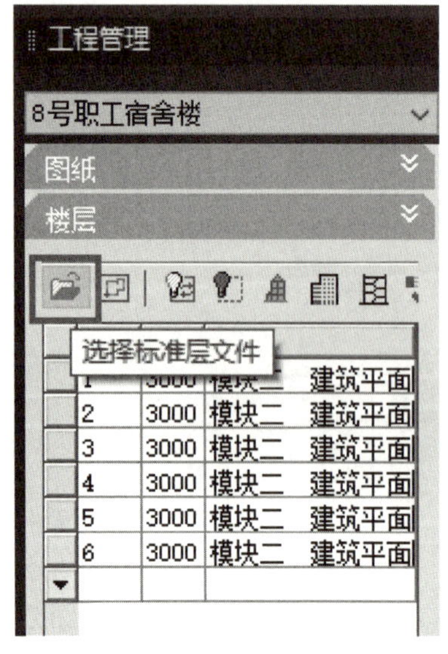

图 2.2-4

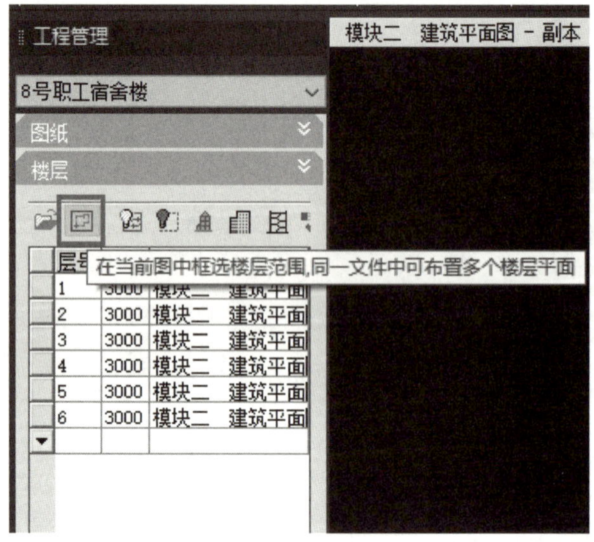

图 2.2-5

第五步：点击“建筑立面”图标，或者点击“立面”→“建筑立面”菜单，如图 2.2-6所示。

第六步：点击之后会出现下图所示的“立面方向”窗口，输入“F”按钮或者点击窗口“正立面（F）”图 2.2-7，然后选择①和⑰的轴网（图 2.2-8），点击鼠标“右键”，按如图 2.2-9 所示进行设置，点击“生成立面”按钮，则生成正立面图。

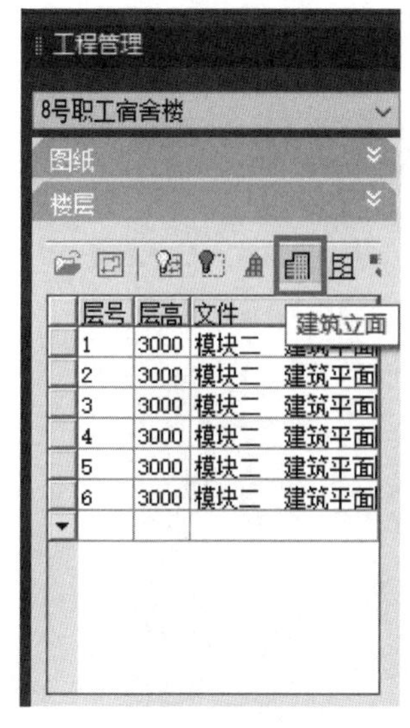

图 2.2-6

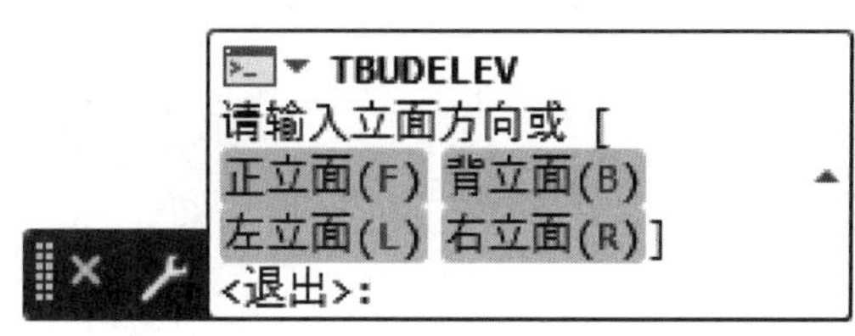

图 2.2-7

图 2.2-8

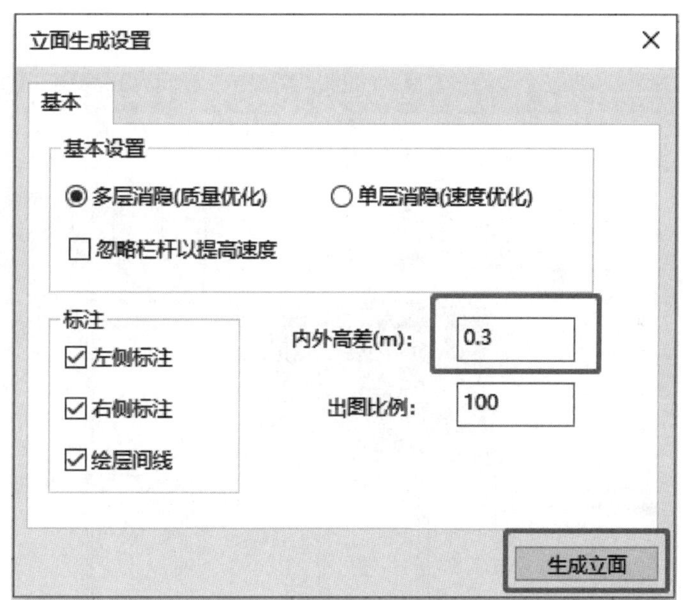

图 2.2-9

第七步：生成立面后删除多余的线条。

第八步：点击菜单“立面窗”，选择“立面窗”→“普通窗”→“1500×1800”，点击“替换”图标（图 2.2-10），选中需替换的窗，按回车键“Enter”确定。如果没有门窗表的样式则需重新绘制。

第九步：点击菜单“立面窗”，选择“立面窗”→“普通窗”→“百叶窗 0”，点击 ，放置百叶窗（图 2.2-11），点击窗右上角输入窗的尺寸“1800×1000”按回车键“Enter”或者直接拖拽，将其复制到相同的百叶窗位置。

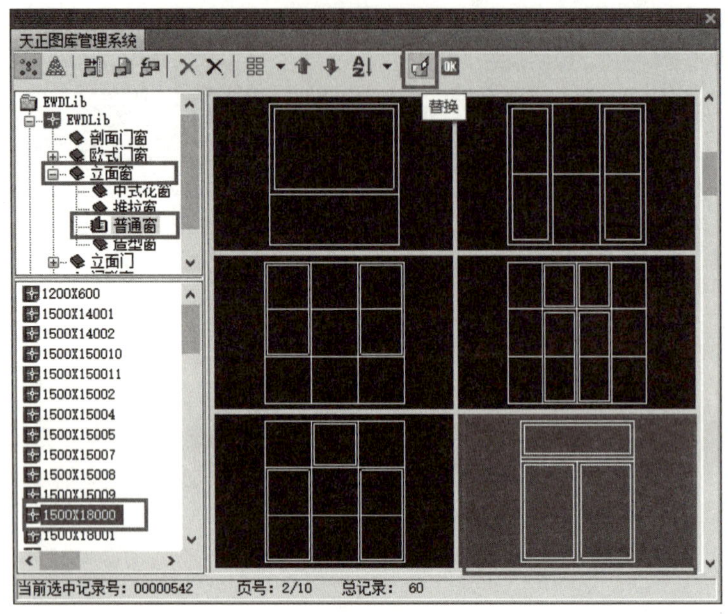

图 2.2-10

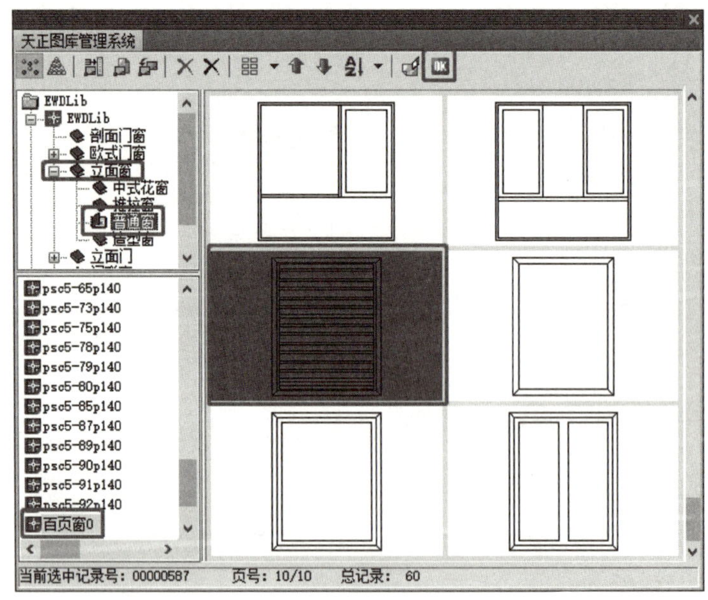

图 2.2-11

第十步：点击菜单“立面阳台”，选择“阳台 1”→“正立面”，点击替换，选择需替换的阳台，按鼠标“右键”确定。如果没有阳台的样式则需重新绘制（图 2.2-12）。

第十一步：点击“立面屋顶参数”，设置“坡顶类型”为“平屋顶立面”，屋顶高 H 为“1300”，出挑长 V 为“100”，定位点 PT1-2<点选“屋顶左右两端”（图 2.2-13），若图纸无适用屋顶类型，则需利用“直线”或“多段线”绘制屋顶线轮廓，把楼层线和柱线删除。

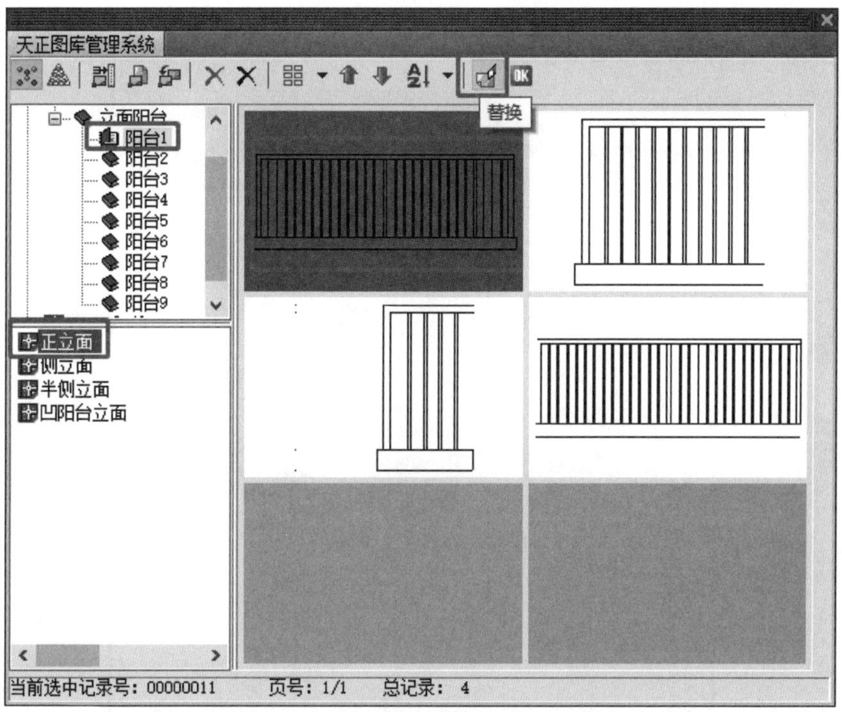

图 2.2-12

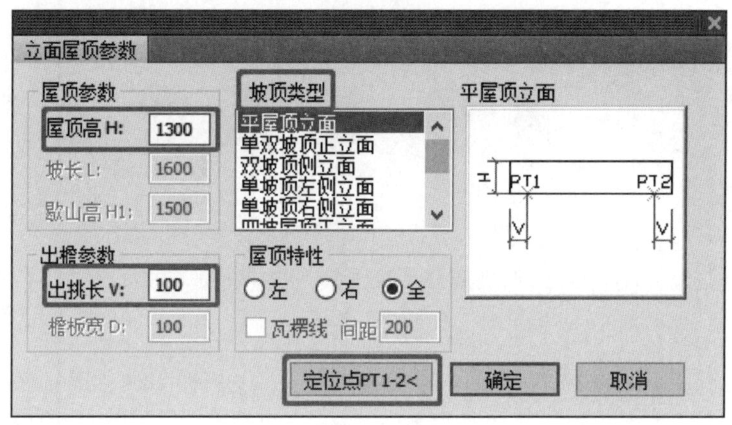

图 2.2-13

第十二步：点击菜单“立面轮廓”，框选“正立面图”，鼠标“右键”，输入轮廓线宽度为“100”。

第十三步：输入“H”或者点击绘图栏的 ，选择“CROSS”图案、颜色改为红色，点击 1、2 层空白处进行填充（其他填充同样操作）。

第十四步：按照图纸添加“标高标注”“引出标注”“图名标注”“图框”和修改“尺寸标注”。

建筑立面图如图 2.2-14 所示。

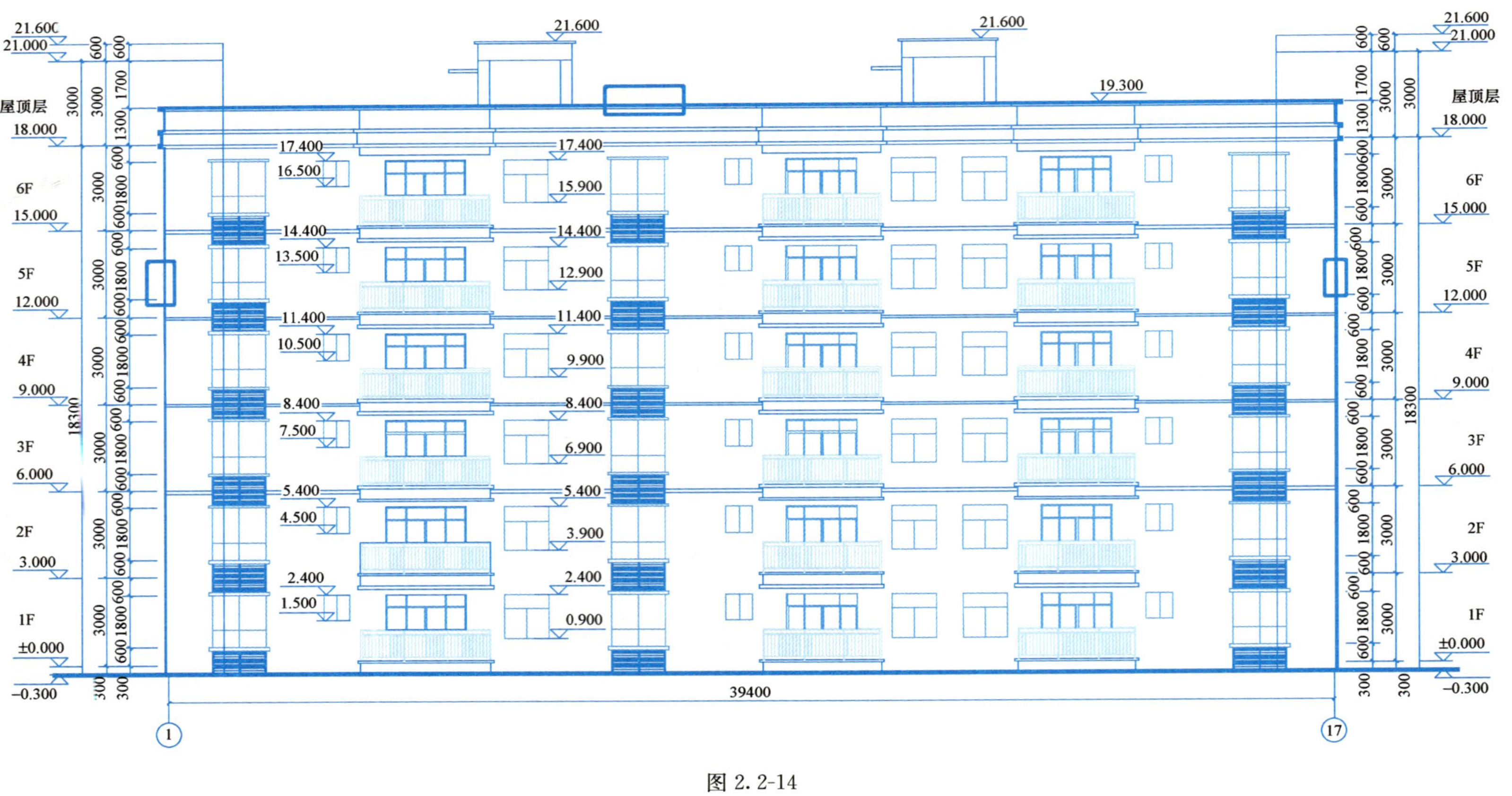
21.600
21.000
屋顶层
18.000
6F
15.000
5F
12.000
4F
9.000
3F
6.000
2F
3.000
1F
±0.000
-0.300
18300
3000
600
1700
1300
1800
300
19.300
17.400
16.500
15.900
14.400
13.500
12.900
11.400
10.500
9.900
8.400
7.500
6.900
5.400
4.500
3.900
2.400
1.500
0.900
39400
1
17

图 2. 2-14

任务 2.3　补全建筑剖面图

知识目标

1. 掌握天正建筑软件操作、绘图方法，能够较快地绘制楼层剖面图。
2. 掌握建筑剖面的生成，掌握对剖面图深化的方法。

能力目标

1. 能识读建筑剖面图。
2. 能根据建筑平面图的剖切位置绘制建筑剖面图。
3. 能绘制剖面轴网。
4. 能绘制剖面图的地坪线和轮廓线。
5. 能绘制门窗等构件。
6. 能绘制标高及尺寸文字标注。

素质目标

1. 培养学生三维空间想象能力，能够独立表达思考结果，培养独立操作能力。
2. 培养学生合作精神，在工作能善于与人交流。
3. 培养学生作为工程技术人员认真负责的工作态度和严谨细致的工作作风。
4. 培养学生精益求精的大国工匠精神。

任务介绍

用天正建筑软件绘制建筑剖面图。
1. 绘制轴网。
2. 绘制墙和楼板断面。
3. 绘制门窗和楼梯、梯梁。
4. 绘制阳台和阳台栏杆。
5. 绘制入口台阶。
6. 绘制二层和屋顶层檐口轮廓线。
7. 绘制标高、文字、标注及图名。

任务分析

通过识读建筑剖面图，用天正建筑软件绘制建筑剖面图。

1. 用轴网柱子的“绘制轴网”菜单去绘制轴网。

2. 用墙体的“绘制墙体”菜单绘制墙，用“多段线”绘制楼板。

3. 用立面的“立面门窗”菜单绘制窗，用“矩形”绘制门，用剖面的“参数楼梯”菜单绘制楼梯，用“矩形”绘制梯梁。

4. 用“多段线”阳台和阳台栏杆。

5. 用“多段线”绘制二层和屋顶层檐口轮廓线。

6. 用符号标注的“标高标注”“逐点标注”图名标注”菜单分别绘制标高标注、引出标注、图名标注，用文字表格的“单行文字”菜单添加文字。

绘制建筑剖面图：

第一步：点击菜单“轴网柱子”→“绘制轴网”。

在①轴线（Ⓐ-Ⓓ段）“下开”列表输入为“7200”（图 2.3-1），在“左进”列表输入为“3000”“3000”“3000”“3000”“3000”“3000”“3000”（图 2.3-2），再点击“轴网标注”选择“单侧标注”，输入起始符号为“D”，用光标从左向右点击第一条和最后一条轴线，右键确定（图 2.3-3）。把Ⓔ轴号改为Ⓐ轴。

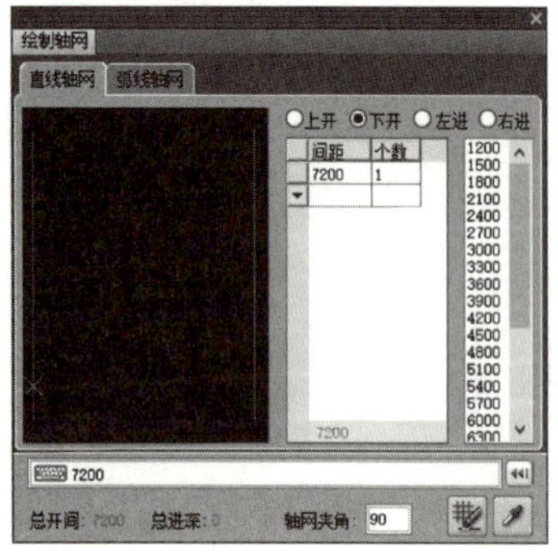

图 2.3-1

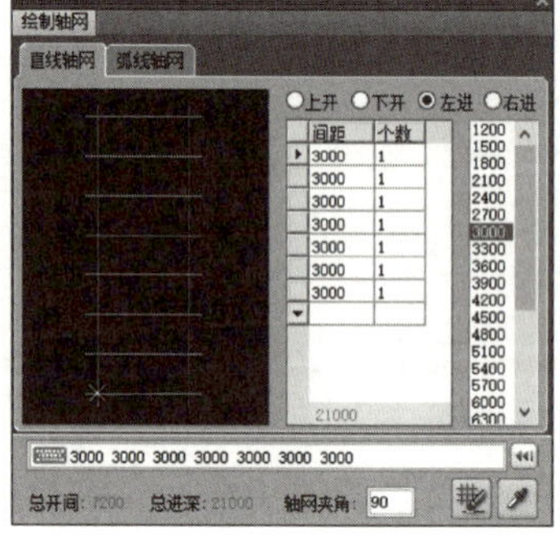

图 2.3-2

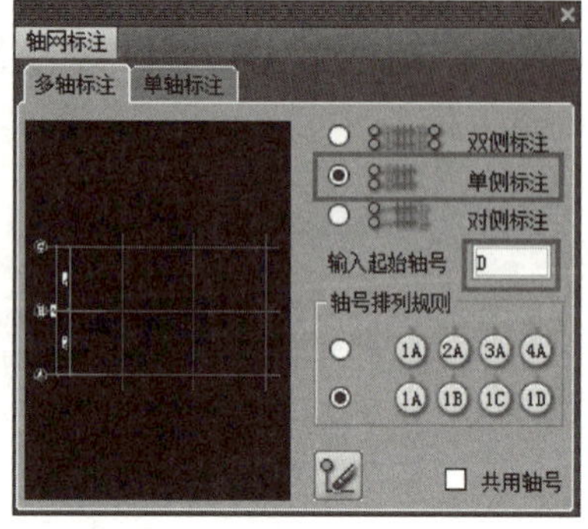

图 2.3-3

视频20 天正绘制剖面窗、门、楼梯、阳台栏杆

第二步：点击“墙体”，设置墙宽为“200”，左右宽均为“100”，墙高为“3000”（图 2.3-4），绘制在Ⓐ轴一层处，再向Ⓓ轴方向复制间距为 2100mm 的墙（图 2.3-5）。

第三步：输入“PL”绘制楼梯平台板为 100mm 厚，再绘制 200mm×400mm、200mm×500mm、200mm×500mm 的梯梁，绘制完毕后输入“TR”修剪线条(图 2.3-6)。

第四步：选择“剖面门窗”→“通用剖面门窗”，点击 图标，放置窗(图 2.3-7)，再点击“门窗参数”修改窗宽尺寸为“200mm”。

第五步：输入“PL”，绘制尺寸为 900mm×2100mm 和 1000mm×2100mm 的门（图 2.3-8）。

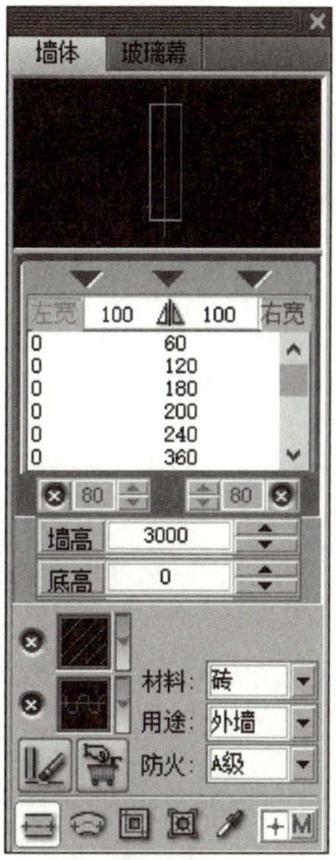

图 2.3-4 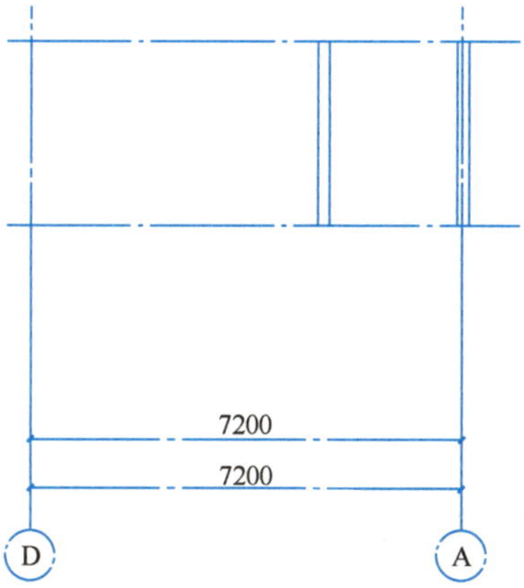　　　　图 2.3-5 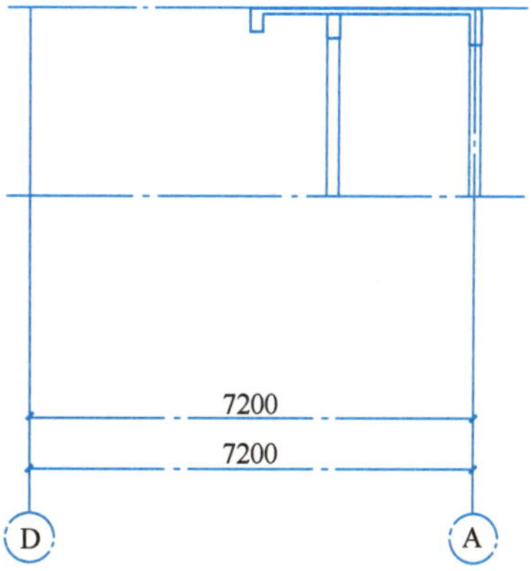　　　　图 2.3-6

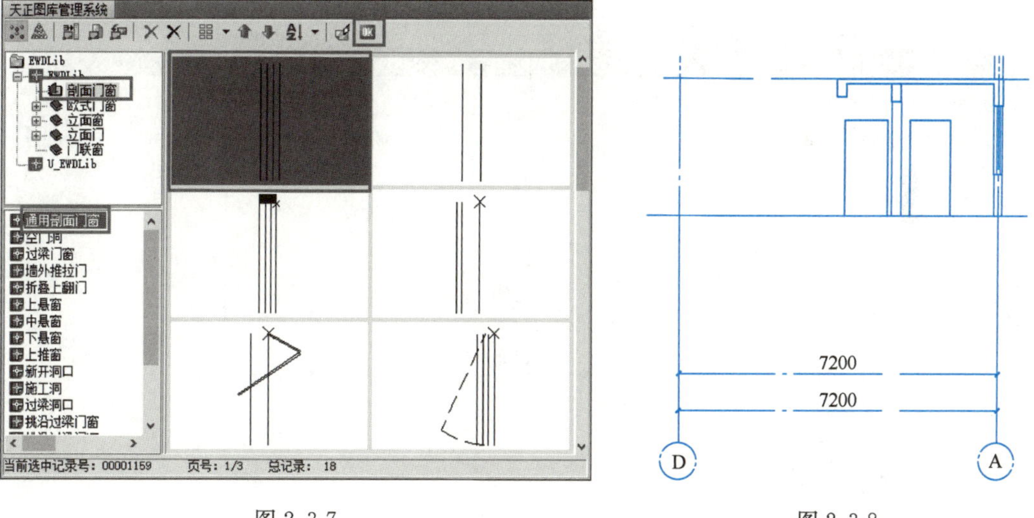

图 2.3-7　　　　图 2.3-8

第六步：点击“参数楼梯”，设置走向为“左低右高”（二层以上的楼梯则先布置“左高右低”再布置“左低右高”梯段），勾选“栏板”，梯段高度为“3000”，踏步数目“18”，踏步宽度“260”，楼梯板厚度为“100”，休息板厚为“100”，左右休息板宽为“0”，扶手高度为“1100”（图 2.3-9），放置在Ⓓ轴向左偏移 880mm，再输入“PL”线段补齐扶手垂线；或者直接绘制楼梯。

第七步：输入“PL”绘制阳台和阳台栏杆（图 2.3-10）。

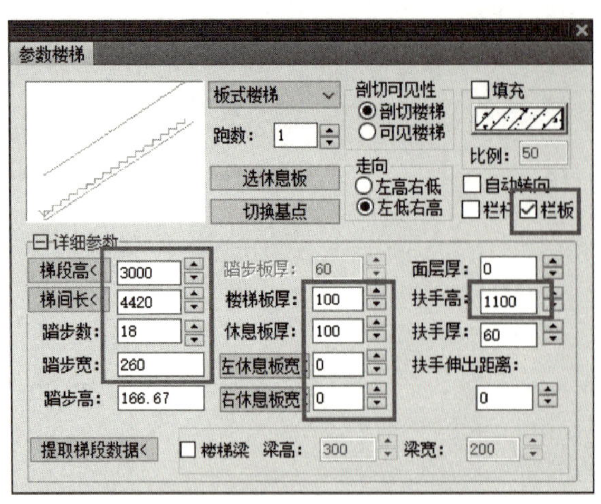

图 2.3-9

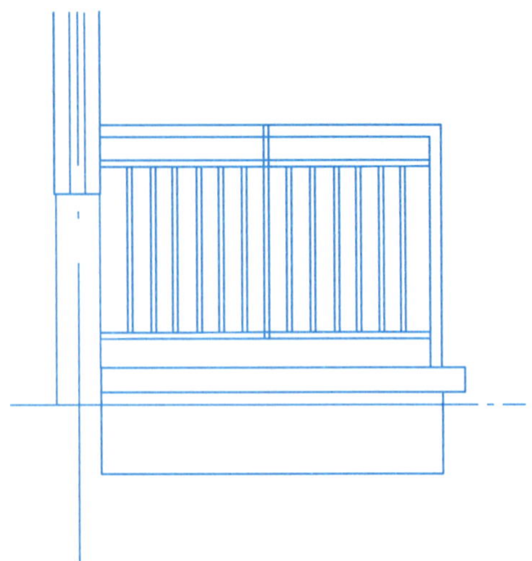

图 2.3-10

第八步：输入“PL”绘制室外地坪，输入“H”，选图案为“AR-HBONE”点击需填充的室外地坪空白处（图 2.3-11）。

第九步：绘制Ⓓ轴的墙窗（步骤同第二步、第四步），复制一层的所有构件到二～六层（二～六层楼梯画法参照第六步），如图 2.3-12 所示。

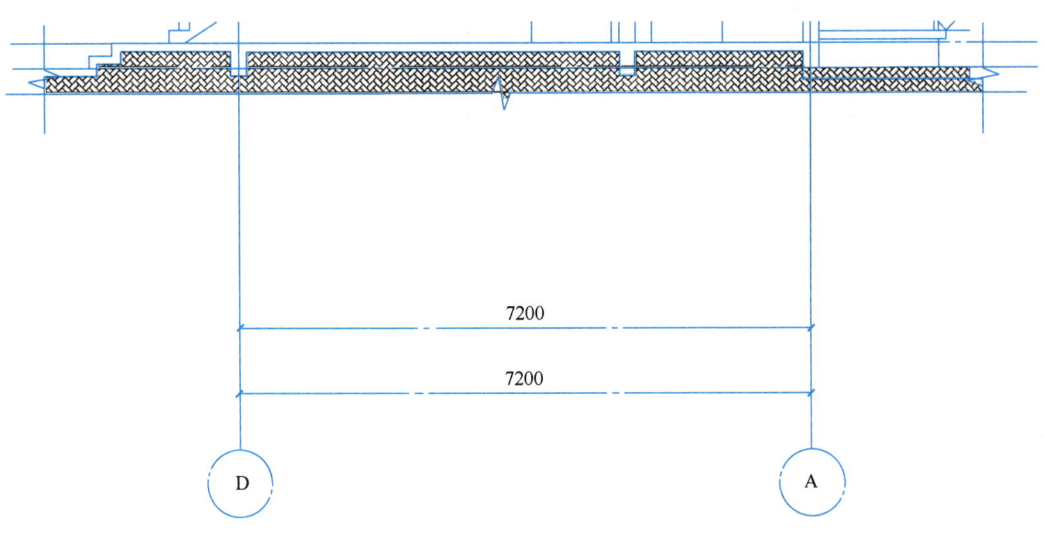

图 2.3-11

第十步：输入“PL”绘制二层和屋顶层檐口轮廓（图 2.3-13）。

第十一步：添加文字以及符号标注（详见附录）。

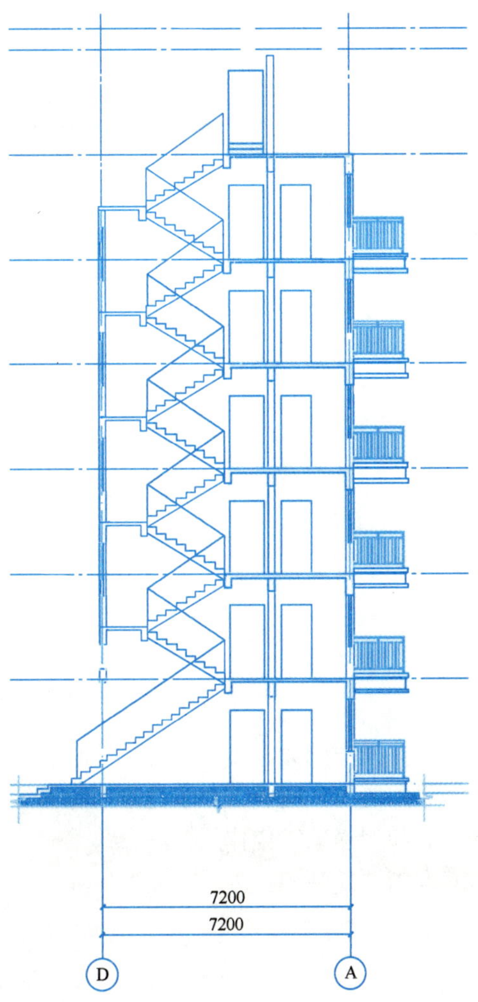

图 2.3-12

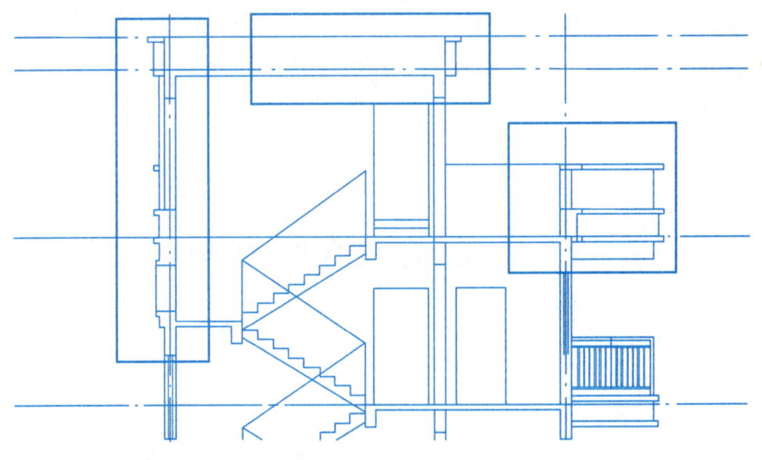

图 2.3-13

任务 2.4 出图打印

知识目标

1. 认识出图打印的概念。
2. 掌握图形的打印和输出方法。

能力目标

具有图形的打印和输出的能力。

素质目标

1. 培养学生认真倾听，独立操作能力。
2. 培养学生良好的空间想象能力，能够独立表达思考结果。
3. 培养学生强烈的事业心和严谨的工作作风。
4. 培养学生精益求精的大国工匠精神。

任务介绍

用天正建筑软件出图打印。

1. 进入“主菜单 A”，选择打印。
2. 设置打印的页面、打印机、图纸尺寸，选择打印范围和方向。

任务分析

通过了解打印输出建筑图样的方法，对出图图样进行设置。

1. 设置打印机及打印样式。
2. 选择需要打印的图纸，选择图纸尺寸。
3. 选择打印范围和方向。

出图打印：

第一步：点击左上角菜单，点击“打印”按钮或者输入快捷键“Ctrl+p”（图 2.4-1）。

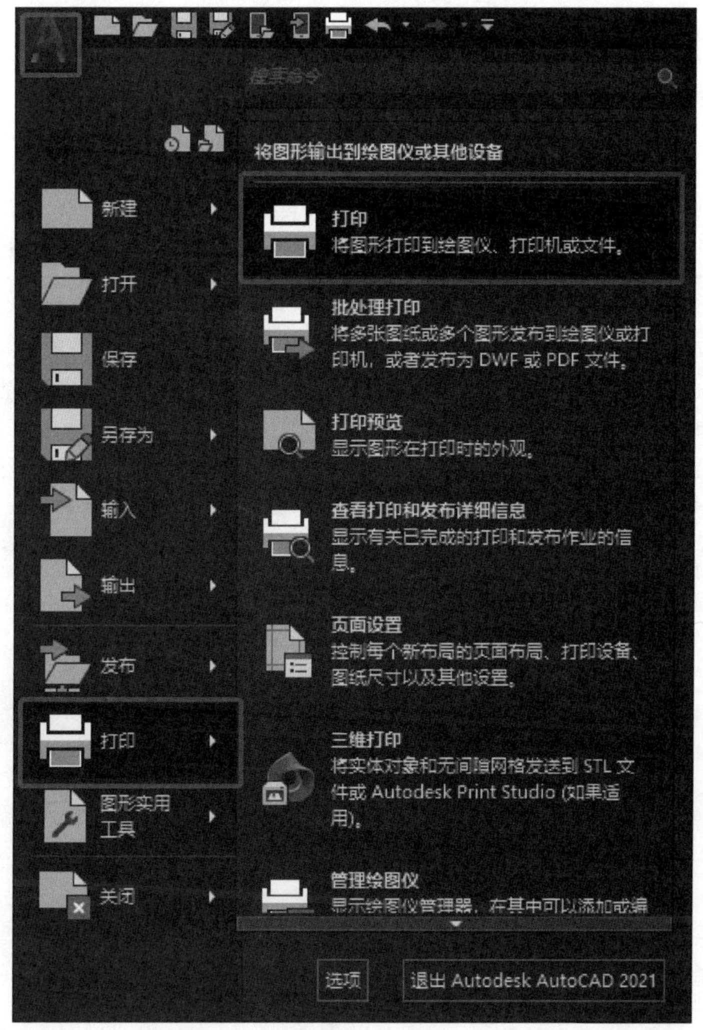

图 2.4-1

第二步：弹出“打印-模型”窗口，“页面设置”中名称设为“无”或者“上一次打印”“打印机”名称设为“DWG To PDF. pc3”，图纸尺寸设为“ISO A2（594.00×420.00 毫米）”，亦可根据实际情况进行选择，打印范围设为“窗口”，再点击“窗口（O）<”框选需打印的图纸范围，图形方向设为“横向”，设置参数完毕后可点击“预览”按钮进行打印预览，预览无误后点击“确定”（图 2.4-2）。

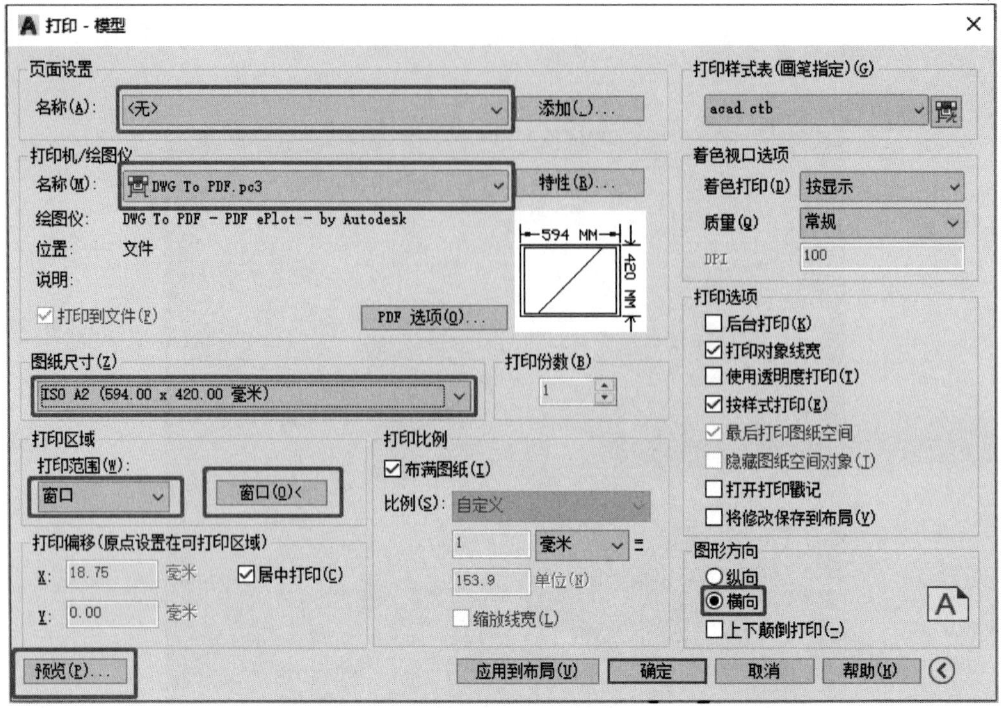
打印 - 模型
页面设置
名称(A):
<无>
添加(.)...
打印机/绘图仪
名称(M):
DWG To PDF.pc3
特性(R)...
绘图仪: DWG To PDF - PDF ePlot - by Autodesk
位置: 文件
说明:
打印到文件(F)
PDF 选项(O)...
594 MM
420 MM
图纸尺寸(Z)
ISO A2 (594.00 x 420.00 毫米)
打印份数(B)
1
打印区域
打印范围(W):
窗口
窗口(O)<
打印比例
布满图纸(I)
比例(S): 自定义
1
毫米
153.9
单位(N)
缩放线宽(L)
打印偏移(原点设置在可打印区域)
X: 18.75 毫米
居中打印(C)
Y: 0.00 毫米
预览(P)...
应用到布局(U)
确定
取消
帮助(H)
打印样式表(画笔指定)(G)
acad.ctb
着色视口选项
着色打印(D) 按显示
质量(Q) 常规
DPI 100
打印选项
后台打印(K)
打印对象线宽
使用透明度打印(T)
按样式打印(E)
最后打印图纸空间
隐藏图纸空间对象(J)
打开打印戳记
将修改保存到布局(V)
图形方向
纵向
横向
上下颠倒打印(-)

图 2.4-2

模块三 Chapter 03

学生工作页

任务 3.1 投影图

一、选择题

1. 在形体三视图中，一般用 V 面表示(　　)。

A. 水平投影　　B. 左视图　　C. 右视图　　D. 主视图

2. 正等轴测的轴间角度为(　　)。

A. 90°　　B. 120°　　C. 150°　　D. 180°

3. 在垂直摆放的圆柱体的三面投影中，W 面的投影为(　　)。

A. 矩形　　B. 圆　　C. 椭圆　　D. 菱形

4. 在绘制三视图中，看不见的线条表示为(　　)。

A. 粗实线　　B. 细实线　　C. 虚线　　D. 波浪线

5. 根据轴测图，正确的三面投影是(　　)。

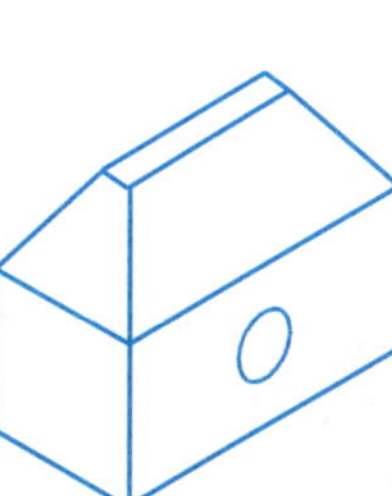

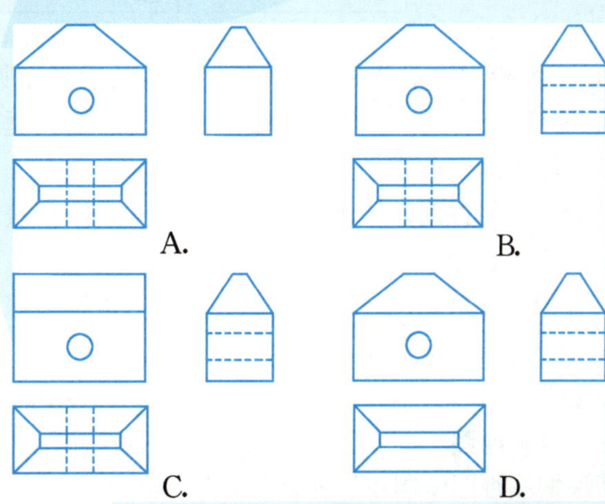

6. CAD绘图过程中，下列(　　)是复制命令。

A.  　　B. 　　C. 　　D.

7. 绘制矩形的最快速的方法是输入(　　)命令。

A. L　　B. REC　　C. XL　　D. C

8. 当一条直线平行于投影面时，在该投影面上反映(　　)。

A. 定比性　　B. 积聚性　　C. 类似性　　D. 实形性

9. 已知某构件的四个视图，请选择正等轴测图正确的一项(　　)。

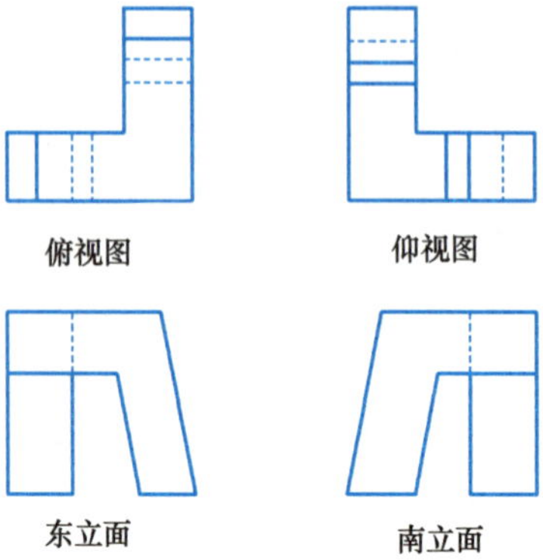

俯视图　仰视图

东立面　南立面

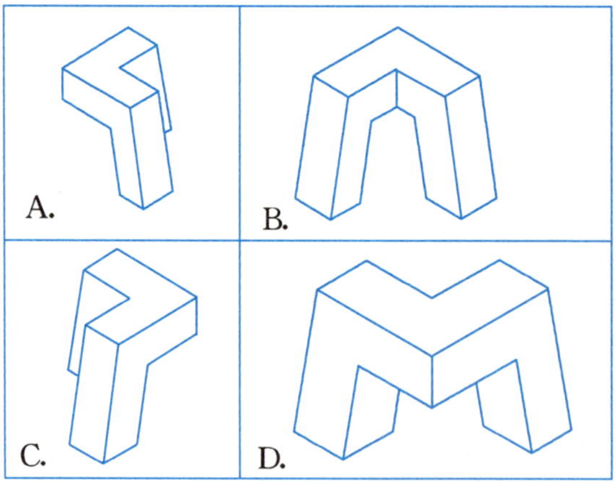

A.　B.

C.　D.

10. 三面投影体系是由三个相互(　　)的投影面所组成。

A. 平行　　B. 倾斜　　C. 垂直　　D. 相交

二、填空题

1. 绘制投影图时，不可见轮廓一般用________表示。

2. 三视图包括________、________、________。

3. 在绘制正等轴测图时，我们一般设置极轴追踪的角度为________。

4. 十字光标中间的矩形叫作________。

5. 如果在线宽组合中，1表示粗线，0.5表示中粗，则细线为________。

三、电脑绘图

请根据三视图绘制正等轴测图。

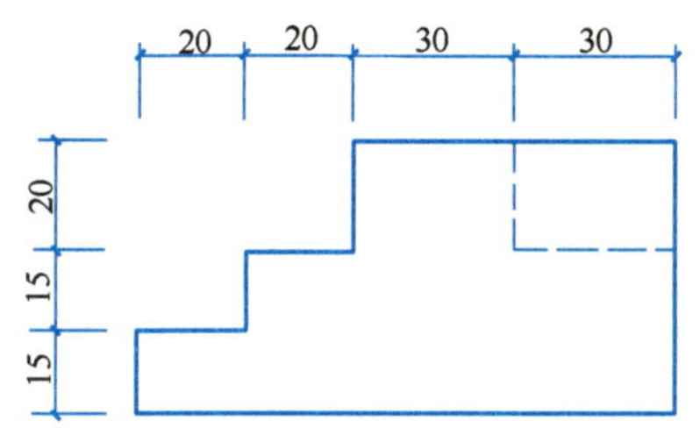

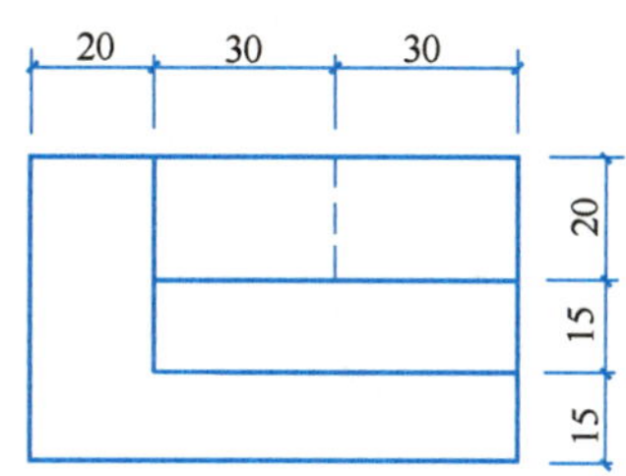

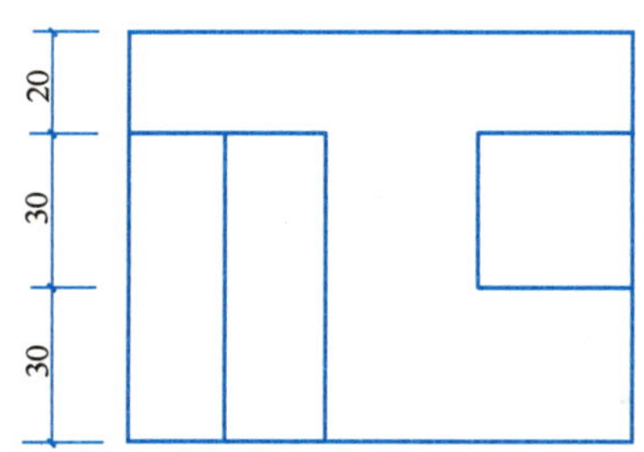

任务 3.2　建筑设计说明

一、选择题

1. A1 图纸的尺寸为(　　)。

A. 594mm×841mm　　B. 594mm×420mm

C. 420mm×297mm　　D. 297mm×210mm

2. 建筑设计说明的内容里面不包括(　　)。

A. 设计依据　　B. 工程概况

C. 设计标高　　D. 钢筋结构

3. 门窗表里面一般不包含的有(　　)。

A. 宽度　　B. 高度

C. 顶标高　　D. 编号

4. 识读附录 8 号教职工宿舍建筑设计说明，完成（1）～（6）题：

（1）本工程按使用功能分类为(　　)。

A. 工业建筑　　B. 农业建筑

C. 园林建筑　　D. 民用建筑

（2）本工程的散水宽度为(　　)。

A. 1000mm　　B. 1000m　　C. 800mm　　D. 800m

（3）工程屋面防水等级为(　　)级。

A. Ⅰ　　B. Ⅱ　　C. Ⅲ　　D. Ⅳ

（4）TLM2424 为(　　)门。

A. 平开　　B. 旋转　　C. 推拉　　D. 弹簧

(5) TC1518 的窗台高度为(　　)mm。

A. 500　　B. 900　　C. 1500　　D. 600

(6) GC0909 的窗框厚度为(　　)mm。

A. 90　　B. 900　　C. 9　　D. 70

二、填空题（根据附录建筑设计说明，完成填空）

1. 本工程的结构形式为__________，抗震设防烈度为__________度，耐火等级为________级。

2. 本工程的室内外高差为________m。

3. 卫生间内隔墙的材质为________________，厚度为________mm。

4. 墙身防潮层设置的标高为________m。

5. 丁字墙交接处，拉结筋的间距为________mm，长度为________mm。

6. 本工程的排水方式采用的是________。

7. 建筑外门窗的隔声性能分级为________级。

8. 卫生间地面找________坡度向地漏或蹲坑。

9. 楼梯栏杆采用的材质是________。

10. 屋面保护层、找平层分隔缝的做法参考的图集是____________。

三、电脑绘图

请用 A2 图纸绘制附录的建筑设计说明和门窗表。

任务 3.3 建筑总平面图

一、单选题

1. 总平面图中室外地面整平标高标注的是(　　)。

A. 建筑标高　　B. 结构标高

C. 相对标高　　D. 绝对标高

2. 总平面图上的标高尺寸及新建房屋的定位尺寸，均以(　　)为单位。

A. mm　　B. m　　C. dm　　D. cm

3. 在建筑总平面图的常用图例中，对于新建建筑物外形用(　　)表示。

A. 细实线　　B. 中虚线　　C. 粗实线　　D. 点划线

4. 在建筑总平面图的常用图例中，对于原有建筑物外形用(　　)表示。

A. 细实线　　B. 中虚线　　C. 粗实线　　D. 点划线

5. 在建筑总平面图的常用图例中，对于计划扩建建筑物外形用(　　)。

A. 细实线　　B. 中虚线　　C. 粗实线　　D. 点划线

6. 下列(　　)必定属于总平面图表达的内容。

A. 相邻建筑的位置　　B. 墙体轴线

C. 柱子轴线　　D. 建筑物总高

7. 风玫瑰用于反映建筑场地范围内(　　)主导风向。

A. 常年　　B. 夏季　　C. 冬季　　D. 秋季

8. 建筑总平面图中新建房屋的定位依据中，用坐标网格定位所表示的 X，Y 是指(　　)。

A. 施工坐标　　B. 建筑坐标　　C. 测量坐标　　D. 投影坐标

9. 施工图中建筑总平面图常用的比例为(　　)。

A. 1∶100　　B. 1∶200　　C. 1∶500　　D. 1∶50

10. 用来确定新建房屋的位置和朝向以及新建房屋与原有房屋周围地形、地物关系等的图样称为(　　)。

A. 建筑平面图　　B. 建筑剖面图　　C. 建筑立面图　　D. 建筑总平面图

二、填空题

1. 将新建建筑物四围一定范围内的原有和拆除的建筑物、构筑物连同其周围的地形地物状况，用水平投影方法和相应的图例所画出的图样，称为__________。

2. 在总平面图中应画出__________或__________来表示建筑物的朝向。从下图中的风向频率玫瑰图可知该地区常年多为__________风。

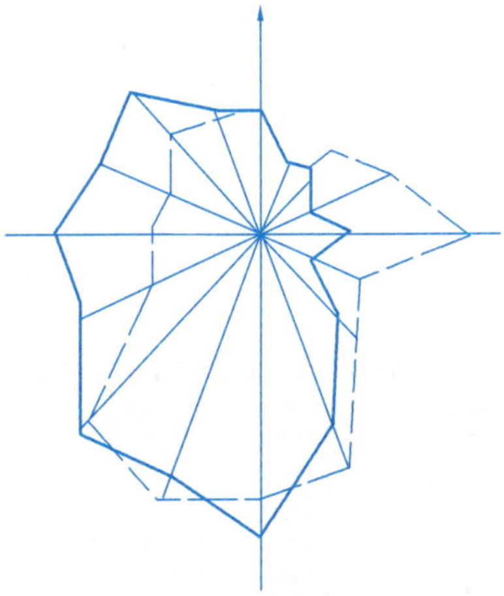

3. 玫瑰图中实线表示__________的风向频率，虚线表示__________(6、7、8 月)的风向频率。

4. 总平面图中常用__________表示建筑物、道路等的位置。常采用的方法有______坐标和__________坐标。

5. 建筑物层数在总平面图中，一般标注在建筑物的__________位置，6F 表示建筑为______层，虚线框表示__________建筑，带×细线框表示__________建筑。

6. 新建建筑室内绝对标高符号为__________，室外绝对标高符号为__________。

7. 总平面图中带数字的曲线为__________，它主要用来表示__________。

三、电脑绘图

请用 A2 图纸绘制附录中建筑总平面图，比例 1∶500。

任务 3.4 建筑平面图

一、单选题

1. 定位轴线应用(　　)绘制。

A. 中粗实线　　B. 细实线　　C. 虚线　　D. 细点划线

2. 定位轴线的端部圆圈线型为(　　)。

A. 粗实线　　B. 中实线　　C. 细实线　　D. 细虚线

3. 定位轴线的端部圆圈直径为(　　)。

A. 10mm　　B. 14mm　　C. 24mm　　D. 没有要求

4. 横向定位轴线是从图纸的左下角开始用(　　)表示。

A. 从左往右用①～⑩等表示　　B. 从上往下用Ⓐ～Ⓖ等表示

C. 从右往左用①～⑩等表示　　D. 从下往上用Ⓐ～Ⓖ等表示

5. 在建筑平面图中，纵向定位轴线用拉丁字母并按(　　)顺序编号。

A. 从左向右　　B. 从右向左　　C. 从上向下　　D. 从下向上

6. 纵向定位轴线用大写拉丁字母编号，拉丁字母中的(　　)是不得用于轴线编号的。

A. H、K、Z　　B. I、O、Q　　C. I、O、Z　　D. E、G、K

7. 房间的(　　)，是指平面图中相邻两道横向定位轴线之间的距离。

A. 开间　　B. 进深　　C. 层高　　D. 总尺寸

8. 相对标高的零点正确的注写方式为(　　)。

A. ±0.000　　B. －0.000　　C. ＋0.000　　D. 无特殊要求

9. 在建筑工程施工图中，尺寸线应采用(　　)绘制。

A. 点画线　　B. 细实线　　C. 中实线　　D. 虚线

10. 引出线应以(　　)绘制。

A. 点画线　　B. 中实线　　C. 细实线　　D. 粗实线

11. 相对标高是以建筑的(　　)高度为零点参照点。

A. 基础顶面　　B. 基础底面

C. 室外地面　　D. 室内首层地面

12. 建筑平面图是用一个假想的剖切平面沿略高于(　　)的位置移去上面部分，将剩余部分向水平面做正投影所得的水平剖面图。

A. 窗顶　　B. 窗台　　C. 踢脚　　D. 地面

13. (3/0A)表示为(　　)。

A. A 号轴线之后的第三根附加轴线　　B. A 号轴线之前的第三根附加轴线

C. 0A 号轴线之后的第三根附加轴线　　D. 0A 号轴线之前的第三根附加轴线

14. 指北针的圆圈直径宜为(　　)。

A. 14mm　　B. 18mm　　C. 24mm　　D. 30mm

15. 图样中的某一局部或构件，如需另见详图，应以索引符号索引，索引符号的端部是由直径为(　　)mm 的圆组成。

A. 8　　B. 10　　C. 12　　D. 14

16. 建筑平面图的外部尺寸俗称外三道，其中最外一道尺寸标注的是(　　)。

A. 房屋的开间、进深

B. 房屋内墙的厚度和内部门窗洞口尺寸

C. 房屋水平方向的总长、总宽

D. 房屋外墙的墙段及门窗洞口尺寸

17. 建筑平面图中墙体的主要轮廓线用(　　)表示。

A. 点画线　　B. 中实线　　C. 细实线　　D. 粗实线

18. 楼层建筑平面图表达的主要内容包括(　　)。

A. 平面形状、内部布置　　B. 梁柱等构件的代号

C. 楼板的布置及配筋　　D. 外部造型及材料

19. 进深，是指平面图中相邻两道(　　)定位轴线之间的距离。

A. 横向　　B. 纵向　　C. 纵横向　　D. 不确定

20. 建筑平面图不包括(　　)。

A. 基础平面图　　B. 首层平面图

C. 标准层平面图　　D. 屋顶平面图

二、填空题（根据附录建筑平面图完成填空）

1. 该宿舍楼的平面形状为________，总长度为________m，总宽度为__________m，一层共有________户型，A 户型为____卧____厅____厨____卫。

2. 室外标高为________m，室内外高差为________m，室外散水宽度为________mm，排水沟宽度为________mm。

3. 室外台阶平台标高为______mm，台阶的宽度为______mm，高度为______mm，共________级；坡度为________mm。

4. 该宿舍楼有____种门的类型，TLM2424 代表的是________，宽________mm，高________mm；有____种窗的类型，TC1815 代表的是______，宽______mm，高____mm。

5. 户型 A 中主卧室的开间为________mm，进深为__________mm；卫生间的开间为________mm，进深为________mm；阳台的宽度为________mm。

6. 图中雨篷设置在第____层，共有____处雨篷，雨篷排水坡度为________，其详图的索引符号为____。

7. 标准层的层高为________m，上人屋面女儿墙高度为________mm，不上人屋面女儿墙高度为________mm。

8. 屋面排水坡度为________，天沟宽度为________mm，上人屋面共设有________排水孔。

9. 二～六层平面图中，索引符号共有____处，索引的构件或部位分别有________。

10. 一层楼梯的形式为__________，二～六层楼层形式为__________。图中 K1 的直径为________mm，距地高度为________mm，K2 距地高度为________mm。

三、电脑绘图

1. 抄绘二～六层平面图。

2. 抄绘屋顶平面图。

任务3.5 建筑立面图

一、选择题

1. 以下(　　)不属于建筑立面图图示的内容。

A. 外墙各主要部位标高　　B. 详图索引符号

C. 散水构造做法　　D. 建筑物两端定位轴线

2. 建筑立面图不能用(　　)进行命名。

A. 建筑位置　　B. 建筑朝向

C. 建筑外貌特征　　D. 建筑首尾定位轴线

3. 外墙装饰材料和做法一般在(　　)上表示。

A. 首页图　　B. 建筑平面图　　C. 建筑立面图　　D. 建筑剖面图

4. 建筑物立面图是平行于建筑物各方向外表立面的(　　)。

A. 剖面图　　B. 正投影图　　C. 断面图　　D. 轴测图

5. 从(　　)中可了解到房屋立面上建筑装饰的材料和颜色、屋顶的构造形式、房屋的分层和高度、屋檐的形式以及室内外地面的高差等。

A. 建筑立面图　　B. 建筑剖面图

C. 建筑立面图和建筑剖面图　　D. 建筑平面图

6. 建筑立面图中的标高尺寸通常只标出(　　)出入口地面、勒脚、大门口等处标高。

A. 室外地坪　　B. 窗口　　C. 檐口　　D. 室内地坪

7. 在建筑立面图中，房屋的外轮廓线用(　　)表示。

A. 粗实线　　B. 中实线　　C. 细实线　　D. 加粗线

8. 在建筑立面图中，门、窗、台阶、阳台轮廓线用(　　)表示。

A. 粗实线　　B. 中实线　　C. 细实线　　D. 加粗线

9. 建筑立面图中室外地坪线用(　　)表示。

A. 细实线　　B. 中虚线

C. 粗实线　　D. 加粗实线

10. 建筑物立面图是平行于建筑物各方向外表立面的(　　)。

A. 剖面图　　B. 正投影图

C. 断面图　　D. 轴测图

二、填空题（根据附录建筑立面图完成填空）

1. 该宿舍楼共有________层，层高为________m，屋面标高为________m，①～⑰轴立面图若按照朝向应命名为____________。

2. 建筑立面图中共有________种装修做法，屋顶楼梯间的装修做法为____________。

3. 该建筑物的建筑高度为________m，5层靠近①轴处的高度为________mm，窗台高为______mm，该窗下部空调外架高度为________mm。

4. 女儿墙高度为______mm，其顶面标高为______m，凸出屋面的高度为________m。

5. 该建筑立面图的比例为________，室内外的高差为________m。

6. 雨篷的标高为________m，楼梯间的窗编号为________，其宽度为________mm，高度为________mm。

7. 六层楼梯间处墙身线条大样在第____号建施图的第____号详图。

8. 阳台栏杆的高度为________mm。

三、电脑绘图

1. 抄绘⑰～①轴立面图。

2. 抄绘Ⓐ～Ⓓ轴立面图、Ⓓ～Ⓐ轴立面图。

任务3.6　建筑剖面图

一、选择题

1. 表示房屋内部的结构形式、屋面形状、分层情况、各部分的竖向联系、材料及高度等的图样，称为(　　)。

A. 外墙身详图　　B. 建筑剖面图
C. 楼梯结构剖面图　　D. 楼梯剖面图

2. 建筑剖面图及其详图中注写的标高为(　　)。

A. 建筑标高　　B. 室内标高
C. 结构标高　　D. 室外标高

3. 楼梯中间层平面图的剖切位置，是在该层(　　)的任意位置处，各层被切的梯段用一根45°的折断线表示。

A. 往上走的第一梯段（休息平台下）　　B. 往上走的第二梯段（休息平台上）
C. 建筑平面图　　D. 建筑剖面图

4. 建筑剖面图一般不需要标注(　　)等内容。

A. 门窗洞口高度　　B. 层间高度
C. 楼板与梁的断面高度　　D. 建筑总高度

5. 建筑剖面图中，标注在装修后的构件表面的标高是(　　)。

A. 结构标高　　B. 相对标高
C. 建筑标高　　D. 绝对标高

6. 画局部剖面图时，投影部分与剖切部分的分界线为(　　)。

A. 波浪线　　B. 细实线
C. 虚线　　D. 点划线

7. 建筑剖面图的剖切符号应标注在(　　)。

A. 底层平面图中　　B. 二层平面图中

C. 顶层平面图中　　D. 中间层平面图中

8. 建筑剖面图不应标注(　　)等内容。

A. 门窗洞口高度　　B. 层间高度

C. 建筑总高度　　D. 楼板与梁的断面高度

9. 建筑剖面图的剖切位置通常应选择在(　　)。

A. 卫生间　　B. 楼梯间　　C. 厨房间　　D. 房间

二、填空题（根据附录 1-1 剖面图完成填空）

1. 图中厨房门为__________（填单或双扇门），门宽为________mm，门高为________mm。

2. 该工程屋面为__________屋面（填上人或不上人），楼梯间出到上人屋面的台阶总高度为________mm，该处门的宽度为________mm，高度为________mm。

3. 楼梯栏杆的高度为__________mm，楼梯间的开间为__________mm，进深为________mm。

4. 第一层楼梯的级数为________，每一级踏步宽度为________mm，高度为________mm，休息平台的宽度为________mm。

5. 该剖面图剖切的位置应在__________图中找，在Ⓓ轴左侧有一条从标高 4.500 到 16.500 的细实线，该线代表的是________构件的轮廓线。

三、电脑绘图

抄绘 1-1 剖面图。

任务 3.7 建筑详图

一、选择题

1. 详图符号应以粗实线画出，直径为(　　)mm。

A. 12　　B. 14　　C. 16　　D. 18

2. 在外墙墙身构造详图中，表示屋面、楼面的材料及做法时，常用的标注方法是(　　)。

A. 波浪线　　B. 移出放大

C. 分层剖切　　D. 多层构造引出线

3. 楼梯的建筑详图不包括(　　)。

A. 楼梯的平面图　　B. 楼梯的剖面图

C. 楼梯的立面图　　D. 踏步、栏杆等节点详图

4. 楼梯建筑详图不包括（　　）。

A. 平面图　　B. 剖面图

C. 梯段配筋图　　D. 节点详图

5. 在外墙墙身详图中，被剖到的墙、楼板等轮廓线用粗实线表示，粉刷层的线型为(　　)。

A. 粗实线　　B. 中粗实线
C. 细实线　　D. 单点划线

6. 卫生间平面布置详图属于(　　)。

A. 底层平面图　　B. 楼层平面图
C. 屋顶平面图　　D. 局部平面图

7. 详图符号(5/2)中圆圈内的 2 表示(　　)。

A. 详图的编号　　B. 被索引的图纸的编号
C. 详图所在的图纸编号　　D. 详图所在的定位轴线编号

8. 若详图与被索引的图样在同一张图纸内，正确的详图符号是(　　)。

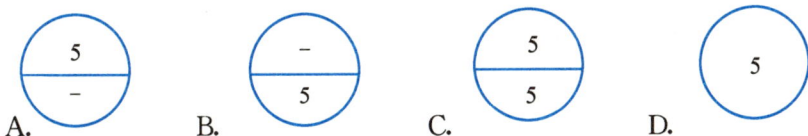

A. (5/–)　　B. (–/5)　　C. (5/5)　　D. (5)

9. 楼梯平面图中标明的“上”或“下”的长箭头(　　)。

A. 都以室内首层地坪为起点　　B. 都以室外地坪为起点
C. 都以该层楼地面为起点　　D. 都以该层休息平台为起点

10. 楼梯平面图中，上下楼的长箭头端部标注的数字是指(　　)。

A. 一个梯段的步级数　　B. 该层至上一层共有的步级数
C. 该层至顶层的步级数　　D. 该层至休息平台的步级数

二、填空题（根据附录宿舍楼详图完成填空）

1. 根据 1 号楼梯平面大样图可知，一层楼梯共有________级踏步，每级踏步的宽度为______mm，二层楼梯共有________级踏步，每级踏步的宽度为______mm。

2. 楼梯中间平台宽______mm，楼层平台宽______mm，梯段宽______mm，一层楼梯长度为______mm。

3. 三～六层平面大样图中标高 7.500 表示的是__________________处的标高，楼梯的开间为______mm，进深为______mm。

4. 二层楼板的标高为______mm，三层楼板的标高为______mm。

5. 识读 1 号卫生间平面大样图，卫生间洗手台的宽度为______mm，蹲位离墙距离为______mm，地面与本层楼板的高差为______mm。

6. 识读 3 号厨房平面大样图，灶台的宽度为__________mm，地面与本层楼板的高差为______mm。

7. 识读凸窗大样图，凸窗窗台高度为________mm，外凸宽度为________mm，凸窗断面图编号为________，凸窗的护栏高度为____________mm。凸窗底部空调机位的宽度为______mm，高度为______mm，底板坡度为________。

8. 识读女儿墙大样图，女儿墙压顶高度为______mm，坡度为______，材质为____。屋面泛水高度为______mm，图中共有______处女儿墙大样图。

9. 识读墙身线条大样图，墙身开孔尺寸为________mm，孔边外凸厚度为______mm，此孔洞断面图编号为________。

三、电脑绘图

1. 抄绘 1 号楼梯平面图大样图。
2. 抄绘阳台栏杆大样图及 a-a 断面图。

参 考 文 献

[1] 中华人民共和国住房和城乡建设部. 房屋建筑制图统一标准：GB/T 50001—2017[S]. 北京：中国建筑工业出版社，2018.

[2] 中华人民共和国住房和城乡建设部. 总图制图标准：GB/T 50103—2010[S]. 北京：中国建筑工业出版社，2010.

[3] 中华人民共和国住房和城乡建设部. 建筑制图标准：GB/T 50104—2010[S]. 北京：中国建筑工业出版社，2010.

[4] 任鲁宁. 建筑制图与CAD[M]. 北京：中国建筑工业出版社，2019.

[5] 赵嵩颖. 建筑CAD[M]. 上海：上海交通大学出版社，2014.